幽玄·物哀·寂

〔日〕大西克礼⊙著
王向远⊙译

上海译文出版社

1949 年秋，大西克礼在大矶

德国留学时期的大西克礼（右）

法国留学时期的大西克礼（右）

大西克礼（中）与友人

大西克礼送给和辻哲郎的贺卡

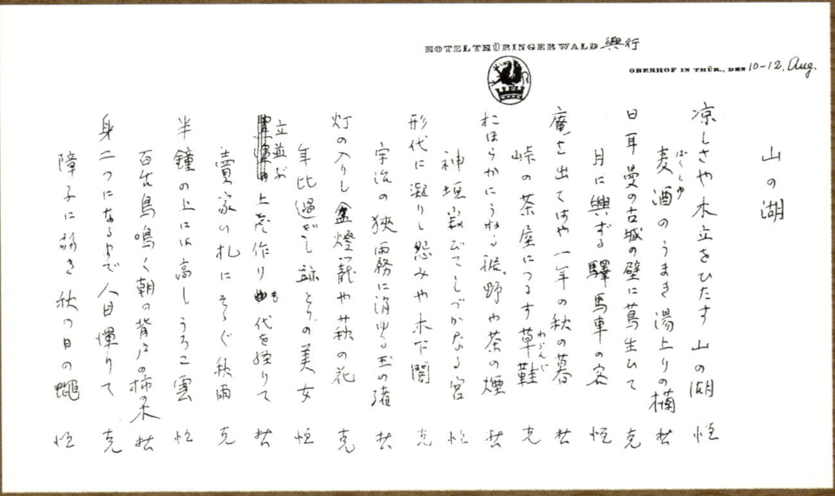
HOTEL THÜRINGER WALD 興行

OBERHOF IN THÜR., DEN 10-12. Aug.

山の湖

涼しさや木立をひたす山の湖　恒
麦酒（ばくしゅ）のうまき湯上りの橘　拙
日耳曼の古城の壁に蔦生ひて　克
月に興ずる驛馬車の客　恒
庵を出てはや一年の秋の暮　拙
峠の茶屋につるす草鞋（わらんじ）　克
なだらかにうねる稲野や茶の煙　拙
神垣寂びてしづかなる宮　恒
形代に凝りし怨みや木下闇　克
宇治の狭霧に消ゆる玉の緒　拙
灯の入りし金燈籠や萩の花　克
年比過ぎし跡とふの美女　恒
立並ぶ上花作りも代を経りて　拙
売家の札にそゝぐ秋雨　克
半鐘の上には高しうろこ雲　恒
百舌鳥鳴く朝の背戸の柿の木　拙
身二つになるまで人目憚りて　克
障子に描き秋の日の蠅　恒

大西克礼手稿（一）

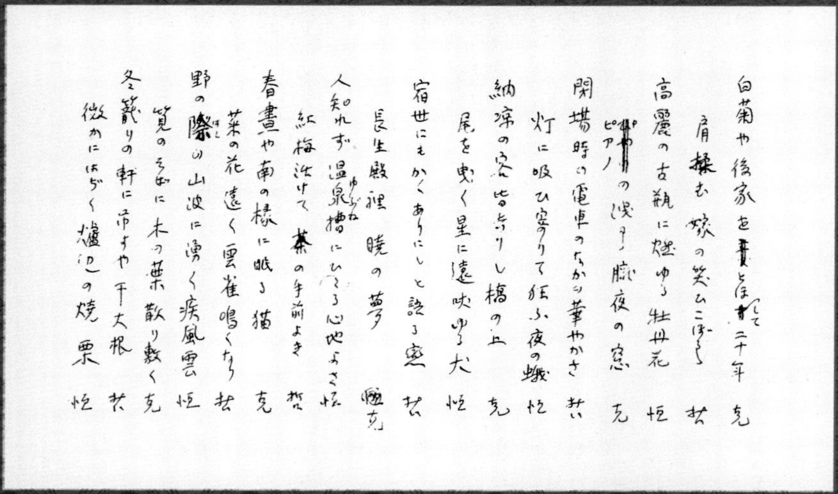

白菊や後家を貴とほめして二十年　克
肩揉む嫁の笑ひこぼるる　哲
高麗の古瓶に燃ゆる牡丹花　恒
ピアノの洩るる朧夜の窓　克
閑場時の電車のなかの華やかさ　哲
灯に吸ひ寄りて狂ふ夜の蛾　恒
納涼の客皆去りし橋の上　克
尾を曳く星に遠吠ゆる犬　恒
宿世にもかくありにしと語る恋　哲
長生殿裡暁の夢　[illegible]」
人知れず温泉槽にひたる心地よさ　恒
紅梅活けて茶の手前よき　哲
春昼や南の椽に眠る猫　克
菜の花遠く雲雀鳴くなり　哲
野の際の山波に湧く疾風雲　恒
筧の音に木の葉散り敷く　克
冬籠りの軒に吊すや干大根　哲
微かにはぜく爐辺の焼栗　恒

大西克礼手稿（二）

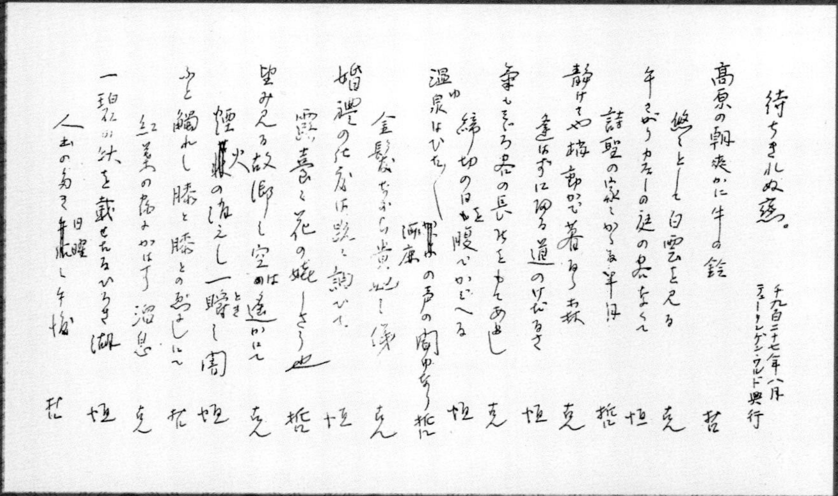

待ちきれぬ戀。
千九百二十七年八月 ニュールゲン・ワルド興行
高原の朝爽かに牛の鈴　哲
悠々として白雲を見る　克
年さびしカネーの廷の君なくて　恒
詩聖の家に眺る半日　哲
静けさや梅節咲く暮る森　克
逢はずに帰る道のはるけさ　恒
年もまろ君の長衣を身にまとし　克
締切の日を腹でかぞへる　恒
温泉はひたし浴場の声の聞ゆなり　哲
金髪ならぬ黄なる髪し偲ぶ　克
婚礼の化粧は黙と詠びし　恒
露喜ぶ花の嬉しさうな　哲
望みえる故郷し空は遥かにて　克
煙火の消えし一時し闇　恒
ふと触れし膝と膝との親しさに　哲
紅葉の落ちかかりする溜息　克
一泊払ひ状を載せるひろき湖　恒
人出の多き日曜し午後　哲

大西克礼手稿（三）

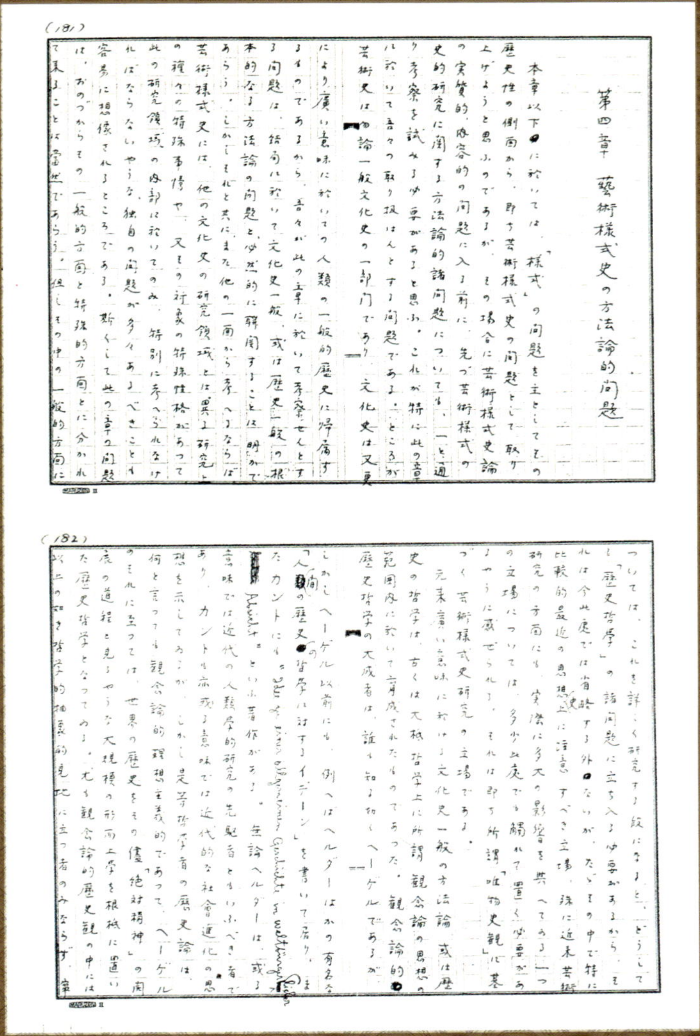
(181)

第四章　藝術様式史の方法論的問題

本章以下に於いては、「様式」の問題を主としてその歴史性の側面から、即ち芸術様式史の問題として取り上げようと思ふのであるが、その場合に芸術様式史論の実質的、内容的の問題に入る前に、先づ芸術様式の史的研究に関する方法論的諸問題について、一と通り考察を試みる必要があると思ふ。これが特に此の章に於いて吾々の取り扱はんとする問題である。ところが芸術史は勿論一般文化史の一部門であり、文化史は又更により廣い意味に於いての人類の一般的歴史に帰属するものであるから、吾々が此の章に於いて考察せんとする問題は、結局に於いて文化史一般、或は歴史一般の根本的なる方法論の問題と、必然的に聯関することは明かであらう。しかしそれと共にまた他の一面から考へるならば芸術様式史には、他の文化史の研究領域とは異る研究上の種々の特殊事情や、又その対象の特殊性格があって此の研究領域の内部に於いてのみ、特別に考へられなければならないやうな、独自の問題が多々あるべきことも容易に想像されるところである。斯くして此の章の問題は、おのづからその一般的方面と特殊的方面とに分かれて来ることは当然であらう。但しその中の一般的方面に

(182)

ついては、これを詳しく研究する段になると、どうしても「歴史哲学」の諸問題に立ち入る必要があるから、それは今此処では省略する外はないが、たゞその中で特に比較的最近の思想史上に注意すべき立場、殊に近来芸術研究の方面にも、実際に多大の影響を与へてゐる一つの立場については、多少此処でも触れて置く必要があるやうに感ぜられる。それは即ち所謂「唯物史観」に基づく芸術様式史研究の立場である。

元来廣い意味に於ける文化史一般の方法論或は歴史の哲学は、古くは大概哲学上に所謂観念論の思想の範囲内に於いて育成されたものであった。観念論的歴史哲学の大成者は、誰も知る如くヘーゲルであるが、しかしヘーゲル以前にも、例へばヘルダーはかの有名な「人間の歴史の哲学に対するイデーン」を書いて居り、またカントにも"Idee zu einer allgemeinen Geschichte in weltbürgerlicher Absicht"といふ著作がある。無論ヘルダーは、或る意味では近代の人類学的研究の先駆者ともいふべき者であり、カントも亦或る意味では近代的な社会進化の思想を示してゐるが、しかし是等哲学者の歴史論は何と言っても観念論的理想主義的であって、ヘーゲルのそれに至っては、世界の歴史をその儘「絶対精神」の自展の道程と見るやうな大規模の形而上学を根柢に置いた歴史哲学となってゐる。尤も観念論的歴史観の中には、以上の如き哲学的抽象的見地に立つ者のみならず、宗

大西克礼的绝笔原稿（一）

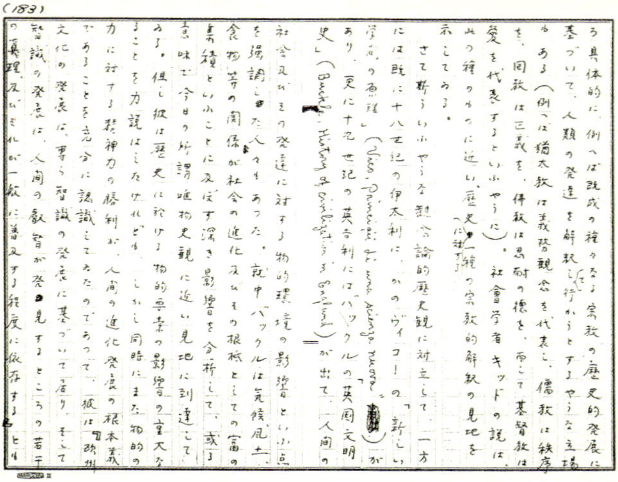

（183）

る具体的に、例へば既成の種々なる宗教の歴史的発展に基づいて、人類の発達を解釈して行かうとするやうな立場もある（例へば猶太教は義務観念を代表し、儒教は秩序を、回教は正義を、佛教は忍耐の徳を、而して基督教は愛を代表するといふやうに）。社會学者キッドの説は此の種のものに近い、歴史に対する一種の宗教的解釈の見地を示してゐる。

さて斯ういふやうな観念論的歴史観に対立して、一方には既に十八世紀の伊太利に、かのヴィコーの「新しい学問の原理」（Vico, Principii di una scienza nuova）があり、更に十九世紀の英吉利にはバックルの「英国文明史」（Buckle, History of Civilization in England）が出て、人間の社会及びその発達に対する物的環境の影響といふ点を強調した人々もあった。就中バックルは気候風土、食物等の関係が社会の進化及びその根柢としての富の蓄積といふことに及ぼす深き影響を分析して、或る意味で今日の所謂唯物史観に近い見地に到達してゐる。但し彼は歴史に於ける物的要素の影響の重大なることを力説はしたけれども、しかし同時にまた物的の力に対する精神力の勝利が、人間の進化発展の根本義であることを充分に認識してゐたのであって、彼は『欧州文化の発展は、専ら智識の発展に基づいて居り、そして智識の発展は、人間の叡智が発見するところの若干の真理、及びそれが一般に普及する程度に依存する』とい

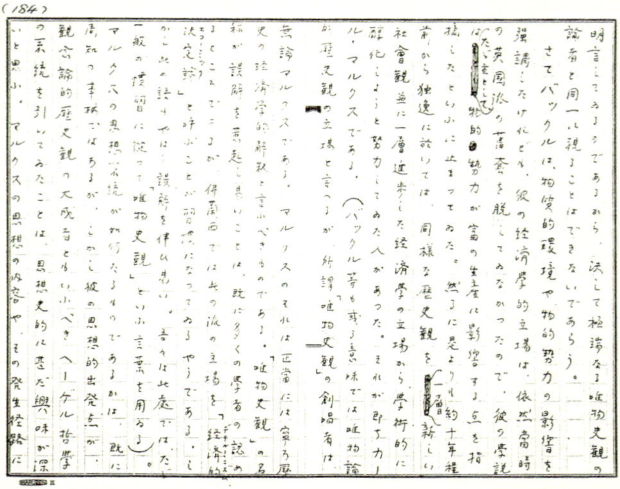

（184）

明言してゐるのであるから、決して極端なる唯物史観の論者と同一に視ることはできないであらう。

さてバックルは、物質的環境や物的勢力の影響を強調したけれども、彼の経済学的立場は、依然當時の英国派の舊套を脱してゐなかったので、彼の学説はただ主として物的勢力が富の生産に影響する点を指摘したといふに止まってゐた。然るに是より約十年程前から独逸に於いては、同様な歴史観を一層新しい社會観並に一層進歩した経済学の立場から学術的に醇化しようと努力してゐた人があった。それが即ちカール・マルクスである。（バックル等も或る意味では唯物論的歴史観の立場と言へるが、所謂「唯物史観」の創唱者は無論マルクスである。マルクスのそれは正當には寧ろ歴史の経済学的解釈と言ふべきものである。「唯物史観」の名称が誤解を惹起し易いことは、既に多くの学者の認めるところであるが、佛蘭西では此の派の立場を「経済的決定論」と呼ぶことが習慣になってゐるやうである。しかし此の語もやはり誤解を伴ひ易い。吾々は此處ではただ一般の慣習に従って「唯物史観」といふ言葉を用ゐる）。マルクスの思想系統が如何なるものであるかは、既に周知の事柄ではあるが、しかし彼の思想的出発点が、観念論的歴史観の大成者ともいふべきヘーゲル哲学の系統を引いてゐたことは、思想史的に甚だ興味が深いと思ふ。マルクスの思想の内容や、その発生経路に

大西克礼的绝笔原稿（二）

长谷川等伯《千利休像》

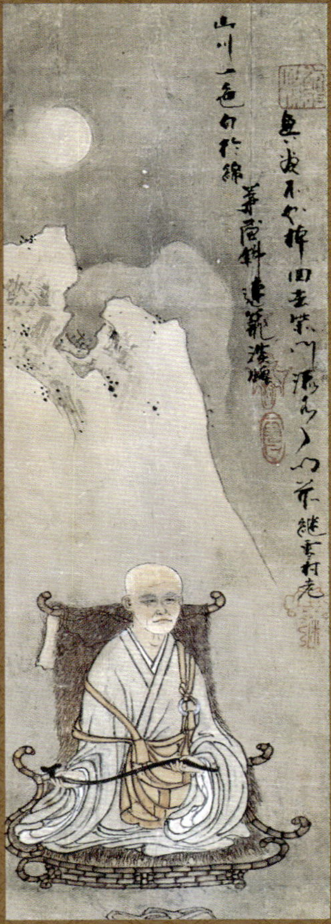

雪村周继《雪村自画像》

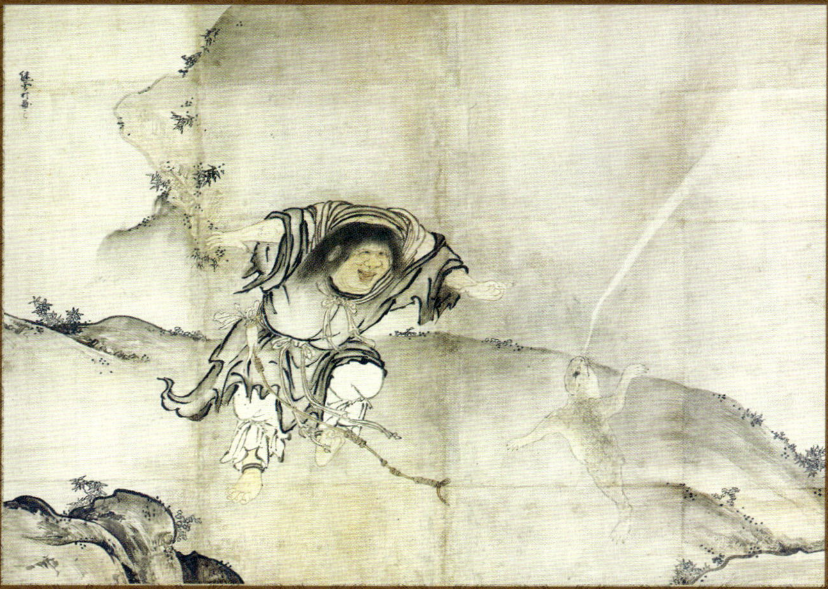

雪村周继《虾蟆铁拐图 左》

雪村周继《虾蟆铁拐图 右》

雪村周继《松鹰图》

雪村周继《吕洞宾图》

雪村周继《龙虎图屏风 左》

雪村周继《龙虎图屏风 右》

雪村周继《风涛图》

雪舟《破墨山水图》

雪舟《天桥立图》

与谢芜村《紫阳花子规图》

目录

“寂”论

日本美学基础概念的提炼与阐发
——大西克礼《幽玄》《物哀》《寂》"三部作"及其前后（译本序）

王向远

一

"美学"作为一个从欧洲引进的新学科，早在明治初期就由西周等介绍引进，但从那时一直到大正时代，日本基本上只是在祖述欧洲美学，日本的美学家基本都是德国美学的翻译介绍者。因此可以说，从明治到大正年间的半个多世纪中，作为学术研究，作为一个学科，日本固然是有"美学"的，但却没有"日本美学"，因为他们还没有把日本人自身的审美体验、审美意识及其相关文艺作品作为美学研究的对象。

由"美学"向"日本美学"的发展和演进，是需要基础和条件的，那就是"日本人的精神自觉"。明治维新之前的千年间，日本历史上精神文化、学术思想方面大都依赖于中国资源，明治维新之后则主要依赖欧美。不过，至少到了十七至十八世纪的江户时代，日本思想文化的独立意识也慢慢抬头了。江户时代兴起了一股以本居宣长等人为代表旨在抗衡"汉学"的"国学"思潮，本居宣长为了证明"日本之道"不同于中国的"道"，通过分析和歌与《源氏物语》，提出了"物哀"的观念，"物哀"论以主情主义反对中国儒家的道德主义、以唯美主义来抗衡中国式的唯善主义，极大地启发了近代日本文学理论家、美学家的思路。例如，为近代日本小说奠定了理论基础的坪内逍遥的《小说神髓》，就大段地引述本居宣长的"物哀论"，并以此作为其理论支撑点之一。此后，“物哀”也就成为第一个众所公认的标识日本文学独特性的关键概念。

但是，像日本这样一个一直处在“文明周边”位置、受外来文化影响甚大的国家，要在传统精神文化中发现独特之处，在思想文化上全面确认独立性，较之在军事上、政治经济上取得自信力要困难得多，这需要经历一个较长的探索过程。从学术思想史上看，近现代日本人在这方面走过了一个由表及里、由外到内、由物质文化向一般精神文化、由一般精神文化向审美文化的不断发展、深化的过程。

1894 年，志贺重昂（1862—1927）出版了题为《日本风景论》的小册子，首次论述日本列岛地理上的优越性，说日本的地理风景之美、地理的优越远在欧美和中国之上。第一次试图从地理、风土的角度确认国民的优越性，打消日本人一直以来存在的身处“岛国”的自卑感。这种日本地理风土的优越感的论述，很快发展为以“日本人”本身为对象的学术性阐发。1899 年，新渡户稻造（1862—1933）在美国出版了用英文撰写的《武士道》，怀着一种文化自信向西方人推介日本人引以为豪的“武士道”，并且引发了一系列关于日本人、日本国民性的文章与著作的大量涌现，其中正面弘扬的多，负面反省的也有，但无论是弘扬性的还是批判反省的著作，都在强调“日本人”不同于世界其他民族的“独特性”。不久，这种独特性的阐发和研究上升到了最高层次，即审美文化的层次，1906 年，美术史家冈仓天心用英文撰写了《茶之书》，向西方世界展示了日本人及其茶道的独特的美，特别是指出了茶道所推崇的“不对称”和“不完美”之美及其与西方审美趣味的不同。

进入二十世纪二十年代之后，日本学术界逐渐开始将日本审美文化、审美意识自身作为研究对象。1923 年，和辻哲郎（1889—1960）发表了《关于“物哀”》，对本居宣长的“物哀”论做了评述。这或许是现代第一篇将“物哀”这个关键概念作为研究课题的论文。和辻哲郎肯定了本居宣长的“物哀”论“在日本思想史上具有划时代的意义”，指出本居宣长的立论依据是“人情主义”的，并从人情主义的角度对平安时代的“精神风土”做了分析。他认为，平安朝是一个“意志力不足的时代，其原因大概在于持续数世纪的贵族的平静生活、眼界的狭小、精神的松弛、享乐的过度、新鲜刺激的缺乏。从当时的文学艺术作品中可以看出，紧张、坚强、壮烈的意志力，他们完全不欣赏；而对意志力薄弱而引起的一切丑恶又缺乏正确评价的能力，毋宁说他们是把坚强的意志力视为丑恶”。他进一步将平安时代的“物哀”的精神特性总结为：“带着一种永久思恋色彩的官能享乐主义、浸泡在泪水中的唯美主义、时刻背负着‘世界苦’意识的快乐主义；或者又可以表述为：被官能享乐主义所束缚的心灵的永远渴求、唯美主义笼罩下的眼泪、涂上快乐主义色彩的‘世界苦’意识。”① 由此可见，和辻哲郎的《关于“物哀”》实际上是对平安朝贵族社会的一种“精神分析”，他的基本立场不是美学的，而是文化人类学的，由此他对平安时代的“物哀”文化做出了明确的价值判断，尤其是对“男性气质的缺乏”的不健全的文化状态明确表示了自己的“不满”。这与后来的大西克礼以“体验”的方式阐释“物哀”美学，尽量避免做出非审美的价值判断，其立足点与结论是有所不同的。

接着，作家、评论家佐藤春夫（1892—1964）发表了题为《“风流”论》的长文，将“风流”这一概念作为论题。他认为古人所说的“风流”在今天我们身边的日本人身上仍能发现，仍具有活力和表现力，这在西洋文艺中是看不到的。“风流”就是“散漫的、诗性的、耽美的生活”，“是对世俗的无言的挑战”，认为“风流”中包含着传统的“物哀”（もののあはれ）、“寂枝折”（さびしをり）乃至“无

① 〔日〕和辻哲郎：《关于“物哀”》(『もののあはれについて』)，《思想》杂志 1923 年第 1 期。

常感”的成分。[1] 现在看来，这篇随笔风的文章在理论论述上并不深刻，但作者以“风流”这一关键词为研究对象，并将“物哀”“寂”等日本独特的审美关键词统摄在“风流”这个汉语概念中，这在思路方法上对后来者是有所影响的，此后陆续出现了栗山理一的《“风流”论》、铃木修次的《“风流”考》等文章。

和佐藤春夫交往甚密、同属于当时唯美主义文学阵营的著名作家谷崎润一郎（1886—1965），在1933年至1934年间陆续发表了系列随笔《阴翳礼赞》。谷崎润一郎将日本人，特别是近世以降的日本人对幽暗、暧昧、模糊、神秘之趣味的审美追求与偏好，以“阴翳”一词概括之。“阴翳”这个词并不像“物哀”“风流”那样曾被广泛使用，而是谷崎润一郎的独特用法，在含义上应该相当于传统歌论、能乐论中的“幽玄”，但“幽玄”这个词在进入江户时代以后基本不再使用了。对江户时代的文化无比缅怀的谷崎润一郎看出了江户时代之后的“幽玄”之美的遗存，并用“阴翳”一词称之，实际上是将“阴翳”作为一个审美观念、美学概念来看待的。还需要指出的是，谷崎润一郎和佐藤春夫都是当时日本文坛上的唯美主义文学的代表人物，与此前的冈仓天心、和辻哲郎等学者与思想家的立场与方法有所不同，他们的“风流”论和“阴翳”论完全是站在唯美的、审美的立场上的，而且贯穿着作家特有的体验认知。此后的日本美学概念研究从一般的思想史研究的立场转向纯文艺学、美学的立场，并且将纯理论思辨与体验性的阐发结合起来，谷崎润一郎和佐藤春夫是起了一定的过渡作用的。

二

此后，训练有素的专门的文艺学家、美学家登场，开始了对日本

---

① 〔日〕佐藤春夫：《“风流”论》，《中央公论》1925年第4期。

传统美学中基础性的审美观念及重要概念的研究。在大西克礼登场之前，主要代表人物有土居光知、九鬼周造、冈崎义惠等。

土居光知（1886—1979）在《文学序说》（1927）一书中，从文学史演进的角度，认为奈良时代的理想的美表现为药师如来、吉祥天女，特别是观音菩萨的雕像所表现出的“慈悲的美妙的容姿”，而到了平安朝时代，“情趣性的和谐”成为美的理想。在《源氏物语》中，“あはれ”“をかし”“うるはし”“うつくし”等词汇，都具有特殊的情趣内容，而其中最主要的是“あはれ”（哀）和“をかし”（可译为“谐趣”）两个词。他指出：“あはれ”这个词在《竹取物语》中是“引起同情的”“爱慕”“怜惜”的意思，在《伊势物语》中是“同情”“宠爱”“赞叹”的意思，在《大和物语》和《落洼物语》中又增加了“令人怀念”的意思，到了《源氏物语》中其感伤的意味则更为浓厚，多用于“寂寥、无力、有情趣”“深情”“引起同情的状态”“感动”“哀伤”的意思。而“をかし”在《竹取物语》和《伊势物语》中是“有趣味”的意思，在《大和物语》和《落洼物语》中是“机智的”“值得感佩的”“风趣的”“巧妙的”“有趣的”等意思，在《源氏物语》中又增加了“风流”“上品”的意思。在《枕草子》中将深情、寂寥之趣归为“哀”，将热烈、明朗、富有机智的事物归为“谐趣”，而且“哀”的趣味越是发达，谐趣也越是相伴相生；人们越感伤，越要求要有谐趣来冲淡。“哀”中含有“啊”的感叹，“谐趣”中含有“噢”的惊叹。[1] 土居光知把“哀”置于平安时代物语文学演进史中予以考察，并把“哀”与“谐趣”两个词相对举、相比较，是有新意的，但是他显然主要是从语义学的表层加以概括，至多是从文学理论的层面上，而非“美学”的层面上的研究。

---

①〔日〕土居光知：《文学序说》，岩波书店再订改版，1978 年，第 97—98 页，

进入二十世纪三十年代后，哲学家九鬼周造（1888—1941）出版了小册子《"意气"（いき）的构造》（1930），第一次将江户时代市井文学，特别是艳情文学中常用的一个关键词"意气"（又写作"粹"）作为一个美学词汇来看待，并加以研究，分析了"意气"的基本的内涵构造，认为"意气"就是对异性的"献媚"、"矜持"和"谛观"（即审美静观），① 构成了江户时代日本人在"游廓"（花街柳巷）中所追求的肉体享乐与精神超越之间恰如其分的张力、若即若离的美感。九鬼周造将江户时代的市井文学的审美趣味、审美观念用"意气"一词一言以蔽之，这是知识考古学意义上的重要发现。自此，江户时代二百多年间市井审美文化的关键词或基础概念的空缺得以填补。次年，哲学家、美学家阿部次郎（1893—1960）的《德川时代的艺术与社会》（1931）以江户时代的文艺为例，阐述了江户时代的平民文艺如何形成，又如何对后来的日本人产生无形的巨大影响。他断言江户时代的市井文化是一种"恶所文化"，是"性欲生活的美化"和"道学化"，这部书尽管没有提及"意气"等关键词，但所谓"性欲生活的美化"基本上就是九鬼所提炼的"意气"，因而阿部次郎仿佛是从文艺学、文化史的角度，对九鬼周造的《"意气"的构造》做了很好的延伸和补充。后来，麻生矶次的《通·意气》、中冶三敏的《粹·通·意气》等一系列关于"意气"的著述和阐释，都是在九鬼周造和阿部次郎的基础上展开和深化的。九鬼周造的《"意气"的构造》在思路与方法上，对后来的大西克礼显然是有影响的。

此外，关于"幽玄"与"物哀"和"寂"等基础概念，在二十世纪四十年代初期大西克礼作为日本美学的基础概念加以美学立场上的研究阐发之前，即在二十世纪二十年代后期到整个三十年代的十几年

---

①〔日〕九鬼周造：《"意气"的构造》（『いきの構造』），岩波书店（文库版），1979年，第21—29页。

间，还有一系列论文陆续发表。其中被研究最多的基础概念是“幽玄”。关于“幽玄”的主要论文有久松潜一的《镰仓时代的歌论——“幽玄”“有心”的歌论》(《日本文学讲座》第12卷，1927)、《“幽玄”论变迁的一个动机》(《东京朝日新闻》，1930.1)、《“幽玄”的妖艳化和平淡化》(《国语与国文学》，1930.11—12)、《幽玄论》(《俳句研究》，1938.12)；西尾实的《世阿弥的“幽玄”与艺态论》(《国语与国文学》，1932.10)；斋藤清卫的《幽玄美思潮的深化》(《国语与国文学》，1928.9)；富田亘的《从歌道发展来的能乐的“幽玄”》(《歌与评论》，1933.7)；冈崎义惠的《“有心”与“幽玄”》(《短歌讲座》第1卷，1936.6)；风卷景次郎的《幽玄》(《文学》，1937.10)；钉本久春的《从“幽玄”到“有心”的展开》(《文学》，1936.9)、《“妖艳”和“有心”》(《文学》，1937.10)；竹内敏雄的《世阿弥的“幽玄”论中的美意识》(《思想》，1936.4)；吉原敏雄的《歌论中的“幽玄”思想的胎生》(《真人》，1937.2—3)、《幽玄论的展开》(《短歌研究》，1938.4)等。可见，二十世纪二十至三十年代是“幽玄”的再发现的时代。说“再发现”，是因为“幽玄”这个词不像“哀”或“物哀”那样贯穿于整个日本文学史及文论史，十七世纪以后的数百年间，“幽玄”作为一个概念基本不用了，近乎变成了一个死词，以至于上述的谷崎润一郎虽然在江户时代后日本人的生活与作品中发现了普遍存在的“幽玄”的审美现象，却未使用曾在日本五百多年间普遍大量使用的“幽玄”，而以“阴翳”一词代之，可见“幽玄”这一概念是被人遗忘许久了。久松潜一、冈崎义惠等人的研究，都从不同角度呈现了历史上“幽玄”的盛况，还对“幽玄”做了现代学术上的解释和阐发。在“幽玄”之外，这个时期对“哀”与“物哀”、“寂”的基础概念的研究也有不少成果，主要有久松潜一《“寂”的理念》(《东京帝大新闻》，1931.6.8)、《作为文学评论的“寂”》(《言语与文学》，1932.2)等；冈崎义惠《“哀”的考察》(《岩波讲座·日本文学》，1935.7)、

《"风体"论与"不易、流行"论》(《文化》, 1937.5); 风卷景次郎《"物哀"论的史的限界》(《文艺复兴》, 1938.7); 池田勉《源氏物语中文艺意识的构造》(《国文学试论》, 1935.6); 钉本久春《寂》(《文学》, 1936.10)、《"妖艳"和"有心"》(《文学》, 1937.10); 宫本隆运《"物哀"再考》(《国文学研究》, 1936.11); 各务虎雄《关于"寂·枝折·细柔"的觉书》(《学苑》, 1936.7); 藤田德太郎《"寂""枝折"的意味》(《俳句研究》, 1937.1)等等, 还有一些研究"虚实"论、"华实"论、"不易、流行"等概念的文章。

在这些研究中, 值得特别提及的是久松潜一(1894—1976)和冈崎义惠(1892—1982)的贡献。他们是较早、较多涉及"幽玄""物哀"等基础概念研究的现代学者, 在大西克礼的"三部作"之前的日本美学基础概念的研究中最有代表性。

久松潜一的研究的立场与视角是"日本文学评论史", 他在单篇论文和课堂讲义的基础上编写的皇皇五大卷的《日本文学评论史》(1937年后陆续出版)成为这个学术领域的开创者和集大成者。久松所说的"评论", 就是"文学评论"加"文学理论"的意思, 他认为文学评论的基准是文学理论, 文学理论的基础是文学评论。他认为日本文学评论的基本特征是: 外部形式上是随笔性的, 内容上是"非合理"的, 也就是非逻辑的、无体系的。例如他认为要对"物哀"这个词的言语构造做出合理的说明是极其不容易的, 对芭蕉所说的"不易、流行"的概念作出"变与不变"之类的合理性的说明, 也会与芭蕉本人的意思有相当距离。日本文学评论相当博大深厚、丰富多彩, 但要使其成为一个体系实在太难了。① 基于这种认识, 久松潜一在《日本文学评论史》中, 主要采取描述性而非逻辑的和体系构建的方法, 全书

---

①〔日〕久松潜一:《日本文学评论史·综论 歌论 形态论篇》, 至文堂1969年版, 第31—36页,

虽然资料丰富，但整体上看是叠床架屋、内容板块相互重叠交织，对“诚”“物哀”“幽玄”“有心”与“无心”“余情”“雅”等一系列基础概念的性质归属与定性、定位也不免有些凌乱，或将它们看作“思潮”，表述为“物哀的文学思潮”“幽玄的文学思潮”等；或把它们看作是“理念”，表述为“物哀的理念”“幽玄的理念”等；或把它们看作是美的“形态”，表述为“物哀美”“幽玄美”之类；或把它们看作是评论用语，表述为“物哀的文学论”“‘寂’的文学论”等等。这种情况的出现表明，在“文学评论史”的架构内，既是“文学评论”的概念，又是“文学理论”的概念，还要上升为“美学”的概念，就难免会产生这样的定位、定性的诸多分歧。这也说明，这些概念还有待于放在更高的理论平台上加以凝聚和提炼。

稍后和同时，冈崎义惠从“日本文艺学”的角度对这些概念做了一定程度的提炼和进一步的阐发。

冈崎义惠是“日本文艺学”这个学科概念的创始者和实践者。那么他的“日本文艺学”与“美学”是什么关系呢？对此他在《日本文艺学》一书的跋文中指出，日本文艺学是以美学为基础的，“日本文艺学在根本上是对美学的应用，同时它又是美学的出发点。日本文艺学的研究将已有的美学研究成果作为阐释的基础，同时，美学又可以从日本文艺学的研究中开辟新的道路。……美学一旦成为一个庞大的不可驾驭的研究领域，就会失去中心点，就难以对一个个具体的审美现象加以探究和说明”。而日本美学家一直忙于译介阐释欧洲美学，未能立足于日本之美的研究，所以他提出“日本文艺学”旨在致力于研究日本的美。1935 年，冈崎义惠发表《“哀”的考察》一文，开始了“日本文艺学”的实践，他对历史上的“哀”的使用做了语义学上的考察，他说：“我所要探讨的问题，并不是指出‘哀’使用中的多样性差异性，而是在多样性与差异性的底层寻求某种本质的统一性，指出这个本质统一性到底是什么。因此要从文献上出现的最初的用例开始，依次探讨该词的用法。这样做，乍看上去似乎只是从语言学史的立场上，对词语的意义及历史变迁所进行的研究，但实际上我的目的是要把‘哀’在日本文学中如何存在、在日本文学史及文学评论中起何种作用，明确地揭示出来。”① 为此他从最早的文献《古事记》与《日本书纪》开始，到《万叶集》等和歌，再到平安朝时代的物语文学中的“哀”的用例做了若干列举和分析。作为《“哀”的考察》的姊妹篇，次年冈崎义惠又发表了题为《“有心”与“幽玄”》（原载《短歌讲座》第1卷，1936.6）的长文，不仅发现了中国和日本文献中许多此前从未被发现的“幽玄”用例，还运用了一般日本文学研究者们所忽略的跨学科方法，指出了“幽玄”与中国诗论及与道教、神仙思想和禅宗精神的关联，展现了“幽玄”逐渐日本化的轨迹，认为“这个‘幽玄’所表示的不是优美的、现实性的情调，而是崇高和超脱的精神”。② 如此将“幽玄”定位于“崇高”，直接启发了此后大西克礼对“幽玄”的美学定位。总之，冈崎义惠使用的虽然主要还是文献学、语言学的方法，理论概括的高度还不够，但他在“日本文艺学”的框架内对“物哀”“幽玄”的考察，为这些基础概念进入美学视阈，准备了一定的条件。

三

在上述研究的基础上，进入二十世纪四十年代后，美学家大西克礼首次明确地站在“美学”立场上，对“幽玄”“物哀”“寂”三个基础概念，进行了较为深入的研究。

大西克礼（1888—1959），东京大学美学专业出身，1930年后长

---

①〔日〕冈崎义惠:《日本文艺学》，岩波书店1935年，第440—441页。

② 同上书，第618页。

期在东京大学担任美学教职，1950 年退休后仍埋头于美学的翻译与研究，译作有康德的《判断力批判》等，著有《〈判断力批判〉的研究》(1932)、《现象学派的美学》(1938)、《幽玄与哀》(1940)、《风雅论——“寂”的研究》(1941)、《万叶集的自然感情》(1944)、《美意识论史》(1950)，去世后出版《美学》(上、下两卷，1960—1961)、《浪漫主义美学与艺术论》(1969)等，是日本学院派美学的确立者和代表人物。

大西克礼在学术上最突出的贡献之一，首先在于对日本古代文论中的一系列概念进行了美学上的提炼，最后提炼并确立了三个最基本的审美观念或称审美范畴，就是“幽玄”“哀”(物哀)和“寂”。而他的基本依据则是欧洲古典美学一般所划分的三种审美形态——“美”“崇高”和“幽默”(滑稽)，认为日本的哀(物哀)是从“美”这一基本范畴中派生出来的一种特殊形态，“幽玄”是从“崇高”中派生出来的一种特殊形态，“寂”则属于“幽默”的一种特殊形态。这一划分与西方古典美学加以对位和对应，虽然不免显得勉为其难，但在他看来，美学这个学科是超越国界的，“日本美学”或“西洋美学”这样的提法不过是在陈述各自的历史而已。这样划分和对位不管是否牵强，但是确实解决了日本美学范畴研究中的一个大问题。在大西克礼之前，“物哀”“幽玄”“寂”等范畴通常与其他范畴，诸如“诚”(まこと)、“谐趣”(をかし)、“有心”、“无心”、“雅”(みやび)、“花”、“风”或“风体”、“风雅”、“风流”、“艳”、“妖艳”、“枝折”(しをり)、寂枝折(さびしをり)、“细柔”(ほそみ)、“意气”(いき)、“粹”(いき)、“通”(つう)等等并列在一起加以研究的。在这种情况下，诸概念之间的级差与结构关系无法理清，一级概念、二级概念、三级概念的层次模糊，日本美学的体系构建便无法进行。大西克礼在这众多的概念范畴中将这三个概念提炼出来，冠于其他概念之上，事实上构成了相对自足的“一级范畴”，而其他范畴都是次级范畴，即从属于这三个基本范畴的子范畴，这就为日本美学的体系构建奠定了必要的前提和基础。

事实上，在我看来，即便不把“幽玄”“物哀”“寂”与西方的“美”“崇高”“幽默”相对位，也可以为这三个一级范畴或概念确立找到基本依据。对此，笔者曾在一篇文章中做过简单的论述，认为：从美学形态上说，“物哀”论属于创作主体论，特别是创作主体的审美情感论，“幽玄”论是“艺术本体”论和艺术内容论，“寂”论则是创作主体与客体（宇宙自然）相和谐的“审美境界”论、“审美心胸”论或“审美态度”论。具体而言，从创作主体论上看，“哀”或“物哀”是一级范畴，而“诚”、“谐趣”、“有心”、“无心”等都属于“物哀”的次级范畴；从艺术本体论和艺术内容论的角度看，“幽玄”是一级范畴，而“艳”、“妖艳”、“花”、“风”或“风体”则属于“幽玄”的次级范畴。从创作主体与客体（宇宙自然）相和谐的审美境界、审美心胸或审美态度上来看，“寂”是一级范畴，而“雅”、“风雅”、“风流”、“枝折”、寂枝折、“细柔”则属于“寂”的次级范畴。从三大概念所指涉的具体文学样式而言，“物哀”对应于物语与和歌，“幽玄”对应于和歌、连歌与能乐，而“寂”则是近世俳谐论（简称“俳论”）的核心范畴，几乎囊括了除江户通俗市民文艺之外的日本古典文艺的所有样式。从纵向的审美意识及美学发展史上看，在比喻的意义上可以说，“物哀”是鲜花，它绚烂华美，开放于平安朝文化的灿烂春天；“幽玄”是果，它成熟于日本武士贵族与僧侣文化的鼎盛时代的夏末秋初；“寂”是飘落中的叶子，它是日本古典文化由盛及衰、新的平民文化兴起的象征，是秋末冬初的景象，也是古典文化终结、近代文化萌动的预告。①

---

① 王向远：《论“寂”之美——对日本古典美学一个关键词的解析》，《清华大学学报》，2012.2。

大西克礼在三大基础范畴的研究中，采取的是各个击破式的相对独立的研究，但他强调其研究重心是在“美学体系的构建方面”，他在《幽玄与哀·序言》中指出：“我根本的意图是将日本的审美诸概念置于审美范畴论的理论架构中，进而把这些范畴置于美学体系的整体关联中展开研究。……我在对‘幽玄’与‘哀’进行考察的时候，始终注意不脱离美学的立场……本书只是暂且把单个独立的范畴从美学的体系性关联中独立出来……”① 他在《风雅论——“寂”的研究》序论中，又强调指出：对于“幽玄”“物哀”“寂”，“重要的不仅仅是把它们相互结合、统一起来，而是要把它们在一个统一性的原理之下加以分化。换言之，要对‘幽玄’‘物哀’‘寂’这样的概念进行分门别类的美的本质的探究，也就是要从美学理论的统一根据中，加以体系性的分化，以便使它们各自的特殊性得到根本性的理论上的说明。”② 换言之，三个基础概念的看似孤立的研究，实际上是一种“体系性的分化”。

这种“体系性”的追求，体现在三个基础范畴的具体研究中，就表现为对语义的结构性、构造性、层次性的追求。在大西克礼之前的研究中，对相关概念的语义固然也做了不少的分析，但那些分析大多是平面化的，缺乏层次感的。大西克礼则运用西方美学的条分缕析的方法，对久松潜一所说的那些“非合理”的概念内容进行了“合理”的分析与建构，将相关概念的“意义内容”如层层剥笋般地加以由表及里、由浅入深的剖析，从而呈现一个概念的意义结构。

例如，关于“幽玄”，大西克礼认为“幽玄”有七个特征：第一，“幽玄”意味着审美对象被某种程度地掩藏、遮蔽、不显露、不明确；第二，“幽玄”是“微暗、朦胧、薄明”，这是与“露骨”“直接”“尖

① 〔日〕大西克礼《幽玄与哀》，岩波书店 1940 年版，第 1—2 页。
② 〔日〕大西克礼《风雅论——“寂”的研究》，岩波书店，1941 年第 1—2 页。

锐”等意味相对立的一种优柔、委婉、和缓；第三，是寂静和寂寥；第四，是“深远”感，它往往意味着对象所含有的某些深刻、难解的思想（如“佛法幽玄”之类的说法）；第五，是“充实相”，是以上所说的“幽玄”所有构成因素的最终合成与本质；第六，是具有一种神秘性或超自然性，指的是与“自然感情”融合在一起的、深深的“宇宙感情”；第七，“幽玄”具有一种非合理的、不可言说的性质，是飘忽不定、不可言喻、不可思议的美的情趣。

关于“哀”，大西克礼认为，对“哀”这个概念依次有五个阶段（层次）的意味：第一是“哀”“怜”等狭义上的特殊心理学的含义。第二是对特殊的感情内容加以超越，用来表达一般心理学上的含义。第三就是在感情感动的表达中加入了直观和静观的知性因素，即本居宣长所说的“知物之心”和“知事之心”，心理学意义上的审美意识和审美体验的一般意味由此产生。第四，“静观”或“谛观”的“视野”超出了特定对象的限制，而扩大到对人生与世界之“存在”的一般意义上去，而多少具有了形而上学的神秘性的宇宙感，变成了一种“世界苦”的审美体验。于是“哀”的特殊的审美内涵得以形成。第五，“哀”将优美、艳美、婉美等审美要素都摄取、包容、综合和统一过来，从而形成了意义上远远超出这个概念本身的特殊的、浑然一体的审美内涵，至此，“哀”在意义上达到了完成和充实的阶段。

关于“寂”，大西克礼认为“寂”含有三个层面上的含义。第一，“寂”就是“寂寥”的意思。在空间的角度上具有收缩的意味，与这个意味相近的有“孤寂”“孤高”“闲寂”“空寂”“寂静”“空虚”等意思，再稍加引申，就有了单纯、淡泊、清静、朴素、清贫等意思。第二，“寂”是“宿”“老”“古”的意思，所体现的是时间上的积淀性，是对象在外部显示出的某种程度的磨灭和衰朽，是确认此类事物所具有的审美价值。第三，是“带有……意味”的意思。也就是说，“寂”（さぶ、さび）这个接尾词可以置于某一个名词之后，表示“带有……的样子”的意思，通过这一独特的语法功能作用，就可以将虚与实、老与少、雅与俗等对立的事物联系起来、统一起来，充实其审美内涵。

在三大基础概念范畴的研究中，大西克礼明显受到了德国胡塞尔（Husserl）等人的现象学哲学与美学的影响，注重现象学美学所推崇的“直观”“静观”“价值意义”等，例如他特别注重研究三大基础概念所内含的“价值”问题，对“价值概念”与“样式概念”加以明确区分，对“价值意义”进行具体阐发；他对以往积淀起来的关于三大概念的知识特别是常识，都用“本质直觉”、“内在直观”的方法，以“面向事物本身”的审视的态度重新放到他的“美学菜板”上加以切分剖析。他践行现象学“凝视于现象，直观其本质”的主张，强调一个概念之所以能够由一般概念上升为审美概念，就在于其中包含了超越性的“静观”或“谛观”的因素。

大西克礼的“三部作”属于纯学院风格的作品，理论概括度较高，思想含量与创新意识较强，语言的哲学化倾向明显（有些表述时有学究气的晦涩），在理论思辨薄弱、容易流于常识化的日本现代学术著作中，大西克礼并不是主流，故而读者不多，更不曾成为畅销书，却具有经久不减的学术价值。后来，研究三大基础概念的著作论文不断出现，除“物哀”研究有所不振之外，如在“幽玄”的研究方面，主要有能势朝次《幽玄论》（1944）、谷山茂《幽玄的研究》（1944）、河上丰一郎的《能的“幽玄”与“花”》（1944）、草薙正夫论文集《幽玄论》等著作；在“寂”的研究方面，主要有山口论助《日本的日本完成——“寂”的究明》（1943）、河野喜雄《寂・侘（わび）・枝折》（1983）、复本一郎《芭蕉的“寂”的构造》（1974）和《寂》（1983）等著作，还有河出书房出版的《日本文学的美的理念》（1955）和东京大学出版会出版的《日本思想 5・美》（1984）两书中的相关文章，都在一些方面有所推进。但总体上看，在研究规模和理论深度方面，似乎还没有出现堪与大西克礼的“三部作”相当的著作。可以说，“三部作”以其创新性的见解、体系性的建构和细致的理论分析，在日本众多的同类研究成果中卓荦超绝，对于读者深入理解日本民族的美学观念与审美趣味，有效把握日本文学艺术的民族特性乃至日本民族的文化心理，都极有参考价值。

从日本美学研究史的角度看，大西克礼的“三部作”所提炼和研究的“幽玄”“物哀”“寂”，与此前九鬼周造在《“意气”的构造》所提炼和研究的“意气”这一概念，两者一脉相承又异曲同工，共同确立了日本古典美学概念的四大基础概念与范畴，使得以研究日本传统审美意识与审美现象的真正的“日本美学”成为可能，从比较美学的角度看，这些概念与中国古典美学诸概念的关系，以及两者的比较研究也很有价值，而且，从深化中国古典美学研究的角度来说，如何将我们的一系列范畴，如“意境”“气韵”“风骨”“神思”等等，加以进一步提炼和分级，使得若干基础概念与其他从属概念形成一种逻辑性的结构关系，从而进一步优化以基本范畴为支点的中国美学的理论体系，相信在这方面大西克礼的“三部作”对我们也会有一定启发性。

『幽玄』论①

① 原题为“『幽玄論』”，于 1939 年在《思想》杂志五月至六月号上连载，1940 年 6 月收入《幽玄与哀》一书（岩波书店初版发行）时，作者做了若干修改补充。

一　作为艺术的歌道，作为美学思想的歌学

“幽玄”的概念及其相关问题，主要是在我国中世时代形成的，由于其产生的领域具有限定性，在此，我想，试图将它作为一个审美范畴来看待，并要在美学的意义上加以阐释，恐怕还是需要加以明确辨析的。假如这种辨析可使“幽玄”明朗化，那么最终“幽玄”究竟为何物自然就清楚了。不过，我倒想多少绕一点弯路，将孕育“幽玄”这一概念的我国歌道及其歌学的一般特性加以美学上的考察。以这种方法，一则可以使我的“幽玄”论有一个基础，二则可以在一般意义上来说明为什么我们对于“幽玄”需要加以美学上的关注。

所谓“歌道”，其发展历程自古代以来就经历了许多的曲折。应该说，和歌是我国特有的艺术形式，从美学上看，也具有特殊的品格。第一，从审美意识之作用的直观与感动的关系来考虑，和歌作为一种诗，包括了抒情与述景两个方面，不仅如此，和歌与我们民族的美意识，或者在更宽广的意义上说，与我们民族精神的某些特性是密切相关的。抒情与述景紧密融合在一起，可以说是和歌的一个特征。当然，《万叶集》以降，很多歌集都有内容的分类，有四季、恋爱、哀伤之类，在内容上主要是将述景的和歌与抒情的和歌加以区别，然而从实际的和歌作品来看，即便是描写自然的风物与风景，很多情况下也不是单纯的写景，而是将浓厚的抒情因素或明或暗地渗透在其中，

这是无需多言的。相反，在表现恋爱和哀伤之类的主观感情的时候，大多数情况下，也常常与自然景物的描写结合在一起，这也是显而易见的事实。例如，像《万叶集》中的“秋田禾穗上，……”之类，表面上看，上句不过是下句的铺垫而已，而作为审美内容来看，映照在秋田禾穗上的朝霞，是将下句的抒情内容加以具象化了。这样的例子可以举出很多。根据福井久藏氏的《大日本歌学史》，有一本书叫《藤原家隆口传抄》，虽然似乎是假托的伪作，但其中有一句话说得很好：“歌寄情于花鸟风月，然而心必专于一处。”这意思说的也不外是抒情与述景融合的重要性。在这个意义上，和歌这一艺术形式，从历史上大量作品来看，在一般的审美意识中，最容易具备的是“直观”与“感动”的有机融合，而且许多作品在这方面做得很好，故而似乎可以把这一点作为和歌的一个特性。众所周知，即便是西洋的诗，其中最突出的抒情诗，例如歌德等人的诗作，其特点也都是将直观的要素与感动的要素特别紧密地结合在一起的。诗歌中若要有这一个必不可少的审美价值之要件的话，那么和歌在充分满足这一要件方面，可谓得天独厚。

第二，在如上所述的审美体验的**内容**中，从被融合统一的两个要素——我称之为“艺术感的要素”和“自然感的要素”——的关系来看，和歌容纳了极其丰富的自然感的要素，这是它显著的特性之一。而且不限于和歌，在日本及东方的艺术中，整体上与西方相比，丰富而且深刻的“自然感的”、“审美的”要素也更为发达，这是无须多言的事实。然而我在这里要特别指出，我这样说并不是单就和歌及其他一般的东洋艺术的题材而言，以我的看法，在东洋艺术中，所谓自然感的审美要素的丰富性，与西洋艺术相比，不单是数量上的差异，而是具有质的不同。不过，这个问题很大，在这里不便详加讨论，我只想将我的意思尽可能简单地大体上谈一下。

在东洋，特别是日本，由于气象风土上的原因，以所谓“自然美”

即自然物为对象的审美体验，无论是在其广度还是在其深度上，早就有了显著的发展。其结果，这种自然美的体验，对人们本身而言已经转换为一种艺术体验了，由此而体现出了一种催生审美价值意识的倾向。与此同时，东洋独特的世界观，使得这种感情的倾向更加朝着思想方面深化和发展，故而，东洋人的这种固有意识，似乎就不可能像西洋那样继续朝着与“自然美”判然有别，乃至超乎其上的“艺术美”这一特殊观念加以发展了。当然，在我国，像“艺能”或者“艺道”这样的观念，也随着思想的发展而分化着，然而，比起西洋的“技能”或者“技术”这样的观念来，它包含着对参与者人格主体的、主观精神的方面加以强调的意味，所以毋宁说，这一思想与“美”自身的问题完全不同（这些概念在审美艺术之外也被广泛地使用着）。在美本身的问题范围内而言，可以说，在东洋，那无论从思想上还是感情上，都不可能将所谓艺术美和自然美，像西洋美学那样在“形式美”和“内容美”相关联的意义上加以区分；也就是说，在东洋的美意识里，在两者密不可分的意义上，自然美和所谓艺术美的意味是相同的。同样的，在所谓自然美当中，也有着艺术美的东西。而且，这两者不仅在密不可分的意义上结合在一起，在审美的意义上，可以认为两者是直接地由“自同性”而殊途同归的。

因此之故，反过来说，就东洋人的审美意识而言，某种意义上可以说，在艺术品产生之前，艺术美就已经存在了。从这一立场来看问题，所谓艺术，其本义就是要忠实地呈现和发挥自然中本来就有的艺术美，率直地发表人们对于自然美的主观感受，由此进行艺术技能的修行，发挥其全人格的、道德的精神之意义，艺术的根本就在于此。不过，我们说要忠实地发挥呈现自然中的艺术美，决不意味着将自然美的感觉的形态，用西洋式的写实主义方法加以描写，与此相反，而是要将自然本身朝着它所内含的理想美的方向加以发挥。要言之，我想应该从这种东洋美的根本精神中，来说明种种艺术样式的特性，但在此不便展开论述了。我要说的是，从这个角度来看，在自然与艺术的关系方面，在东洋特别是日本的独特的艺术种类，例如和歌与俳句等艺术样式中，是否存在着西洋艺术中难以设想的特殊的方法呢？为了将艺术的看法简明扼要地加以概括，我想试着使用一个图式来说明。西洋的艺术构造具有一种普遍的倾向，在相对的意义上说，就是：

艺术美的形成 +（自然美的形成＋素材）= 艺术品

或者根据欧德布莱希特（Odebrecht）的看法，就成了一个更简单的公式：

艺术美的形成 + 素材 = 艺术品

然而，在东洋的艺术的构造（当然是在相对的和概括的意义上）方面，就需要将上述的公式中的括号插入的方式改变一下，即：

（艺术美的形成＋自然美的形成）+ 素材 = 艺术品

或者更精确的表示，就是：

艺术的形成 + {（艺术美的形成＋自然美的形成）+ 素材} = 艺术品

最后这个公式，如上所说，对东洋的审美意识来说，就意味着一种主观的可能性，即在艺术品形成之前，作为一种艺术美已经与自然美合体而存在着了，同时，这里所谓的“艺术的形成”，某种意义上已经超出了艺术的范围，例如在日本的“艺能”或“艺道”这样的概念中，往往暗含着全人格的、全精神的（也含有道德的宗教的意味）、进而是超艺术的意味。（在西洋，在浪漫主义的艺术观念中，艺术的概念显著地扩大了，这种例外的情况也不应忽视。）总之，在极为抽象的、概略的层面上，似乎可以说，在东洋的艺术中，“艺术”这种东西的真髓，一方面在于将人的精神提升到究极本质的高度，或者加深到最深度，同时另一方面，又具有与自然本身“超感性的基体”加以同一化的倾向。“万物的本质是不生不灭，众生中包含万性万理，此一性非先天地而生，亦非后天地而生，此乃万物之根源。和歌之理亦在其中。”（《耕云口传》）总之，我对于东洋艺术中的“自然感的美的因素”，就是这样理解的。而对这一点加以强调，将有助于显示和歌、俳句这两种日本独特的艺术样式的美学特性。

第三，将此作为审美意识的**形式**，从创作与接受的关系来看，和歌与俳句在各种艺术样式中有一个值得注意的特殊性。一言以蔽之，就是在这些特殊的艺术形式中，创作与接受，作为美意识，能够最明朗、最纯粹地持续保持一种本源上的统一性。以我之见，尽管和歌与俳句作为一种诗，在艺术上已经发展到了一种很高的境地，然而其外在形式却是极其简单容易的。不过，这里所说的简单容易是单就外形而言的，如果稍微深入其内面的话，情况就不一样了。例如，在和歌中，从古代就有“风体”“歌病”“禁句”之类的概念；俳句中，也有“切字”“季题”之类的规范，用词的选择、句子的接续、格调上的艺术性等，作为艺术的条件都被考虑到了。在某种意义上说，和歌俳句在外形方面只是单纯的短小，而要达到很高的艺术境界，就需要特别的用功和修炼。也就是说，这样的艺术样式（顺便说一下，不仅是在和歌俳句中，在文人画，或者茶道、花道等日本的艺道中也是一样），入门对任何人来说都比较容易，但真正能够登堂入室的人却是极少数。再换一个角度，不是从客观价值的立场，而是从主观的美的体验的方面来说，和歌俳句这样的艺术样式，在专家以外的任何人都比较容易接近，在审美享受的普及性的同时，也有审美创造的普及性，这两点在整个民族中都齐头并进，并行不悖，这是显而易见的事实。因而，在这样的情况下，我们在美学层面上所思考的审美享受与审美创造的本源的统一性，即便是以一种“兴趣主义”的形式而存在，在产生这种艺术样式的民族生活中，也最有可能将这种特性牢固保持、充分发挥。我们民族的审美意识本来就有这种倾向，使得这种本源的统一性可以持续地保持并发展，所以才使得和歌俳句这样的艺术样式发生发达起来。或者反过来说，由于这样的艺术样式在种种条件下发生，我们民族的审美意识才得以朝着这种本源的统一性的方向发展，恐怕这些都是互为因果的吧。这样看来，在我国的和歌俳句中，比较而言没有被人为性的社会体制因素，例如艺术家的职业化、艺术作品的创造与艺术欣赏的分工等所扭曲，而是将原本就形成的美意识的根源的纯真性加以保持和发挥，这可以说是一个值得我们注意的美学上的特性。

以上是从作为一种艺术的**歌道**本身来论述的。而从“幽玄”这一概念产生的背景、从对和歌艺术的反省的方面，即**歌学**发达的角度来思考，也可以指出与此相关的值得注意的一两个特点。本来，在我国，像西洋那样的美学、艺术哲学之类的东西，原本就没有出现，然而在各个艺术领域的美学的反省是很发达的，不管是中国还是日本，都以所谓“诗论”和“画论”之类的形式大量出现，我国的“歌学”就是其中之一。一般而言，这种具体的艺术论，基本上是以研究那种艺术样式的固有技巧、形式为主的。（在东洋，这样的研究与文学史、艺术史的研究并没有分化，所以，历史性的考察也含在其中。）因而概言之，在那些诗论或画论中，对艺术中的审美本质问题的反省，是很微弱的，或者说是肤浅的。当然，在中国的画论与诗论中，在对具体的品评中所使用的、有关审美本质、美的印象的形容词，其细致精密、丰富多彩，在世界上堪称无与伦比，但关于美学理论上的省察却几乎看不到。比较而言，日本歌学在这一点上与中国稍有不同。最初的歌学著作是奈良朝末期藤原滨成撰写的《歌经标式》，该书通过空海的《文镜秘府论》，受到了由中国输入的中国诗论的影响。但从平安朝到镰仓时代，伴随着歌道的隆盛而发达起来的中世歌学，已经对和歌的审美本质、艺术样式（“风体”）、创造意识及其过程，歌道与宗教意识的关系等单纯的艺术形式之外的问题，也作为精神方面的问题，做了某种程度的深入探究。甚至有些时候我们可以从中发现美学探索的因素。从比较的角度看，在东洋，作为一种特殊的艺术论，世阿弥与禅竹的那些接受中世以降的歌学影响而撰述出来的能乐论著作，可以说已经带有美学或者艺术哲学的性质了。

其次，还需要注意的，是在艺术样式论的反省中，常常是把自然美的体验与内容的反省密切地结合在一起。我认为，在这一点上，作为单纯的特殊艺术论的歌学，已经向一般美学的立场靠近了，有的甚至达到了很高的程度。同时，这一点与我上文中论及的和歌与俳句中体现的东洋审美意识的特性——即“艺术感的契机”与“自然感的契机”在一种特殊意义上的互渗与融合的关系——相联系。我认为“幽玄”这一歌学的概念是由东洋特殊的民族精神所规定的一个美学范畴，根据就在于此。这里所指出的歌学反省中的这个特色，我们还将在后文对“幽玄体”这一和歌样式概念进行考察的过程中再加以充分分析实证，现在只是为了先明确它的含义，而举例加以说明。在上文刚刚提到的“和歌四式”之一的《喜撰式》中，列举了所谓“和歌四病”，这些“病”的名称作为一种概念的表达，使用了“一、岸树；二、风烛；三、浪舟；四、落花”这样的措辞。显而易见，所谓“岸树”，就是容易倒下去的树；所谓“风烛”，就是很容易熄灭的蜡烛；所谓“浪舟”，就是容易倾覆的船舟；所谓“落花”，有缭乱的意味。而对和歌中的这些缺点的指陈，并非只是表达出了对某些和歌的审美印象式的感受，例如第一病“岸树”，举出的有“照日”“照月”之类的第一句及第二句的首字的同音现象，（其他论述的都是此类的音韵上的问题。）其中明显地含有对和歌形式风格方面特征的认识。像这样在对和歌风格加以一定概括的时候，“岸树”“风烛”这样的词，就属于表达“自然感”的词汇，以前人们似乎只是将这种用词视为一种比喻和诙谐，而我则在其中看出了将“自然感”与“艺术感”加以敏锐把握之后而自然呈现出的特殊的美的融合。再举一个例子，正如那位有名的纪贯之所说：“聆听莺鸣花间，蛙鸣池畔，生生万物，付诸歌咏。”在他看来，自然中有诗，也有歌。此后，在中世的歌人的和歌“风体论”中，也能看到艺术感与自然感的相互融会的例子，并且最终成为贯穿整个歌学思想发展史的一个基调。“歌如五尺菖蒲，由水而涌出。”在这样的表述中，是立于艺术感与自然感的融会贯通这一根本原理之上的，是超越于比喻或类比的、对和歌本质的一种直截了当的表述。

总之，以下将要论述的“幽玄”概念及其相关问题，都是以这种作为艺术的歌道以及作为艺术论的歌学为基础而产生出来的，鉴于此，将“幽玄”作为一个美学范畴来看待，就有了充分的理由。

二 作为价值概念与样式概念的"幽玄"

最近，关于"幽玄"的问题，有种种研究成果陆续发表了，然而多数是对"幽玄"的历史的研究，特别是对"幽玄"思想的文学史的乃至精神史的研究。总体看来（恐怕我只是了解其中的一小部分而已），我认为在相关研究中，要么将这个概念无节制地扩大到世界观的范畴，要么给予过多的特殊限定，并在此基础上做分析性的考察。我想，无论对"幽玄"这个概念及其思想历史的形成，或由外国传入的轨迹做如何的分析考辨，都不能直接见出它美学上的意义。鉴于此，我在这里摆脱精神史的角度与趣味，而试图转从美学的立场上，对这个问题加以考察。不过，为了进行这一研究，相关的基础性研究，及在某种程度上对"幽玄"一词的用例加以文献学的研究，也不能不加以考虑。而要在文献学上对该词的用例加以详尽的研究，就要将范围扩大到歌学著作以外的日本古典诗文中，乃至中国的文献中去，然而这一工作，我们只好等待相关的专家进行研究了，舍此别无办法。无论如何，"幽玄"这一概念是从日本歌学中产生出来的，而且我们又是把它作为一个美学问题来看待的，所以，我们权且只涉及主要的相关文献。

在这样的研究中，有一点我们要特别注意，就是将"幽玄"这个词作为一个特殊的美学意义上的"价值概念"来看待，还是将它作为一种“样式概念”即“幽玄体”来看待，两者是有区别的（对两者直接的精细的关系区分，容以后再加论述）。我对日本的歌学文献加以概览的时候，发现所解释的“幽玄”一词，在许多场合属于“幽玄体”这一样式概念，或者是从这一样式概念导出的概念。（即便并没有使用“幽玄体”或“幽玄调”这样的表述。）而有的时候，在这些文献中以及歌学以外的文献中，也有脱离样式概念，而作为纯粹的审美价值概念加以使用的例子。本来，不言而喻，“幽玄体”这个词是在“幽玄”这个词的基础上形成的，然而一旦作为样式概念而确立，其意义固定之后，在从中导出的新的含义中，例如在“歌合”的判词中，与样式概念形成之前的、作为最初审美概念的“幽玄”未必是一致的。这一点在此不遑论证。而“幽玄”“有心”之类的重要概念的意味一直都有种种混乱，我想在今后对它们多少尝试着加以整理。在此，只从背景的意义上加以注意而已。

从这一立场上看，在中国的文献中，“幽玄”一词的用例，据冈崎义惠的《日本文艺学》的考证，是唐代诗人骆宾王《萤火赋》中的“委性命兮幽玄，任物理兮推迁”的句子。晋代谢道韫的《登山》诗中也有“峨峨东岳高，秀极冲青天，岩中间虚宇，寂寞幽以玄，非工复非匠，云构发自然，器象尔何物……”等句，临济宗禅师有语云：“佛法幽玄”。这些文献中的“幽玄”用例背后，不管有没有中国的老庄思想和禅宗思想，无论如何在这些场合，我们应该从“幽玄”的字面意思加以解释。此外，查考日本古代歌学文献之外的用例，有藤原忠宗在《作文大体》中提出了“余情幽玄体”这样一种诗体，作为作品例证举出了菅三品的诗：“兰蕙苑风催紫后，蓬莱洞月照霜中”，然后评曰：“此等诚幽玄体也，作文士熟此风情而已。”想来，这首诗作中的所谓“余情幽玄”，是借菊花来做象征性，以表现美的内容的幽玄性。然而在这里，“幽玄”是明确地作为样式概念来使用的，因而对这样的情况我们姑且作为例外。比后来的歌学方面的“忠岑十体”

中的样式论要晚近一些，或许此处是受了歌学著作中的样式论的影响（特别是《作文大体》中的那一部分，不是出自忠宗本人之手，而是混入了后人的文章）。此外，在大江匡房、藤原敦光等当时擅长汉诗的日本人写的文章中，可以见到“幽玄之境”“古今相隔，幽玄相同”“幽玄之古篇”“幽玄之晶莹才”“艺术极幽玄，诗情仿元白”“幽玄之道”之类的说法，在这些场合，从“幽玄”本身的概念来看，指的是艺术美的极致或者到达这种境界的才华与途径，明显是在审美价值概念的意义上加以强调的。换言之，在这些说法中，看不出“幽玄”的概念受到了某种特殊的样式概念的束缚。在这些文句出现的时候，一些人，例如藤原基俊那样的杰出歌人，同时又擅长汉诗文写作，可知实际上在歌道方面，“幽玄”这一概念在其周围的文人墨客中已经流行开了。不管怎样，在这些用例中，“幽玄”这一概念尚没有作为样式概念而明确地加以使用，这一点是毋庸置疑的。

再看看歌论或歌学方面，最初使用“幽玄”这个词的，正如许多人所指出的那样，是纪淑望所写的《古今和歌集真名序》，其中有“至如难波津之升献天皇，富绪川之篇报太子，或事关神异，或兴入幽玄，但见上古歌多存古质之语，未为耳目之玩”这样的语句。这里的“幽玄”一词的意思，可以做种种的解释。这个“幽玄”作为“佛法幽玄”的意味是否可以直接与圣德太子的有关传说相联系，又当别论，但这里很明确的是“幽玄”并不局限于歌道，也没有后来那样的样式概念的意味。

接着，在壬生忠岑所撰著《和歌十体》中，列举了“古语体”“神妙体”“直体”，还有“余情体”“高情体”等。所谓“忠岑十体”的分类，当时是立意于和歌样式的区分，但显然他的分类依据是混乱的，还算不上是严密的样式划分。而在这“十体”的名称中，并没有出现“幽玄体”，而与后来作为样式概念的“幽玄体”最为接近的，就是他所谓的“余情体”和“高情体”。忠岑关于“高情体”的解释说明是："此体词虽凡流，义入幽玄，诸歌之为上科也。"这里使用了"幽玄"一词。顺便说一下，我怀疑这个"虽"（雖）字是"离（離）"字之误。如果按原文字面加以解释的话，就是"幽玄"的价值意味只在于"义"，亦即"心"的方面。我倒觉得，所谓"幽玄"指的是"词"与"义"都超凡脱俗，从而进入崇高幽远的境界。这样解释，与下面所说的"诸歌之为上科也"的意思就互为照应了，正好可以表示出和歌整体的审美价值的最高状态。无论如何，尽管这里已经产生了对和歌样式加以划分的思想，但"幽玄"这一概念本身还没有像后世那样直接用作样式概念，毋宁说是在和歌整体的美抑或是艺术的价值概念的意义上加以使用的。

此后，在歌学文献中最早且最值得注意的，是藤原公任的《新撰髓脑》及《和歌九品》，后者将和歌的价值等级分为九个品级，而在这九个品级中的最高品级，所举出的和歌的例子是：

明石海湾朝雾中
小岛若隐若现
仿佛一叶扁舟

还有是壬生忠岑的：

只缘新春来
云雾缭绕
吉野山面目朦胧

这两首和歌。公任对这两首歌的评语是："用词神妙，心有余也。"所谓"心有余"，就是"余情"，从样式的角度看，就相当于壬生忠岑的"余情体"乃至"高情体"，或者后来所说的"幽玄体"。在藤原公任的《新撰髓脑》中，先将九首和歌分为不同风体，而将《风吹白浪翻》作为第一首和歌列举出来，并说“可引为楷模”。这里主要取的是和歌样式的角度，而上述的《和歌九品》的分类标准明显是美的价值的区别。像这样，在公任的歌学中，是将样式的区分与价值的区分并立而行的，这一事实，对我们的立论而言是特别需要注意的。

接下来，对我们来说同样值得注意的，是藤原基俊在其和歌判词中使用的“幽玄”概念。作为当时的和歌大家、作为和歌评判者的基俊，在中宫亮显辅家的歌合（长承三年九月）上，对左一首：“谁家门前的梨树，披上了霜露，远望似红叶”；右一首：“红色末摘花，浓浓淡淡披秋霜，仿佛红叶样”，下了这样的判词：

左歌词虽拟古质之体，义似通幽玄之境；右歌义实虽无曲折，言泉已〔非〕凡流也，仍以右为胜。毕。

在这里，说左歌的意味内容（“义”）“通幽玄之境”，是指何而言的呢？或许写的是一个隐士，信仰老庄或禅宗的思想，在晚秋的山间，没有妻子相伴而独自栖息的情景，因而堪当“幽玄”一词。然而，现在假如我们不按这一思路来解释，那么这个判词的意思似乎可以理解为：左歌用词虽显古风简朴，而其意思却具有相当的复杂性，因此，就缺点而言，它的“心”与“词”多少有点不谐调；相反，右歌在内容意味上不太复杂，而用词却很流畅，形式与内容很好相谐调，比较而言还是略胜一筹。无论如何，在这个判词中值得我们注意的一点，就是使用了“幽玄”这样一个审美判断的词，未必就是意味着对其艺术价值的很高的判断，而在这里，判者只是使用了“幽玄之境”一词，而没有使用“幽玄之体”这样的样式概念。对于基俊而言，“幽玄”这一概念不过是在老庄或禅宗之类的宗教思想的意义上，即非美学的意义上使用的。这样解释似乎说得通，但我想实际上似乎又不是那么简单。为什么呢？因为，第一，被评为“幽玄”的和歌却未能在歌合中胜出，这种例子在其他判者的判词中也是常常出现的；第二，在基俊的时代，正如上文所说的那样，在汉诗文方面常常使用“幽玄”一词，特别是在那本《作文大体》中的“幽玄”概念，以及“忠岑十体”中对“高情体”的说明中使用的“幽玄”概念，对于擅长汉诗同时又是和歌大家的基俊，当然会产生影响。基俊的“幽玄”概念当然也暗含着老庄“幽玄”思想的因子吧。不仅如此，在基俊那里，“余情幽玄体”这样一种样式概念，或许虽然尚未达到样式概念的程度，但已经在汉诗与和歌的评论中，作为一个特殊术语而含有“幽玄”的意味了，这是没有疑问的。这样看来，在后来更加明确出现的、单纯作为歌道中的样式概念或特殊术语的“幽玄”，与标志着一般审美价值乃至艺术价值之极致的“幽玄”，两者在意味上的乖离，已经朦朦胧胧地在基俊的判词中显示出来了。对于要在美学的意义上对“幽玄”概念加以检讨的我们来说，这两方面的意义及其关系常常成为一个很麻烦的问题。

三　中世歌学中的“幽玄”概念的展开

在我国中世的歌学中，“幽玄”的概念作为一个样式概念，即所谓“幽玄体”的概念大体确立之后，歌学家们都做了怎样的解释和说明，我们接下来还需要对此做一个概观。

现在我们所见到的文献，例如忠岑的《和歌十体》中，已经包含了作为样式概念的“幽玄”之萌芽。在歌道当中，“幽玄”作为一个名副其实的样式概念，即歌体，得以明确确立下来，恐怕还是从藤原俊成领导歌坛的那个时代开始的。不过，看看俊成自己的著作《古来风体抄》，再看看他大量的和歌判词，他并非有意识地将“幽玄体”作为一种特殊样式加以倡导、加以确立，起码从表面上看不出来。即便俊成本人并没有将自己的歌体用“幽玄”这个概念加以概括，但他原本就有的艺术倾向及和歌样式上的特点，都与此前以含混模糊的形态进入歌道的“幽玄”概念，有着一种本质的联系。前者从后者获得了理念上的启示，而后者又从前者的创作中获得了具体的表现形式。从那时起，“幽玄体”的概念就渐渐确立起来，这一事实，我们可以在鸭长明的《无名抄》与藤原定家的相关著述中明显见出。（在他的歌合判词中，也屡屡使用了“幽玄体”这一概念。）

首先，在俊成那里，在歌论中直接使用“幽玄”的场合，主要体现于写在慈镇和尚的歌合判词之后、自述其平生抱负的一段文字中，其中有这样几句话，可见其歌论之一端：

大凡和歌，一定要有趣味，而不能说理。所谓咏歌，本来只是歌唱，只是吟咏，无论如何都要听起来艳美、幽玄。

要写出好歌，除了词与姿之外，还要有景气。例如，春花上要有霞光，秋月下要有鹿鸣，篱笆的梅花上要有春风之香，山峰的红叶上要降时雨，此可谓有景气。正如我常说的，春天之月，挂在天上飘渺，映在水中飘渺，以手博之，更是朦胧不可得。

这里只是用了“幽玄”，并没有使用“幽玄体”一词，考察整段文章的意思，明显可以看出，他是将一种飘渺的、余情绵绵的歌视为“幽玄”的。稍微发挥一下，我认为他所说的不仅是在单纯的歌词中所表现出来的东西，此外还要表达意味内容上的余情，更要表现出心与词合一的、弥漫于整首和歌中的那种难以名状的美的氛围和情趣。总而言之，在俊成那里，不是单纯的余情，不是单纯的美，而是两者之间的统一。他是将美的余情的飘忽不定、难以捕捉的状态，叫做“幽玄”。俊成还在名叫“显广”的年轻时代，在中宫亮重家朝臣的家中举办的赛歌会上作和歌判者，他对一首和歌“越过海滩涌来的白浪，遥望花儿凋谢的故乡”，评曰“风体幽玄调，义非凡俗”。后来，他改名“俊成”后，在住吉神社的赛歌会上，对一首和歌“晚秋阵雨后，芦庵倍寂寥，无眠之夜思故都”评曰“优胜”，称和歌中的“倍寂寥”“思故都”等用词“既已入幽玄之境”；在广田神社的赛歌会上，他对一首和歌“舟行大海上，放眼望故乡，云井岸上挂白云”，评曰“呈幽玄之体”，与其他和歌并列，不分优劣；在三井寺新罗社赛歌会上，他对“早晨出海去，伴随鸟鸣声，渐渐消失高津宫”的和歌，使用了“幽玄”作评语；在西行法师的御裳濯川赛歌会上，俊成对“鸟立沼泽”和“津国难波之春”等歌，都使用了“幽玄”作评语。其他例子，在此不一一列举了。在“六百番赛歌”及其他歌会上，俊成还常常用“幽玄之体”“幽玄之调”这样的评语，有时也用“入幽玄之境”“是为幽玄”之类的说法。

作为样式概念的“幽玄”思想，到了鸭长明的《无名抄》就显得更为明确了。在该书的下卷有《近代歌体》（一作《近代古体》）一节写道：有人问：当今之世，人们对于和歌的看法分为两派，喜欢《古今集》时代和歌的人，认为现在的和歌写得不好，动辄以“达摩宗”相讥讽。另一方面，喜欢当代和歌的人，则讨厌《古今集》时代的和歌，谓之“近俗，无甚可观”，怎样看待这个问题呢？鸭长明回答：

> 今世歌人，深知和歌为世代所吟诵，历久则益珍贵，便回归古风，学“幽玄”之体。而学中古之流派的人，则大惊小怪，予以嘲讽。然而，只要心志相同，“上手”与“秀歌”两不相违。

关于“幽玄”，他认为是从《古今集》开始形成的，并且更进一步说明了“幽玄”的本质，他写道：

> 进入境界者所谓的“趣”，归根到底就是言词之外的“余情”、不显现于外的气象。假如“心”与“词”都极“艳”，“幽玄”自然具备。例如，秋季傍晚的天空景色，无声无息，不知何故你若有所思，不由潸然泪下。

他举例说，一个优雅的女子心有怨怼，而又深藏胸中，强忍不语，看上去神情恍惚的样子，就是“幽玄”的风情。又说：

> 在浓雾中眺望秋山，看上去若隐若现，却更令人浮想联翩，可以想象满山红叶层林尽染的优美景观。

他在该书中还引用俊惠的话说："世人寻常所谓的好歌，就像竖纹的织物，而'艳'的歌就仿佛浮纹的织物，'景气'在此浮出。"并举出《朦胧灯火》《从前没有亮光的夜》两首和歌，认为"只有在这里才把隐含的余情浮现出来"。由此看来，在鸭长明那里，一方面从俊成那里继承了作为价值观念的"幽玄"概念，同时另一方面，又在"幽玄"概念中更为明确地规定了"余情"的意味。于是，"幽玄"作为歌体的概念，则越来越显出特殊化了。

到了俊成之子定家，歌道中的样式概念越来越确定下来，"幽玄"的概念从这个时候也就专门用来表示诸种歌体当中的一种，"幽玄体"的概念更为明确地被具体化了。不过，古来被说成是定家著作的假托之书较多，要确定哪些才是定家本人的看法，就必须去看那些依据专家的研究而确定无疑的定家本人的著作。（而实际上，正如后文还将提到的，有些人出于主张自己的美学观点的需要，参照一些日本歌学著作中的"幽玄"概念，即便是假托的伪书也加以引用，不必说这是普遍存在的现象。）在此，我们最应参考的，还是他的《每月抄》。定家很早就成为当时歌道巨匠，他对古来的"忠岑十体""道济十体"都有继承参照，并由此而划分了和歌十体，包括：幽玄体、事可然体、丽体、有心体、长高体、见样体、面白体、有一节体、浓体、鬼拉体。对于这些歌体，《每月抄》提出说：

只希望您能够有自己的构思，最近一两年内最好不要吟咏这类古风的和歌。

关于和歌的基本之"姿"，在我以前所举的十体之中，幽玄体、事可然体、丽体、有心体这四种风体最重要。四种风体在古风的和歌中也常常可以看到。这时，尽管是古风，却仍有可观者。当能自由自在、出口成诵的时候，那么其余的长高体、见样体、面白体、有一节体、浓体，学起来就比较容易了。鬼拉体不能轻易学好，初学者经磨炼之后仍然不能吟咏，也在所难免。

又说：

和歌十体之中，没有比"有心体"更能代表和歌的本质了。"有心体"非常难以领会。……所谓优秀和歌，是无论吟咏什么，心都要"深"。……不过，有时确实咏不出"有心体"的歌，比如，在"朦气"强、思路凌乱的时候，无论如何搜肠刮肚，也就咏不出"有心体"的歌。越想拼命吟咏得高人一筹，就越违拗本性，以致事与愿违。在这种情况下，最好先咏"景气"之歌，只要"姿""词"尚佳，听上去悦耳，即便"歌心"不深也无妨。尤其是在即席吟咏的情况下，更应如此。只要将这类歌咏上四五首或十数首，"朦气"自然消失，"性机"放松，即可表现出本色。又如，如果以"恋爱""述怀"为题，就只能吟咏"有心体"，不用此体，决咏不出好的歌来。

对"有心体"的提倡，在定家歌论中是值得注意的。到了定家，"幽玄体"作为样式概念从此固定了下来，但同时，作为一种艺术理想，"有心"的概念较之"幽玄"占据了更高的位置。关于这一点，可以在以下一段话中体现出来：

同时，这个"有心体"又与其余九体密切相关，因为"幽玄体"中需要"有心"，"长高体"中亦需要"有心"，其余诸体，也是如此。任何歌体，假如"无心"，就是拙劣的歌无疑。我在十体之中所以特别列出"有心体"，是因为其余的歌体不以"有心"为其特点，不是广义上的"有心体"，故而我专门提出"有心体"的和歌加以强调。实际上，"有心"存在于各种歌体中。

可见，在定家的《每月抄》中，“幽玄”作为一个特殊的样式概念，其意义被缩小化了，例如他还说：“假如在‘幽玄’的词下面，接以‘鬼拉’的词，则很不美。”从这句话中可见一斑。（在后文将要论述的世阿弥的能乐论著作中，关于“幽玄”概念的使用，似乎也受到了定家的影响。）

以上大体梳理了从俊成到定家“幽玄”概念的演变。最近一些国文学者，每每将“幽玄”与“有心”的关系问题提出来加以讨论，对此我当然也不能回避。对这个问题，作为门外汉，我的意见将放在后文中阐述。在此按照顺序，我们应该对定家以后被确立的作为样式概念的“幽玄”，即“幽玄体”的思想又有怎样的发展嬗变，继续加以探讨。

从镰仓时代到室町时代，定家的子孙或者门人的著作，如藤原为世的《和歌秘传抄》、正彻的《正彻物语》、心敬的《私语》等诸书，都应该加以参考。同时，一些托名定家而流传于世的伪书，也不妨拿来加以参考。为什么呢？因为那些伪书都是那个时代尊崇定家，或想要依附于定家之权威的人写出来的。

在这类伪书中，首先就是《愚秘抄》。在这本书中，对歌体的划分更为细致，分出了十八体。在此不必一一列数。作者把十八体“根据并参照以前的十体，由心、词的品位加以确定”，例如在“幽玄体”下，更把“行云”和“回雪”二体包括进来。定家以后，和歌样式概念更为分化，由此可见一斑。此时，作为“幽玄体”本身的意义与内容的说明也更为精细。对于我们来说，即使这些观点并不是定家本人的观点，对于“幽玄”概念的美学阐释也是有参考价值的。

如上所说，根据《愚秘抄》的说明，所谓“幽玄体”并不是单一的东西，其中有“行云”与“回雪”两个种类，“幽玄体”是它们的总称。原来“行云”“回雪”是“艳女的形容词”，那些“使人感到婉媛而高雅、仿佛笼罩着薄云的月亮一般的和歌”，叫作“行云”；同时，“那种柔和、亮丽、脱俗，就像风卷白雪、回旋不已的和歌”叫作“回雪”。并说：“《文选·高唐赋》云：昔先王游高唐，怠而昼寝，梦见一妇人，曰：‘妾巫山之女也，为高堂之客，旦为朝云，暮为行雨。朝朝暮暮，阳台之下。’旦朝观之，如言。故为立庙，号曰朝云。同书《洛神赋》云：河洛之神，名曰宓妃……仿佛兮若轻云之蔽月，飘摇兮若流风之回雪……肩若削成，腰如约素，云云。此为神女也，此为幽玄之一体，其余各体，可仿此而得解。”接下来又写道：“躬恒对住吉之松而作秋风歌，经信见白波浣洗松树之垂枝，而作白波歌，皆属此种风体。此类歌不是和歌之中道。然而此为明快之歌体，不知谁人有言：若作比方，就好比八十以上的老翁白发苍苍，戴着丝锦帽子，依靠在紫檀树下；仿佛将虎皮铺在岩石上，遥望远方，弹奏和琴；又仿佛观看那时时袭来的疾风骤雨时的感觉。切记切记”云云。这里以八十有余的老翁作比，想来还较为符合“幽玄”的概念；但“住吉之松”的和歌，从歌体样式的角度，我觉得更接近“远白歌”。《群书类从》本中的《西公谈抄》中举出的“远白歌”的例子是：“海上徐徐吹，住吉的松树垂枝，在白波上摇曳。”所以，我们可以认为，这首和歌最早不是用来说明“幽玄体”，而是用以说明“长高体”（含“远白体”）的。如果真是如此，那么我们就可以看出，作为样式概念的“幽玄”的意义，是如何被限定的了。

接着，该书还以书道的概念来比拟歌道的样式，说书法之道有三体，即“皮、骨、肉”。从这三体的角度来看古来称作“三迹”的“道风”“行成”“佐理”，则所谓“道风”就是“写骨而不写皮肉”，“行成”就是“写肉而不写皮骨”，“佐理”就是“存皮，而忘骨肉”。这里的“三迹”各有得失。“道风”不借笔势而显强劲，不露柔婉亲切之态；“行成”只写出柔婉而缺少强劲，“佐理”得温柔而失强劲与亲切。“所谓强劲，即是骨；所谓柔婉，即是皮；所谓亲切，即是肉也”。一旦把皮、骨、肉三者对应于和歌十体，则“拉鬼体”“有心体”“事可然体”“丽体”相当于“骨”；“浓体”“有一节体”“面白体”相当于“肉”；“长高体”“见样体”“幽玄体”相当于“皮”。总之，我们从这里也可以看到作为特殊的样式概念而被扭曲的“幽玄”。

同样是托名定家的《愚见抄》一书，也论述到了和歌十体。作者说：除了在“幽玄体”的歌中，分为“行云”“回雪”二体外，“又有心幽玄、词幽玄两种。今体和歌属于词幽玄”。在这里，“幽玄体”就有了两重交错的分类法。我们可以从中看出，在作为当时艺术种类的和歌样式，已经被划分得相当细致了，同时，又和作为艺术构成要素的“词”与“心”（形式与内容）的分析相结合，以至有了“词幽玄”这样的说法，如此，“幽玄”概念就从其原本的样式概念的领域脱离出来，完全成为用来表示单纯的外部形式之特征的一个概念了。

四 正彻、心敬、世阿弥、禅竹的“幽玄”概念

关于中世的“幽玄”概念，给我们较多启发的，是室町时代杰出的歌人正彻的歌学书，即《正彻物语》或称《彻书记物语》。我们有必要对出现在书中的“幽玄”概念做一番考察。

正彻举出了一首题名《暮山雪》的和歌：“云彩罩雪山，黄昏山中行，恨无云梯过雪峰。”接着加了评注，并说了这样一段话：“这就叫‘行云回雪体’，是被雪风吹拂之体，是被彩霞笼罩之体，也就是‘艳’，就是‘有趣’。”鉴于“行云回雪体”就是“幽玄体”，所以这话虽然是从样式概念的角度说的，但同时我们也可以看出它同时也包含着美的价值概念的意味。另，正彻还举出了一首以《春恋》为题的和歌：“黄昏朦胧月朦胧，仿佛见到恋人之面容。”他评论道：“在月光下薄云笼罩，晚霞飘腾，这种情景，心与词都难表达，这就是‘幽玄’之所在。”接着他又引了一首和歌，是《源氏物语》中的源氏的歌：“春日拂晓时，无人触衣袖，花香中飘出一面影。”认为这首歌“与上一首歌堪称一对”。在这里，正彻的“幽玄”更接近于“优艳”的意思，可能是受到了定家以降作为样式概念而固定下来的“幽玄”论的影响。他又说：

“幽玄体”只有达到一定程度才能使人体会到。许多人听到“幽

玄”的事，其实那只是“余情”，而不是“幽玄”。或者有人将“物哀体”说成是“幽玄体”。“余情体”与“幽玄体”有很大差别。定家卿曾说过：“从前一个叫纪贯之的歌人，吟咏那种强力歌体，却不吟咏超凡绝伦的幽玄之歌体。”（据岩波书店《中世歌论集》，歌学文库《彻书记物语》文字稍有不同。）

他进一步指出：“幽玄”并非单纯的“余情”的意思，也不是单纯的“物哀体”。《正彻物语》的下卷对“幽玄”再次做了说明（详后）。从这些论述中可以看出，一方面，正彻的“幽玄”概念已经超出了样式概念的范畴，含有价值概念的意味，但另一方面又将“幽玄体”置于相当高的位置。在谈到纪贯之的时候，他又援引定家的说法，认为纪贯之是拒绝“幽玄”歌风的，从这一点看来，说他的“幽玄”概念含有价值论的意味，似乎是言重了。

在该书的下卷，正彻写道：“吟咏和歌，就是自然而然地遣词造句，自然而然地脱口而出，而不要说理，要‘幽玄’、要亲切才好。最好的歌都是不说理的，说理是无论如何也要不得的。”和歌不说理，和歌在“理”之外，这对“幽玄”而言是尤其关键的。

但是在后面的段落中，他又举出了一首自作的和歌：“海风卷砂石，扑打岸边松，松树凄厉鸣叫声。”说在吟咏这首和歌的时候，头脑中浮现出了藤原家隆的那首歌：“月光照海滨，海岸松枝鸣，老鹤枯枝鸣一声”，认为：“这首歌从歌体上说，给人以岩石生苔藓，星霜逾千年的那种感受，仿佛是到了仙乡，这是强力之歌，而不是幽玄体的歌。”由此可以看出，正彻把“长高体”或“强力体”与“幽玄体”严格加以区分，似乎是受到了定家以来传统的样式概念的束缚。倘若是在俊成等人的眼里，对于这首和歌，很可能要冠之以“幽玄”一词加以赞美的吧。

正彻还说过这样的话：“作歌是常常有遗憾的。后来想一想，有的并不合自己的本意。倘若作出一首歌大家都说好，那么往往是自己感到遗憾的。倘若吟咏表现幽玄之意的歌，别人却不理解，这也很令人遗憾。”由此可见，表现出“幽玄之意”的歌，指的是艺术价值高却又难入俗耳的作品。

最后，关于正彻的“幽玄”概念，我们将从以下的引文中得到最好的理解。他举出题为《落花》的一首和歌：“樱花忽凋落，半夜惊梦中，恰如白云掠山峰。”接着评论道：

此乃“幽玄体”的歌。所谓“幽玄”，就是虽有“心”，却不直接付诸“词”。月亮被薄云所遮，山上的红叶被秋雾所笼罩，这样的风情就是“幽玄”之姿。若问：幽玄在何处？真是不好言说。不懂“幽玄”的人，认为夜空晴朗、月亮普照天下才有趣。所谓“幽玄”，是说不清何处有趣、哪里美妙的。

源氏有歌云：“真真切切在梦中”，写的是源氏初见继母藤壶妃子时的情景：

相会一夜难重逢
真真切切在梦中
浑然不了情

这首歌，就是“幽玄”之姿。

由此可见，正彻的“幽玄”，就是如同《源氏物语》中的那种情趣，是“优美”或者“艳美”那样的美，带有神秘与梦幻色彩，不能用逻辑道理加以分析说明，呈现飘渺之趣。这样的认识，可以说触及中世的“幽玄”概念的核心了。

正彻在《正彻物语》的结尾处写道：何谓“幽玄体”呢？接着他

举出了《愚秘抄》中引用的襄王与巫山神女的传说，认为：

这种“朝云暮雨”体，即可谓“幽玄体”。若要问“幽玄”在何处？在心中是也。岂能是心中清楚明白、并能付诸言词的东西呢？只是表白，如何能够称为“幽玄体”？南殿樱花盛开、身穿丝裙的女子四五人对花咏叹，如何能够称为“幽玄”？若有人问“幽玄”在何处？这一问恐怕就已经不再“幽玄”了。

这段话与上文我们吟咏的段落，没有任何变化，在正彻那里，关于“幽玄”，他所强调的就是用言词所不能说明的那种微妙之趣。举出南殿的花儿为例，毋宁说只是单纯的优艳或艳丽之美，对此特别冠以“幽玄”一词加以概括，是否恰当还有疑问，但是另一方面，正彻在上文引用的文章中，明确指出“幽玄”是“在心中”的东西，这一点值得我们充分注意。

从正彻到心敬，对于“心”则更加突出强调了。心敬在《私语》中这样写道：“古人说过，一切歌句都有体现‘幽玄’之姿，连歌修习时也要以此作为最高宗旨。不过，古人所谓的‘幽玄体’，与如今很多人所理解的有很大不同。一个人修饰外表是为了众人观瞻，而‘心’的修炼却是个人的行为。所以，古人所谓最高级的‘幽玄体’，和如今的理解颇有分别。”可见，这里体现出的是将定家的“有心”与“幽玄”合而为一的倾向。

此时期歌学上的“幽玄”概念，也开始进入能乐论的领域，在世阿弥的“十六部集”中，《花传书》《申乐谈仪》《能作书》《觉书条条》《至花道》等著作都频繁地使用了“幽玄”概念，对此，我们不遑一一加以考察。概括地说，世阿弥基本上是延续了定家以后歌道中作为样式概念的“幽玄”意味，主要强调“优美微妙”这一点。本来能乐与和歌不同，是直接诉诸视觉的艺术，作为和歌样式的概念，“幽玄”已经充分包含了“优美微妙”的意思了，在能乐中，特别把这一点加以发展也是当然的，但世阿弥在用法上，似乎常常将“幽玄”的意味限定在亲切、柔婉这样的美感形态上。例如，以下一段文字就集中地将他关于“幽玄”的这种理解表现出来：

仔细想来，正因为人们将“幽玄”与“强”，脱离具体对象，作为孤立的概念来理解，才产生了误解。“幽玄”与“强”是对象自身所具备的性质，例如，人之中，像女御、更衣、舞伎、美女、美男，草木之中像花草之类，凡此种种，其形态都是“幽玄”的。而像武士、蛮夷、鬼、神，及草木之中的松杉类，凡此种种，大概都属于“强”的。若能把以上各色人物都演得惟妙惟肖，那么模拟“幽玄”时，自然是“幽玄”；模拟“强”时，自然会是“强”。(《花传书》)

然而从另一方面看，世阿弥不仅在价值概念上思考“幽玄”，甚至是把“幽玄”作为能乐表现的最高原理来看待。例如在论述到能乐的“位”的问题时，他认为：“有的演员天生就有‘幽玄’之美，此为‘位’；有的人没有‘幽玄’之美，只具有‘长’，但这并不是‘幽玄之长’。这一点需要在心中好好体味。”以上只是举出了《花传书》的论述，在世阿弥的其他著作中，“幽玄”一词也随处可见，而且也做了相关的解释说明。因此，要充分理解他的意思，就有必要将他的所有著书中关于“幽玄”的论述都加以整理。但总体看来，应该不能想象，世阿弥的有关论述应该与歌学著作中的许多相关论述一样，常常将具体化的样式概念的“幽玄”，与原本的作为价值概念的抽象意义上的“幽玄”，两者混同起来。而且，世阿弥的能乐论也明显地受到了《愚秘抄》等书的影响，在《至花道》等书中，也将书道中关于“皮骨肉”三体（见上文）的论点应用于能乐中。有意思的是，在《愚秘抄》中，是将“皮”对应于“幽玄”的，而世阿弥却只取“平易亲切”之意，因而对此并没有做出非常高的评价。在世阿弥那里，由于看重“幽玄”的审美价值的意味，所以在援引“皮骨肉”三体论的时候，就显得有些局促。他说：“在能乐艺术中，究竟皮、骨、肉指的是什么呢？首先，一个人天资聪慧，具备了成为名家高手的潜质，就叫做‘骨’；歌与舞学得全面而精到，并形成自己的风格，叫做‘肉’。”接着又说：“将以上优势很好地发挥出来，塑造完美的舞台形象，叫做‘皮’。”这种说法是值得注意的。接着还说：“天生的潜质为‘骨’，歌舞的熟练为‘肉’，‘幽’的舞台风姿为‘皮’。”“无论怎么看都让人感受到‘幽玄’之美，这就是具备了‘皮风’的功力深厚的演员给人的感觉。”还说：“如将‘骨、肉、皮’与‘见、闻、心’结合起来说，那么，‘见’就是‘皮’，‘闻’就是‘肉’，‘心’就是‘骨’。”总之由此可见，能乐论中的“幽玄”的概念，大体不外是歌学中的“幽玄”的运用而已。

不过，到了禅竹的《至道要抄》，其“幽玄”的概念较之世阿弥，带上了更深、更广的意味。他说：“大凡‘幽玄’之事，存在于佛法、王法、神道，而不在一己之私。这是一种强劲之态，至深、至远而又柔和，且不负于物，底无余。金性是‘幽玄’，明镜是‘幽玄’，剑势是‘幽玄’，岩石是‘幽玄’，鬼神也是‘幽玄’。……故而，不知真正之性理，则不能言‘幽玄’。”

通过对以上各种文献有关“幽玄”问题的大略考察，我认为似乎可以得出如下的结论。

首先，在古代作为一般的价值概念的“幽玄”，与多少有点模糊的作为样式概念的“幽玄”之间，一直以原初的形态在动摇着，到了俊成，则试图将这两个方面的含义在更高层次上达成融合与统一。同时，“幽玄”作为歌道中的“样式”意味，也比“忠岑十体”等文献更提高了一个层次，甚至可以说，在俊成那里，“幽玄”已经发展到了和歌最高的理想样式这样一种层面。然而，与其说俊成是在理论上做出了这样的说明，不如说是俊成从本人的美的理想出发，其和歌创作自然地朝着这种理想的方向发展。而且，可以想象，鉴于俊成在当时作为歌坛第一人，此后以他为楷模而讨论和歌问题的人（例如鸭长明等），也自然而然地显示出了将“幽玄”置于最高理想境界的倾向。不过，不可否认的是，俊成本人在和歌判词中，使用“幽玄”这一概念作为评语并不多见，而且在被他评为“幽玄”的和歌中，有时也会将其评为“负”方，所以，在他的和歌评论中，“幽玄”也带有一种单纯的样式概念的意味（这个问题容以后如有机会再详加讨论）。

其次，到了定家，又将俊成那里大体合一的“幽玄”概念再次明确地加以分离，对于俊成作为价值概念的“幽玄”，则以“有心”这样一个概念加以置换。而且与此同时，“幽玄”这一概念被逐渐地作为样式概念而限定起来，而且有时即便多少带有价值概念的意味，所代表的价值也并非代表艺术的最高层次，而与其他各种歌体并列，主要用来表示一组和歌中某首有着特殊性的作品。即便场合完全不同，这一点却正如沃尔夫林所指出的“洛可可”与“巴罗克”的样式概念脱离了艺术上的价值概念或艺术品质概念，而成为一种艺术样式的概念，几乎是同样的意味。关于定家的“有心”的概念，一方面作为单纯的样式概念与其他各体并列使用，另一方面，他又把“有心”作为最高的价值概念加以强调，这一点我们在前文已经讲过了。

想来，从俊成到定家，“幽玄”概念发生变化的根本原因，正如文学史家所指出的，是由这两人的人格与个性的差异造成的。俊成在性格上是情感型的，其思维方式是综合的；相反，定家则是知性的、分析型的。从另一个角度看，“幽玄”概念的这种反省，也可以说是对歌道概念的美学反思和自然发展。这其中具有怎样的意义，我将在下一节中论述“幽玄”与“有心”的关系时谈到。

就这样，“幽玄”在定家及其托名定家而流传下来的歌学书中，几乎全都是作为一个样式概念而使用的，其内涵和外延也越来越被收窄。而到了真正理解俊成与定家之和歌传统的正彻、心敬那里，“幽玄”概念的地位再次被提高起来。虽然“幽玄”还是常常被作为传统的“幽玄体”的概念而使用，但它不再是单纯的“余情体”那样的样式意味，虽然其中含有“余情”“摇荡性情”或者“情趣飘渺”的意思，但已经含有无法从概念上加以说明、无法从字词上加以把握的高层次的审美价值的微妙意味。因而，在歌道中，这个“幽玄”已经明确显示出一种倾向，即它代表着一种理想的、最高的审美境界。尽管正彻等人在那时使用的具体的譬喻、征引的例歌，及实际的解释说明等，多少会引起一些误解，但那都属于阐释上的技术层面的问题。今天，我们可以在正彻等人所说的“幽玄体正是应该在这个层次上加以理解”、“幽玄”是“存在于心”的、“幽玄”是“心之艳”等之类的表述中，察知其意图。到了世阿弥，“幽玄”的意味往往偏于优美的方面，但正如我们在上文中所引证的，对于能乐那种特殊的艺术形式而言，在“幽玄”的概念中，也仍然含有重要的美的价值的意味。

顺便说一下，在东洋画论方面，很少对“幽玄”这个概念加以特别强调。只是在画家雪村的《说门第资》中，有这样的文句：“唯观天地之形势、自然之幽玄而成画，是为此道之至妙也。”在雪村看来，“画道”是一种“仙术”，所谓“自然的幽玄”似乎是在老庄思想的层面上使用的一个词组，此外我们没有从他的画论中直接看到他对“幽玄”本身的解释。然而，我们正可以在雪村的那些穿透大自然的画作中，体味到“幽玄”的美的意味（参照《岩波讲座·日本文学》中的福井利吉郎氏《水墨画》）。

五 “幽玄”和“有心”，“幽玄体”和“有心体”

在追溯“幽玄”概念的美学意味的变迁时，一个重要的问题是“幽玄”与“有心”的关系。最近，关于这个问题，在国文学研究中，各家都有自己的观点。我不打算对此一一加以考察，只是谈谈自己的看法。

从美学的角度看，关于“幽玄”与“有心”的关系问题，一方面与上文谈到的价值概念与样式概念的关系问题有关，另一方面，又与所谓“心”的问题，即“歌心”“词”与“姿”（艺术形式与艺术内容）的关系问题相关。所以我们有必要从这两个方面的关联入手，去接近问题的核心。

关于这个问题的动因，通过以上的考察已经明确了。再从历史的角度看，在那部托名定家的《愚秘抄》中，我们可以看到这样一条记事：文治年间许多歌道行家被召集到仙洞皇宫，就和歌的“至极体”征求意见。那时，俊成卿主张所谓“至极体”就是“有心体”，他说道：“不过，有心体有多种形式，词语所表达之心端正而诚实，而且富有暗示，自然淳朴有趣，而又不落俗套，则可谓真正的有心体。”此后，在元久年间，歌人们又一次被召集到皇宫，继续这个问题的讨论的时候，寂莲、有家、雅经、家隆等人，皆认为“幽玄体”是“至极体”。通具朝臣则对“有心体”“幽玄体”“丽体”三者都不忍舍弃，显昭则取“丽体”，摄政大臣则表示赞成俊成卿的看法。书中写道：“睿虑也表示同意这个意思。而我并不是一定要追随家父，只是表达我自己的看法，我表态说：我也坚定地认为‘有心体’是‘至极体’。”由此看来，当时歌坛第一流的歌人寂莲、有家、雅经、家隆等，都是将“幽玄体”看作是和歌最高样式的。与此相对，俊成、定家父子等则把“有心体”置于最高位置。然而，对我们来说，我们必须注意《愚秘抄》这本书是伪书。实际上，无论是在俊成的歌论，还是在其和歌判词中，几乎看不到“有心体”这个概念，正如上文所分析的那样，毋宁说，俊成在种种歌体中是选择“幽玄体”的。今天学界一般公认为，代表着“幽玄”并强调“幽玄”的俊成，与极力主张“有心”的定家是对立的。而要考察定家的意见，只以《愚秘抄》为资料依据，那是不可靠的，必须从《每月抄》等文献中寻找依据。在那里定家明确地说：“没有比‘有心体’更能代表和歌的本质了。”此话我们在上文中也引用过。

然而，在定家那里，作为价值观念的“有心”并不是单义的和明确的。正如他在《每月抄》中所说的那样，和歌有十体，但在十体之外，还有一种“秀逸体”，对此，他论述道：“在和歌中可以称得上是秀逸体的，应当超脱万物，无所沾滞，不属于‘十体’中的任何一体，而各种歌体又皆备于其中。看到这样的和歌，就仿佛与一个富有情趣、心地爽直、衣冠整齐的人相对时的感觉一样。”又说：“咏歌时必须心地澄澈，凝神屏气，不是仓促构思，而应从容不迫，如此吟咏出来的歌，无论如何都是‘秀逸’的。这种歌，歌境深远，用词巧妙，余韵无穷，词意高洁，音调流畅，声韵优美，富有情趣，形象鲜明，引人入胜。这种歌并非矫揉造作所能济事，需要认真学习修炼，功到自然成。”由此可见，所谓“秀逸体”的和歌，就是将“十体”，或者至少是将四体（幽玄体、事可然体、丽体、有心体）的长处悉数具备。定家认为其他诸体都要具备“有心”这一条，所以在我看来，其结果是，“有心”这一概念已经不再是样式的概念了，而实际上是作为“价值概念”而被使用了。定家的这个“有心”概念的意味，不外就是这个“秀逸体”或者是《愚秘抄》中所谓的“至极体”所包含的那种价值意味。

关键的问题是，我们应该怎样看待作为俊成的审美理想的“幽玄”，与作为定家的审美理想的“有心”这两个概念之间的关系呢？

当我们再次对俊成的“幽玄”概念加以确认的时候，就会明白无误地看出，俊成的“幽玄”——至少是他把“幽玄”用作价值概念的时候，“幽玄”就意味着将和歌之“心”“词”加以统括的全部的美的内涵。在他的和歌判词中，有时将“心”的方面与“词”的方面分开来谈，仅仅将“幽玄”作为一种美的赞辞，但这不过是当时的一种习惯性的表达而已。如今，当我们要把全部的审美内涵、把和歌创作中最本质的“心”与“词”“调”“姿”这些要素的意义加以通盘考虑的话，就会看到，从审美的立场上讲，和歌中这样的要求与所有艺术样式一样，各种因素是绝对不可分割地密切统一在一起的。而通常认为，将它们分别作为思想内容、感觉形式加以分析，再通过它们的结合，便形成了艺术的本质内涵。这种想法其实是心理学美学中的一种流弊。不过，在人类的艺术意识发展到某种阶段后，人们多少会在艺术反思与纯粹的审美态度之间游移动摇，这一点作为心理事实是不可否认的。在这样的艺术意识中，所注意的焦点，有时候也可能会从一首和歌的观照与鉴赏的契机中，有时候会在语言风格或格调中，有时候则从观念的契机及其他情景中，表现出来。当然，这些事实与美的体验中的价值内涵的统一性并不矛盾。从这一见地出发，“幽玄”作为美的本质内涵，是从作为一种审美体验的和歌创作与接受的完整过程中产生出来的，“心”与“词”“调”“姿”等一切要素，毕竟不外是审美生产活动中的个别具体方面的客观化表现而已。因而，在这个意义上对审美生产的方法做出一定的规定，与所生产的美的本质内涵是绝对不可分离的。例如，即便是助词“て、に、お、は”中的一个词的用法不同，都会带来词序的细微的变化，都会对针尖般敏锐的审美体验的价值内容的性质产生影响。

俊成的“幽玄”概念无疑就是在这个层面上，对和歌整体的审美价值的内容作出了规定。他在民部卿举办的家庭歌合的最后说：“……和歌一定要像绘画那样，着笔配色要细腻。但细腻却不能只像官府的木匠精选木材那样。”又说：“大凡和歌……无论是作歌还是咏歌，都需要‘艳’和‘幽玄’。”从这些句子中，我们可以窥知俊成的有关想法。俊成还说：“在‘词’与‘姿’之外，还需要有‘景气’。”要理解这句话的意思，首先要搞清“景气”这个词。这里所谓的“景气”，在诗话中意味着“观照性”或“想象观照”。例如，顿阿在《三十番歌合》的判词中也使用了“景气”一词。但俊成在这里所说的“景气”的意思，从前后文的语境来看，我觉得单就这个词本身来理解是不够的。它不仅仅指的是想象的观照性，所指的更是如上所说的、作为美的生产方法之客观化的“词”与“姿”所具有的一种不可思议的力量，也就是贝克[①]所谓的“惊异”，是一种微妙的美的创造性。因此，“幽玄”未必一定要伴随着“余情”，“余情”也未必就是“幽玄”。而且，显而易见，在“幽玄”的场合，即便在“词”“姿”之外再增加“景气”，但单单是想象性的观照还不能称其为“幽玄”。大概在俊成看来，在这样一种心理学的条件之上，还要有直接的审美价值条件，要有艺术的特殊体验性因素，这样的情况才能用“幽玄”这个概念加以概括。

另一方面，在考察定家的“有心”的概念的时候，我认为，“有心”作为价值概念，其意味较之俊成的“幽玄”，或者寂莲、家隆等人作为“至极体”而提出的“幽玄体”，在美的生产的主体自觉方面，有着更敏锐的觉察。我甚至认为，定家是为了强调作为美的生产之主

① 未详。

体的“心”的意义，才提出这个概念的；也就是说，定家由此而把俊成等人“幽玄”体验的美学的反思，向主观的方面推进了一步。只是在定家那里，既然已经明确提出了样式论，那么，作为价值概念的“幽玄”与“有心”便常常被样式概念所扰乱。所谓“有心体”“幽玄体”之类的样式概念一旦被客观化，这些概念有时就会被推向非常狭隘的境地，或者失之于浅薄。与此同时，“有心”的“心”的意味，也从美的价值的创造主体的意味转化为完全非审美的、道德的意味，乃至理智的意味。这就给“幽玄”与“有心”都带来了价值意味上的混乱，成为一种意义颇为含混的词。

不过，我在这里，在纯粹价值概念的意义上考察这两个概念的关系，恐怕也会引起不少人的异议。我认为有必要将自己的观点阐述得更为彻底一些，因而，以下我将从“价值概念”与“样式概念”之关系的角度，对自己的观点做出进一步的阐发，以补充上文的不足。

六　样式概念的价值意义和记述意义

首先，我想暂且离开具体问题，对艺术史上的样式概念的相关问题，做一番批判检讨。这样可以有助于我们进一步明确作为一种样式论的日本歌学中的“风体”论的特异性。

从最近西洋美学界种种动向来看，人们对艺术样式问题有了特别的注意和关心，仅仅在概念研究方面，就有瓦拉赫（Wallach）、福凯特（Volkelt）、凯恩茨（Kainz）等人的论文发表。可以说这些论文的中心论题，都集中在样式概念的价值的乃至规范的意味，与非价值的、记述的意味这两者之间的区分，或者这两种意味的区别与关联上面。后者所指的，就是脱离价值判断而单纯用于记述的意味。在如今一般的美术史书上，我们所见到的大体都是指这种意义，众所周知的沃尔夫林的样式概念也是在这个意义上使用的。与此相反，在价值判断意义上使用样式概念的典型的例子，就是歌德对样式概念做出的规定。与单纯地强调自然模仿与主观表现的马尼尔相比，歌德则强调更高的综合，认为那才是艺术表现的最高境界，而表示这种境界的概念就是“样式”。在歌德看来，艺术的最高理想是对自然的深奥真理加以直观表现，而且这种真理绝不是自然的客观形态的真实性，也不是单纯的主观印象的直接性，而是两者在更高层次上的综合，对此加以表现的，就是艺术的“样式”。比较晚近的福凯特在其关于样式概念的论文中，认为样式概念无论在何种场合都含有积极的价值判断的意味。他认为，所谓样式，常常意味着实现艺术本质所要求的形式的规定性，或者是意味着满足了艺术及艺术发展的内在条件所具有的形式上的特性，因而在样式概念中，常常包含着某种程度的艺术价值判断的意味。这一看法，是与福凯特把美学视为最大限度的规范性学问这一根本立场相联系的。

但是，仅仅这样讲，作为价值概念的样式的意味还是不太明确的。此外，我们再来看看凯恩茨的观点。他也认为，在样式概念中，有两种情况，即有的与价值判断无关、有的则与价值判断有关。后者就是样式所具有的价值判断的意味。他认为这首先来自艺术上一定指向中的"本质法则性"的充足，他把这种情况称为"价值的合法化"。例如，当人们说"这个建筑是洛可可式的"，是不带任何价值判断的纯粹记述性的概念，但是，当要表明这个建筑作为艺术品，真正满足了洛可可建筑艺术的要素，这就含有价值判断的意味了。同样地，我们说"这是抒情诗"，这样说似乎并不包含什么价值判断的意味，但是，在表明这首诗真正具备了抒情诗之要素的时候，就带有价值判断的意味了。凯恩茨在做了这样的论述之后还指出：本来含有价值判断意味的样式，不仅要满足本质的条件，还要更进一步地从艺术形成、整体和谐、有机联系、独创性等方面看，方能成立。总之，凯恩茨所说的"Wertlegitimation"[①] 问题，可以做我们进一步思考的一个契机。

以我看来，对于样式概念的价值意味和规范意味，首先有必要区分两种不同的情形。第一种情形，它标志着艺术价值的品位与程度；第二种情形，是在其他的价值内容之上，再赋予艺术性的（或美的）特殊的价值内容。前者标志着在一定的价值方面发展及到达的位置，

① Wertlegitimation：德文，意为"价值合法"。

后者标志着对各方面的价值本身加以规定的价值内容的构造。上述歌德的样式概念，明显属于第一种。凯恩茨将样式概念置于价值判断中加以考察，大致也属于第一种。而福凯特的观点，或者凯恩茨在以“价值的合法化”一词加以表述时的观点，似乎属于第二种。不过，问题实际上并不在于这样的区别，而在于被这样区分出来的第二种情形中的价值判断意味，与脱离价值判断的纯粹记述性的样式概念之间的关系。想来，凯恩茨所谓的“本质法则性的充足”，在形式上是广泛地适用于一般认识判断的场合的，因而，将它作为价值判断意味的时候，与作为纯粹记述性的场合，在形式上是无法区别的。为了使这种区别真正有意义，就必须将它解释为“美的价值的合法化”。然而这样一来，在关于艺术样式的判定中，使其价值“合法化”的根据，就不在于其样式概念的特殊内容（例如说是“洛可可”的或者“抒情诗”的），毋宁说在于一般艺术生成或艺术创造之品质的价值判断了。结果，这种特殊的样式概念本身无论在任何场合都是脱离价值的东西了，在这个样式判定中加入了价值的意味，就与来自别的方面的价值判断的结果相混合了。于是，问题再次逆转，正如瓦拉赫等人所做的区别那样，不过是把单纯的样式概念的记述意味与价值判断意味相区分而已。总之，在凯恩茨那里，关于价值意味的思考还有一些含混之处。这种含混，恐怕是在思考艺术价值的时候，由所谓“客观主义”的艺术观念的偏向所造成的。另一方面，福凯特的样式概念，则要求积极的价值判断。我们要是按照以上所主张的将价值意味的两种情形严格加以区分，那么这种要求的必然性就不可理解了。为什么这样说呢？因为第二种情形的价值意味中，规定特殊的艺术方向的价值内容的“Was”①就成了问题，至少，在理论上，其程度的差别与积极、消极的对立，就没有必要作为一个问题来看待。

① Was：德文，意为“何物”“怎样”“多少”。

将这些样式概念加以概略考察的结果，我认为，从如今的现象学美学的立场上，对这一问题加以思考时，对样式概念的记述意味与价值判断意味的关系，做出以下的概括似乎较为妥当，即我们在上文中所区别的这两种价值意味，是适用于任何场合的严格区别；同时，作为美学意味的样式概念，其记述的意味与价值判断的意味已经不需要再加区分了。总之，根据这样的结论（遗憾的是这里对此结论没有更多的余裕详加阐述了），我的看法与瓦拉赫、凯恩茨等人有所不同，认为一切美学的样式概念常常都带有几分价值判断的意味；同时我的看法也同福凯特有所不同，认为样式的价值意味的两种场合，是需要严格加以区分的。

我们在兜了一个圈子之后，现在再回到本体来，从价值概念与样式概念之关系的角度，对"幽玄"和"有心"两个概念再加考察。

我在上文中，只是一般地主张将"幽玄"概念的价值意味与样式意味加以区分，并对实际的文献，包括歌论与和歌判词做了概略的考察，又与西洋美学中的样式概念作了比较，认为"幽玄"的价值意味，在许多情况下，与歌德的样式概念一样，在表示艺术价值的最高层次的时候（尽管一旦超出这一限度，情形完全不同），两者是一致的；而作为单纯的样式概念的"幽玄"，正如以上所断定的那样，与现代美学中一般的样式概念相同，在记述意味中仍含有某些规范性的价值意味。然而，若仅仅如此，问题还比较简单。看看日本的样式论即歌道中的"风体"论或"歌体"论，就会发现其中有着西洋的样式论中几乎没有明确提出的一些特殊问题（当然也并不是说西洋艺术中完全没有涉及），就是上述的价值概念与样式概念，两者常常纠缠在一起，这是需要我们加以注意的。在我们业已加以区别的样式概念的"价值意味"的第一种情形中，价值概念往往与单纯的样式概念，换言之就是记述意味的样式概念相混同。其结果就是每个相对的样式概念，相互之间又都涉及价值等级问题，这使得歌道中的样式问题更加复杂化。

想来，在西洋美学中，只有在上文已经区分出来的第二种情形中，价值的意味与记述的意味是难以分离的。可以说，在歌德式的第一种情形中的价值意味——实际上作为样式概念是比较稀见的情况——与作为记述意味的样式概念相混同，至少在科学思维发达的现代美学中，几乎是看不到了。不过，即便是在西洋美学中，像“古典的”这一概念也有两种意味，也有我们已经说过的所谓价值意味与记述意味相混淆的情况。自从浪漫派的史莱格尔等人把古代艺术与近代艺术划分为不同的价值范畴以后，在近代艺术史的科学性确立以后，至少在今天，这种意义上的混淆几乎没有了。在今天的西洋，倒是有一些艺术科学论者对科学性强调到了过火的程度，甚至试图把第二种情形下的价值规范的意味，也归并到纯粹的样式概念中去，正如我们在上文中所提到的凯恩茨等人所做的那样。在考察日本歌学的时候，作为原本狭义的“艺术论的研究”，实际上如果不是主要是作为一种精细的“歌体”论而走向客观化的形式研究的话，其考察与分类就很难进行。像西洋学者所做的那样，依据一般美学或艺术哲学的思维方法（尽管在日本这一点尚未具体实现并发展起来），将“美”和“艺术”加以区分，或者将“美学”和“艺术学”加以分离，在日本完全没有存在的余地，而一种特别的、根本的综合方法则牢固地占据着统治地位。（这是一种将自然美与艺术美相统一的独到的方法，并且与东洋的或日本民族特殊的美意识相关联。）在我看来，由于这种根本倾向，在日本的歌道中，原本将价值意味的第一种情形与第二种情形合二为一的“幽玄”与“有心”的概念，有时则呈现出单纯表示记述意味（如定家的十体论）的倾向；另一方面，原本复杂的价值意味被掣肘、被牵引，以至在“风体”与“歌体”论的某些场合，被划分不同种类的各种样式，相互之间再次被置于一种价值关系中。（在《俳谐问答青根峰·俳谐大系之四》这本书中，有人主张将“风”与“体”相区别，因已经超出歌学范围之外，在此不论。）

这样看来，对于围绕“幽玄”“有心”的概念而形成的中世歌学样式论的思想构造，我认为可以有必要大体上做以下分解：

第一种，是指单纯的歌体，即较有客观性的、由“词”与“姿”等形式特征而便于识别和把握的和歌形式上的规定性。（上文所笼统论及的艺术中的样式概念，在这里我也称为“样式”，就是表示它对于作为艺术的和歌而言具有规范意味，也就是说，它与上述的“第二种情形”的价值意味融合在了一起，因而若再进一步划分为“纯粹的记述意味”与“价值合法化”的意味，就有失妥当了。）

第二种，表示和歌的艺术性（或美的）价值之最高形态的样式概念。

第三种，这种表示价值等级的最高形态的意味，被运用于上述第一种样式概念中划分出的各种歌体范围。

第四种，超出一种歌体的范围，被运用于各种歌体之间的相互关系。

关于上述的第一种，不必再做特别的解释了。但第二、三、四种之间的关系，有必要加以注意。例如在第三种中被置于最高位置的价值，显然不能成为第二种意义上的价值。在所谓“事可然体”“鬼拉体”等样式的范围内，有被认为是最高等级的“秀歌”，但这不过是作为一种歌体的最高等级而已。还有，在第四种中，被置于一切歌体中之最高位的，不过是作为“样式”或作为“类别”的最高位而已。在其样式的范围内，只是考虑各种歌体的优劣，并非就是直接表示上述第三种意义上的价值判断。（例如俊成在赛歌会上称为“幽玄体”的作品，却最终评为“负”，可以有助于我们理解这种情形。不过在和歌样式不同的场合，问题便会稍微复杂一些。）在这种情况下，为方便起见，我权且把第二种称为“价值样式”问题，把第四种称为“样式价值”问题。前者意味着和歌中一般的最高价值等级，后者意味着在最高价值的和歌中所见出的样式范畴。

想来，俊成将“幽玄体”置于首位，定家则相反地将“有心体”置于首位，这种情况当然应该作为上述的“样式价值”问题加以考察。把问题限定在这个范围内，正如我曾说过的那样，将俊成的“幽玄”与定家的“有心”看得过于接近，是不妥当的。从俊成与定家的歌风的不同来看，最高的样式概念也出现了分化，对这一事实我们也不能轻视。（在《歌仙落书》这本书中，对俊成的风格做了这样的描述：“以高远澄静为先，亦有优艳……犹如庭院中的老松，苍劲、凛然，犹如空谷琴声，飘飘渺渺。”对定家的歌风则描述为：“风体存义理，意深而词妙，谨严而有趣……读之如同在自家庭院中研磨玉石，如同从乐室中飘出陵王舞曲。”）然而，从美学的立场看，比起这种“样式价值”问题，即标志着最高价值的和歌之所在的样式范畴问题，我们更关心的是体现最高价值的内容本身。

和歌一般的最高艺术或美的价值，也就是俊成的“幽玄体”之最高的“秀歌”，定家“有心体”之最高的“秀歌”，都有着作为美的价值的特殊内容。正如我曾指出的，俊成的“幽玄”与定家的“有心”之间并没有本质的不同，只是“有心”这个词在对“幽玄”的美的价值的创造主体性方面，有着更高的自觉。所谓主体性方面，定家在对“有心体”作说明的时候，曾有“‘朦气’自然消失，‘性机’得以端正”；“吟咏时必须心地澄澈、凝神屏气”之类的说法。对这些话加以揣摩，就会有所领悟。而且对于定家来说，所谓“秀逸体”或“至极体”，指的恐怕都不过是“有心体”的杰出者而已。关于“秀逸体”的说明，我们曾经引用过他的话，他使用了“歌境深远，用词巧妙，余韵无穷，词意高洁，音调流畅，声韵优美，富有情趣，形象鲜明，引人入胜”等词语，可见，这与俊成所谓的“幽玄体”的最高价值应该是没有差异的。要言之，我认为，作为样式的价值范畴，“幽玄”与“有心”无论做怎样的区分，在作为“价值样式”的最高端的意义上，两者就好比是构建中世歌学三角形的两条边，在最高顶点上交汇在一起。

七 作为美的概念的“幽玄”的内容，对其加以考察的视点

以上大体上从美学的角度，对日本中世歌学概念中的“幽玄”做了一番考察。不过，实际上我主要是从“价值概念”与“样式概念”的区别及其相互关系的角度作为主要立足点的。因而，到此为止，这种考察与其说是对“幽玄”的意义内容的考察，不如说是将形式问题作为重点所做的考察。由此，我对近来学界讨论较多的“幽玄”与“有心”问题，发表我的一点浅见。同时，另一方面，根据这一思路方法，对于“幽玄”这一概念如何能够成为美学立场上——国文学史与日本精神史的立场暂且不论——关心的焦点，我想再加以进一步明确。所以，以下我想在这个意义上，对“幽玄”的内容意义，换言之，即作为美的范畴的“幽玄”究竟是一种怎样的审美形态，加以阐发和说明。

对于这个问题，我们在上文中曾提到的中世歌学者关于这个概念的直接的说明，当然要成为我们首要的参考。然而另一方面，我们也应该清楚地意识到，在这个问题上，我们不能期望他们的一些言论都有美学反思的价值。即便他们如何直接地、直观地体验到了“幽玄”之美，但我们也不能期待他们在概念上作出精确的说明。或者在某一问题上，他们引用了一些“幽玄”的和歌，或者为判定“幽玄”之美而举出的一些譬喻与事例，固然更加显示了他们对“幽玄”美体验的

直接性，但在那种场合，个别具体的和歌、个别具体的事例能否与“幽玄”的理念相契合，应该说还是颇成问题的。毋宁说有时候固然明确了某一部分的意义内容，而同时却对“幽玄”这个概念造成了误解和歪曲。然而无论如何，我们要考察“幽玄”这个概念，作为直接根据，除了依赖这些文献材料之外，别无他法。正如我们在上文中也说过的那样，将“幽玄”这个概念作为美学概念加以考察，我们多少会拥有一定的自由。倘若我们对上述的种种文献资料加以解释，把古人那些体验性的议论朝着作为美学范畴的“幽玄”的方向加以引申，将它置于美学的理论体系中，特别是审美范畴的理论体系中加以思考，那么，我们就有可能对这个概念做出新的诠释。

我们在上文中谈到，藤原俊成在中宫亮重家朝臣家赛歌会上的和歌“越过海滩涌来的白浪”，住吉神社赛歌会上的“晚秋阵雨后，芦庵倍寂寥”，三井寺新罗社赛歌会上的“早晨出海去，伴随鸟鸣声”，御裳濯川赛歌会上的“津国难波之春”及“无心之身可哀”等和歌，都冠之以“幽玄”或“幽玄体”这样的判词。此外，在慈镇和尚举办的赛歌会上，俊成对“冬日枯枝上，山风萧瑟中，白雪依然聚枝头”这首和歌评为“心词幽玄之风体也”；在“六百番赛歌会”上，对寂莲的“茫茫黄昏中，荒野无边草茂盛，一只鹌鹑篱边鸣”一首，俊成评判曰：“此首黄昏篱笆之歌，写的是伏见的黄昏情景，听之有幽玄之感。然篱笆上的黄昏岂非小耶？”在俊成自己的和歌中，他的会心之作是“原野之黄昏，秋风吹我身，鹌鹑躲进草丛里”，这首歌人所共知。这首歌与当时作为俊成的杰作而被广泛推崇的“山峰有白云，悄然起无声，宛若花朵之面容”，如果是别人的作品的话，俊成肯定会毫不犹豫地以“幽玄”一词加以评价吧。当时的后鸟羽天皇很喜欢俊成的歌，称“颇合愚意，饶有风姿”（见《后鸟羽院御口传》）。而后鸟羽院的御制“风卷花海似白云，船头夜夜望野月”也堪称“幽玄”之歌。鸭长明《无名抄》关于“幽玄”概念的说明中，在《朦胧灯火》与《从前没有亮光的夜》两首之外，还举出了源俊赖的歌：“秋日黄昏中，港湾海风劲，浪花之上无鸟飞。”关于鸭长明所说的“余情”，到了后来，今川了俊在其《辨要抄》中举了一首歌：“莲花叶上挂水珠，晶亮如白玉，微风送凉意”，加以说明，认为“好歌就是如此”。然后他说：“过分说理，则少有余情。”又，《西公谈抄》举出了《十白酒》及上文已经提到的《海风吹来》一首，作为“寂静之歌”的例子，该书还举出了“黄昏悄然至，秋风随其后，门田稻叶瑟瑟抖”一首作为例子。

关于假托定家的伪书《愚秘抄》中的“幽玄论”问题，上文已有论述，该书有：“心词幽玄之歌，令人爽心悦目，然若要理解之则难，是乃‘歌之精’者也。”并举出“龙田山上树叶稀，山林深处听鹿鸣”。此外，《三五记》中作为“幽玄体”的例子，举出的和歌是《寂寞仍如旧》外二首恋歌；对“幽玄体”中的“行云体”，举出“炊烟何袅袅，无声无迹上云霄，人间情难了”外二首；对于“回雪体”，则举出“随风飘泊中，随波逐流游荡去，千鸟声声鸣”；“恍惚行山间，情思迷心不见路，山路在何处”；“欲忘复难忘，仰看空中云飘飞，渐渐消散尽”共三首。在《三五记》中，所引用的和歌与汉诗的作品例证，在很多时候都有牵强附会，甚至使人觉得对“幽玄”的概念做了很大的歪曲。

到了室町时代，《正彻物语》对于“幽玄”概念的思考，上文已经有所涉及，关于正彻是将怎样的和歌视为“幽玄”歌，我们可以在《黄昏乱云飞渡》《薄暮依稀见》《夜间花凋零》等和歌，以及《源氏物语》中的两首和歌等所举例子中，加以仔细体会和品味。心敬在《私语》中，在说明“心之艳”即为“幽玄”的时候，举出了《秋田割稻做草屋》《日日月月寂寞同》等和歌，还有“逝者被遗忘，乃世间常情，旅归堪与故人逢”；“秋雾何浓重，寂寞居山中，四周不见人踪影”；“彷徨又四顾，行行复行行，别离阿妹登旅程”；“从此别离去，欲忘又难忘，相会相爱在梦乡”。……在这些众多的和歌之外，我们还可以参照从俊成、鸭长明到正彻等人的著作中用来比拟自然与人间各种现象的事例，对这些复杂繁多的材料加以分析综合，庶几可为我们对“幽玄”这个概念的涵义加以分析提供契机。

在对“幽玄”概念进行分析的时候，虽然稍嫌繁琐，但我仍然觉得有必要从三个视点加以考察。

第一，就是要对“幽玄”这个概念的非审美的、一般的意义加以注意。这个概念原本来自老庄哲学与禅宗思想，在这里，我们未必需要站在老庄禅宗思想的角度对“幽玄”的意味加以阐明，在一开始的时候我们也不能只限于审美的意味，还是要把它作为一个一般概念加以分析。

第二，当我们特别在美学的角度对“幽玄”加以观照的时候，其审美的意味，借用欧德布莱希特的话来说，就是在“Wirkungsaesthetik”①的角度上而言的，也就是说，“幽玄”就是诉诸我们的“心”（主要是感情）的心理学的效果而生发的一种审美意味。如上所说，我国中世的歌论及和歌判词中所出现的“幽玄”的意味，许多时候都是在这种意义上所表达的。

虽不太精确，但大体来说，上述的第一种视点下的“幽玄”的意味，是以知性为主的；第二种视点下的“幽玄”意味，则是以情感为主的。最后我们要说的第三种视点，就是所谓“Wertaesthetik”②的视点，这是在以上的两个视点基础上的综合视点，是整体的意味，我们可以依此从根本上考察“幽玄”之审美价值的成立。第一和第二个视点是从分析的角度理解“幽玄”之本质，而第三个视点则要求我们对“幽玄”的审美意味的深层构造进行现象学的省察，并在基础上对美的价值体验的一般问题加以思辨性的考察。

以上三点，更简单的表述就是：第一点是“幽玄”概念的一般意味，第二点是心理美学的意味，第三点是审美价值的意味。

---

① Wirkungsaesthetik：德文，意为“审美效果”。
② Wertaesthetik：德文，意为“审美价值”。

八 "幽玄"概念审美意义的分析

在上述的三种视点中，我想先把第一和第二种视点并行起来，对"幽玄"概念的意味加以考察。

第一，在对"幽玄"这一概念做一般解释过程中，要搞清对象是如何**被掩藏**、**被遮蔽**，使其不显露、不明确，某种程度地收敛于内部，而这些都是构成"幽玄"意味的最重要的因素，从"幽玄"的字义上加以推察，这一特点也是毋庸置疑的。正彻所谓的"月被薄雾所隐"、"山上红叶笼罩于雾中"，意味着我们对某种对象的直接知觉被稍微遮蔽了。

由此产生了第二个意味，就是**微暗**、**朦胧**、**薄明**的意味。假如不解此趣，就会以为"晴空万里最美"。由于"幽玄"是审美性的，在其情感效果上又具有特殊的意味，使我们对被隐含的、微暗的东西丝毫不会产生恐惧不安感，那是与"露骨""直接""尖锐"等意味相对立的一种优柔、委婉、和缓，这一点是值得我们注意的。同时，在这里还有"雾霞绕春花"那样朦胧的"景气"相环绕之趣。正如定家在宫川歌合的判词中所说的"于事心幽然"，就是对事物不太追根究底、不要求在道理上说得一清二白的那种舒缓、优雅。

第三，与此紧密相连的意味，就是在"幽玄"中，与微暗的意味相伴随的，是**寂静**的意味含在其中。在这种意味中有相应的审美感情，正如鸭长明所说的，面对着无声、无色的秋天的夕暮，会有一种不由自主潸然泪下之感；被俊成评为“幽玄”的和歌，如“芦苇茅屋中，晚秋听阵雨，倍感寂寥”那样的心情，面对在群鸟落脚的秋日沼泽，不知不觉会有一种“知物哀”之感。

由此更产生了第四种意味，那就是“幽玄”的**深远感**。当然这一点与前面的论述是相关联的，但在一般的“幽玄”概念中，这种深远感不单是时间与空间的距离感，而是具有一种特殊的精神上的意味，即它往往意味着对象所含有的某些深刻、难解的思想（如“佛法幽玄”之类的说法）。这一点作为审美的意味，在歌论中被屡屡论及，如所谓“心深”或者定家所谓的“有心”，这些也是正彻、心敬等人所特别强调的审美因素。

第五，我想指出的与以上各点联系更为紧密的一个意味，就是所谓“**充实相**”。“幽玄”本身的内容不单单是隐含的、微暗的、难解的东西，而是在“幽玄”中有着集聚、凝结了无限大的、“inhaltsschwer”①的充实相，可以说这种“充实相”是上文所说的“幽玄”的所有构成因素的最终合成与本质。正如禅竹所说：“此处所谓‘幽玄’，人所理解者各有不同。有人认为有所美饰、华词丽句、忧愁柔弱，即是‘幽玄’，其实不然。”（《至道要抄》）正是在这个意义上，“幽玄”这个词与“幽微”“幽暗”“幽远”等相关词语岂不是有区别的吗？不管怎样我都坚持认为，假如把“幽玄”作为一个单纯的样式概念来看的话，“幽玄”的这个层面上的意味，往往就会被忽略，就会对这个概念造成很大的束缚甚至歪曲。

不过，我所说的“幽玄”的这个“充实相”，在与艺术“形式”相对而言的艺术“内容”的充实性这个意义上，日本传统的歌学已经充分注意到了。例如：“词少而心深，将杂多加以集聚、更有可观

① inhaltsschwer：德文，意为“有内容的”“有意义的”。

之处"(《咏歌一体》),说的就是这个道理。当然,从美学的观点上看来,我在这里所说的"充实相",就是与非常巨大、非常厚重、强有力、"长高"乃至崇高等意味密切相关的,定家以后的作为单纯的样式概念而言的所谓"长高体""远白体"或者"拉鬼体"等,只要与"幽玄"的其他意味不相矛盾,都可以统摄到"幽玄"这个审美范畴中来。上文中曾引述过,正彻在评价家隆的和歌——"月光照海滨,海岸松枝鸣,老鹤枯枝鸣一声"乃"粗豪强力之歌体","然不属幽玄体之歌"。他在这里所说的"幽玄",从我们现在的立场来看,是过于拘谨了。看看在广田神社歌合上被俊成评为"幽玄"的《划桨出海》歌,在新罗社歌合上的《在何方》歌,还有后鸟羽天皇的《海风吹来》歌等,与上述家隆的那首歌在审美范畴上实际上都是没有差异的。

"幽玄"还有第六种意味,与上述的种种意味相比而言,更具有一种**神秘性**或**超自然性**,这种意味在宗教、哲学的"幽玄"概念中存在,是理所当然的。然而这种神秘的、形而上学的意味又是在美的意识中被感受到的,而且形成了一种特殊的情感指向。不过我要指出的是,这是特殊的情感指向本身所具有的意味,而不是作为和歌题材的宗教思想与观念。在宫川歌合中,判者藤原定家对"宫川溪水流出,皇城紫气飘来"一首,评为"义隔凡俗,兴入幽玄";又,在慈镇和尚自歌合等场合,也屡屡见到吟咏佛教之心的歌,而这类和歌中的"幽玄"并非审美意义上的。在审美的意义上,这种神秘感指的是与"自然感情"融合在一起的、"歌心"中的一种深深的"宇宙感情"。这种意义上的神秘的宇宙感,就是人类之魂与自然万象深深契合后产生的刹那间审美感兴的最纯粹的表现,并在和歌中自然流出来的东西。这种情形,我们在歌人西行面对落满鸟儿的沼泽而产生的"哀"感,对于俊成面对秋风中没有鹌鹑的深草,或者鸭长明仰望秋日的天空而欲流泪的那种感伤中,都会清楚地觉察到。在《愚秘抄》对"幽玄体”的说明中，曾以巫山神女的传说相附会，虽然情形与上述的有所不同，但在神秘性、超自然性上，则显得更为明确、更为夸张。

最后，我们要谈“幽玄”的第七个意味。它与上述的第一、第二种意味极为近似，但又与单纯的“隐”与“暗”的意味有所不同，而是具有一种**非合理的**、**不可言说的**性质。作为一般意义上的“幽玄”概念，都与幽远、充实等意味直接相联系，直指不可言说的深趣妙谛，而在审美的意义上，正如正彻在“幽玄”的解释中所说的，是那种具有“飘泊”、“飘渺”、不可言喻、不可思议的美的情趣。所谓“余情”也主要是这个意义的延伸和发展，指的是在和歌的心与词之外，在和歌的字里行间飘忽摇曳的那种气氛和情趣。从“Wirkungsaecthetik”的立场上看，在和歌这种特殊的艺术样式中，就“幽玄”之美而言，具有这种意味是最为重要的。正如我们曾说过的，在我国中世的歌论中，“幽玄”这个词，作为一种价值概念，在很多情况下，都是着重表达这种意味的。而且，它又是被限定在优婉情趣这一层面上的，并且由此而生发为一种特殊的样式概念。在我看来，作为美的概念的“幽玄”中，人们所理解的大都不过是它的某一部分的意味，偏重于一点而难以顾及“幽玄”概念的完整内涵，这就不免会造成对“幽玄”概念的歪曲。

接下来，我想在以上所做的种种意味的分析的基础上，加以更为整体性的思考。从我在上文中已经区别出的第三种视点，即“价值美学”的立场来看，作为美的范畴的“幽玄”最核心的意味究竟何在？这是我们剩下的最后一个问题。对于这个最后的问题，只能在这里尽可能简单地论述我自己的思考和结论，因为要为这个结论找到充分的依据，无论如何都需要就审美价值的一般问题做最基础性的讨论并且加以展开。不过要使这种讨论不在某种意义上遭到误解，就需要花费更多的笔墨，这是现在的篇幅所不允许的。而以下我的议论有不周密之处，只有等待他日再找机会加以补充了。

在上文中，我们在谈到和歌中作为艺术价值的最高概念的时候，曾谈到“幽玄”与“有心”是基本一致的。一方面，我们假定“幽玄”中“深远”是与美的意味中的“心深”“有心”“心艳”等相照应的，顺着这样的思路来考察，在第三视点即价值美学的视点之下，应该见出的“幽玄”概念的最核心的意味，恐怕就是美学意义上的“深”了。这一点是不难理解的吧。第三视点中审美意味的“深”，与上文从第二视点下加以考察的审美意味的“深”，并不是一回事，这一点是需要加以注意的。从“效果美学”及心理美学的立场上说，这种意义上的“深”归根到底就是“心之深”或者“有心”。然而这种意义上的美之“深”，往往会与“心”自身或“精神”自身的价值依据之“深”，即内在的“精神”的价值内容相联系，因而它很容易走向非直观的、非审美的、道德价值的方面。在我国的和歌中，所谓“心之诚”“心之艳”或“有心”之类的概念的解释，往往是指向这些方面，这是显而易见的事实。众所周知，在利普斯（Theodor Lipps）的美学中，也强调“深”。这个“深”虽则并不指向狭隘的道德方面，但不可否认，它归根到底同样指向了精神的人格的价值。而今天我们将审美价值的意义上所说的“深”，真正从“价值美学”的立场上加以解释，就不能单纯地从作为审美主体的“心深”这一主观的方面来考察，而必须从主观与客观融为一体的“美”本身的“深度”上加以考察。例如，在对美的“脆弱性”与“崩落性”的性质加以考察的时候，就不能单单着眼于主观意识的流动性这一层面，而必须与美本身的存在方法的解释联系起来。然而，在这种意义上来考察“美”本身的“深”，其依据是什么呢？从美学上又如何解释呢？

正如很多人都指出的那样，我国中世歌学的“幽玄”思想的基本背景，是老庄、禅宗等东洋思想的哲学思想。在俊成那里，还有后来的心敬、世阿弥、禅竹等人那里，多少也有佛教思想的影子，但他们的美学思想并没有朝体系性的方向发展，作为背景的世界观和哲学观，并没有对他们艺术观的逻辑构造产生直接的作用。因此，在“幽玄”的问题上，也与其世界观的背景完全脱离，仅仅局限在歌学这一特殊的艺术论的范围内，并很快嬗变为具体的样式概念。其结果，反过来在对这个概念的内容做一般的说明的时候，则仅仅止于可以把握的审美意义上的“深”，顶多是在如上所述的那种主观的概念论上加以解释。现在我们从价值美学的观点来看，在对“美”本身的“深”的意味加以解释的时候，我们无论如何也有必要将“幽玄”的世界观依据，置于美学价值论的体系中加以思考。这当然是一个很大的课题，绝非轻而易举的事情。不过我们可以根据这种方法，至少可以在“幽玄”美本身的“深”之意味的解释中，从主观的概念论的方向，朝客观的观念论的方向加以转变。我们可以想象，一种同一性的哲学，亦即凝聚性的美学立场，可以给我们的研究开拓何等新颖的途径！

对于审美价值体验的一般构造，我一直从“艺术感的价值依据”和“自然感的价值依据”这两个方面加以考察。最近，像欧德布莱希特的美学，仅仅将前者限定在“美的”世界这一严格的范围内，与此不同，我认为也有必要将艺术素材的自然美的意义，加以美学上的肯定并且赋予它以基础依据，并以这种方法对此加以补足。然而，要在所谓“自然美”中，将它所包含的艺术美感（例如由艺术想象力所产生并赋予的东西）以及单纯的感性的快感等因素，统统都剔除出去，那么，自然美最后还剩下什么东西呢？这当然是一个很容易产生的疑问。而假如将剩下的完全作为“中性”之美来看待（例如像欧德布莱希特那样），就要对东洋人的审美意识特性——即让本来的“自然感情”向一种特殊的方向发展，并在此基础上产生出独自艺术的东洋人的审美意识——做出美学的说明，岂不是很困难的吗？或者说很难充分吗？从这样的见解出发，在自然感的审美价值的依据方面，我想对“精神”的一切自发的意识创造原理加以整理，并由此对“自然”的纯粹静观中的超逻辑的、形而上学的意味加以思考，并把它作为一种审美价值原理加以确认。在这个意义上，齐美尔（Simmel）和麦卡维尔等人在对艺术表现内容中的终极审美意义做出解释的时候，似乎认为有一种柏拉图式的本原存在，或者认为有一种胡塞尔所说的那种“本质核心”之类的象征性。而我则在自然静观的美意识中，来思考那种纯粹的、全面性的“存在”本身的“理念”，在美的对象中是如何被象征表现的，并由此而思考终极的价值依据。（关于这一问题，在此不便更多地展开论述了。）

在对审美价值体验的一般构造做出这样的思考的同时，我还打算以“艺术感的价值原理”与“自然感的价值原理”这两极的关系为基础，一方面来对艺术的“形式”与“内容”问题加以解释，另一方面将各种审美范畴加以系统的整理，这大概也是可能的吧？而后者与现在的论题有直接的关系，我认为，从上述的依据中直接演绎出来的基本的审美范畴，有狭义上的三个范畴，即“美”“崇高”和“幽默”。而其他的范畴，即美的异态、类型等，大体上都是从这三个基本范畴中，基于各种不同的具体经验，以单纯或复杂的形式派生出来的。这是我的尝试性的看法，还需要对此加以更详细周密的论证，但在此只好割爱了。

而对我来说，这里谈论的“幽玄”问题，实际上也是从上述的范畴中派生出来的一个审美范畴。从拎出这个概念，到对这个概念加以考察，都是将它作为派生概念来看待的。最后，要对“幽玄”这个审美范畴做出一定程度的结论性的考察的话，我想，首先，相对于“艺术感的价值依据”而言，“自然感的价值依据”方面更占优势的时候，两个方面的融合渗透而产生的审美价值体验的本质内涵，便产生了某种变貌，在这种场合，我们便把它归为“崇高”（或称“壮美”）这一基本的审美范畴。（对于“崇高”的概念，一般在理解的时候存在种种误会，特别是混入了一种道义的因素，是需要指出来的，但在此不再赘言。）

从这样的立场出发，我最终把“幽玄”之美，看作是从“崇高”范畴中派生出来的一种特殊的审美形态，就顺理成章了。我上文中说过，作为审美价值的“幽玄”的中心意义，归根到底是在于“美”本身的一种特殊性质，也就是“深”。要问这种特殊的“深”是从何处而来的呢？我认为，在美的基本范畴“崇高”中，本来多少就具有一种“幽暗性”（Dunkelheit），因而费肖尔（Friedrich Theodor Vicher）也非常重视“崇高”范畴中所具有的这种性质，因而“深”与这种“幽暗”在根本上是相通的。而且如上所说，“崇高”这一基本范畴若能从审美价值体验之构造上加以解释的话，它所含有的“幽暗性”，在我看来，主要是自然感的审美依据中的“存在”本身的理念的象征，投射到整个审美体验中的一种“阴翳”。所谓“‘存在’本身的理念的象征”这一表述当然是需要加以详细说明的。简要地说，精神的创造性高度昂扬，使自然的赐予全部归于“我”，沉潜下去的纯粹的静观达到“止观”境地的时候，大自然与精神，或者说对象与自我，就合二为一，“存在”本身的全部在刹那间直接呈现；同时，“个”的存在向着“全”的存在、“小宇宙”向着“大宇宙”延伸扩展，这就是审美体验的特殊性质。在欧德布莱希特的审美意识原理的解释中，艺术感的审美价值依据，被作为一种“美的明证体验”乃至“感情的明证”加以说明，而我在这里却是将两种对峙的方面加以整理。从这个侧面看，所谓“艺术美”的理解有一种特有的“明了性”，而在对“自然美”之“深”加以体味的时候，也要看到其“幽暗性”。（在谈到“自然美”的时候，所谓“自然”的意思不仅仅是人类之外的自然，也包含着人类自身在内。）想来，“幽玄”美中的特殊的“深”主要是建立在这两者之间的关系基础上的。以上我对“幽玄”概念的审美意味所做的诸种分析，都是从这一中心思想中生发出来的。顿阿在《三十番歌合》的判词中，对“放眼远看，群鸽掠海面，波涛残月间”这首和歌的评判是：“景气浮眼，风情铭肝。”当时这种评价是否恰当又当别论，这种心的效果，特别是“风情铭肝”的趣味，是与“幽玄”的歌完全相通的。这正像我们上文所说的，是我们的心在审美体验的刹那间与整个的“存在”相结合，而产生出来的一种感触。

总而言之，以上，我以我的方法做了大略的考察，认为“幽玄”作为美学上的一个基本范畴，是从“崇高”中派生出来的一个特殊的审美范畴。诚然，从逻辑上、从一般的美学的意义上，这类范畴未必只限于日本的歌道乃至日本或东洋的艺术中，然而实际上，这一特殊的美学范畴是在东洋的审美意识中得以显著发展的，而美学意义上的“幽玄”作为更为特殊化的形态，是在我国中世的歌道中被敏锐地体验和省察的，这一事实，是任何人都必须承认的。

『物哀』论[1]

① 本书于1940年6月与《“幽玄”论》合在一起，收入岩波书店出版的《幽玄与哀》一书中出版发行，此前关于本居宣长“物哀”的章节曾在《思想》杂志发表。《“物哀”论》日文原题为『あはれについて』，意即“关于哀”。“哀”与“物哀”二词既有联系也有区别，“哀”（あはれ）是“物哀”（物のあはれ）的原型，“物哀”是“哀”的进一步的概念化、范畴化的形态，作者在正文中对此也多有论述。鉴于中国读者已对“物哀”有所了解，故将『あはれについて』译作《“物哀”论》。

一 "哀"概念的多义性及美学考察的困难

正如我在《"幽玄"论》的结尾所说的那样，我把美的基本形态分为"美""崇高"（或壮美，即 das Erhabene）和"幽默"三种，并以此来思考美的一般范畴。其中，从"美"（das Schöne）这一基本范畴中派生出来的一种稍微特殊的形态，是"优美"（或称优婉，Grazie, Anmut），我想，不妨认为，日本的"哀"（あはれ[1]）就是在这一延长线上派生出的一种新的特殊形态。然而，这个问题属于外部性的范畴体系问题，我对这个问题固然也很关注，但本书写作的基本原则如同此前的《"幽玄"论》一样，就是在阐释"物哀"这一范畴时，姑且把它从审美范畴的体系中分离出来，而在一定程度上作为一个独立的问题加以研究。因而，在此我对上述的审美范畴体系问题不再做深入追究，而是径直进入对于"哀"这一范畴的考察。

众所周知，在我国文学史上，"哀"一词常常被用来概括我国国民的审美意识。不过，这个概念作为一个特殊的审美范畴或审美概念，果真被人所认可了吗？如果被认可，那么它又被赋予了怎样的意义？假如把它归属于美的基本范畴，并把它看作是从中派生出来的一

① あはれ：后世多写作"あわれ"，一般标记为"哀"或"哀れ"，罗马字母发音标记为"aware"。

个特殊范畴，那么它又具有怎样的内涵呢？对这些问题的考察固然属于本书的题中之义，但我们必须从一开始就意识到其中存在的诸多困难。第一，倘若把“哀”看作是美的一种类型，那么它完全是从我国国民，特别是平安朝的时代精神中产生而来的，具有极为特殊的内涵。不仅西洋美学史上没有相关概念涉及于此，即使在我国的学术研究史上，对此做严格的美学层面上的研究的研究者也殆无所见。（从本居宣长开始，我国学者对此问题多少有所探讨，但无论他们提出的观点如何有价值，若从美学的角度看，都难以说是充分的。）从这一点上看，对“幽玄”及其他概念的研究状况也是如此。总而言之，对于这些东洋的乃至日本的美学概念加以美学上的探讨，是一个全新的课题，我们必须把这个课题的研究承担起来。

在“哀”的研究中，还存在一些特殊的困难。首先值得我们注意的是，较之“幽玄”和“寂”，“哀”这个概念的历史渊源更为久远，所涉及的范围领域也非常宽广。“幽玄”的概念最早出现在《古今集真名序》中，历史渊源也很久远，但“哀”这个词在《记》《纪》时代就已被频繁使用了，而且其含义的变迁一直延续到近世的德川时代。有人认为，这个词从奈良时代上溯到上古时代，其含义主要是“可怜”“亲爱”或“有趣”。到了平安时代，主要用于情趣上的感受。到了镰仓时代，其含义则一分为二：一个是表示勇壮意味的“あっぱれ”，一个是表示悲哀意味的“あはれ”，再发展到足利室町时代，这两种意味被调和起来。而到了此后的德川时代，其含义再次被分为两个方面，一个是对道义上的胜利者称赞为“あっぱれ”，另一个则相反，是对失败者加以同情的意义，称为“あはれ”，并主要用以表达怜悯之意。

这种说法是否妥当又另当别论，但它可以清楚地说明这个概念的历史演变有多么复杂漫长。另一方面，“幽玄”这个词主要用于歌道和能乐，“寂”这个词主要用于俳谐和茶道，都是以特殊的艺术门类为背景产生出来的概念，而“哀”却不同，它不仅关涉到我国文学的各个方面，而且时至今日，仍以极为流行的俗语的形式被广泛使用着。（不必说，在这种情况下，它主要用来表示“悲惨”“悲哀”“可怜”等特定的意义。）因而这个概念比起其他概念来，其含义也变得更加复杂多样，要在其中把握它最为核心的审美本质的意味，是非常困难的。

“哀”这个概念研究中的困难，实际上并不仅仅在于它的多义性。在此我们必须特别注意的是，这个概念的特殊性在于有些东西虽然表面上并不突显，但在深层上却给我们的考察带来了更大困难。也就是说，无论它表达的是赞赏、亲近的意味，还是悲哀、怜悯的意味，表现的都属于一种感情或感动本身。因而当这个概念的研究从语言学上的考察进一步深入到其内在含义，或者要进一步深入到美学层面的时候，就很容易在心理美学层面上停滞不前，不能在美学上充分、深入、全面地展开研究。当然，一般说来，心理美学与一般美学的混同，在许多场合也是屡见不鲜的，甚至一些美学立场的研究，也将心理学的方法作为唯一的方法。就“哀”的研究而言，我们很容易在研究中走向一种主观主义。在我看来，这对于一个美学范畴的研究而言是十分有害的。对于这个问题，在下文的考察中我还将加以明确具体的说明。

二 “哀”的语义，其积极与消极的意味

作为美学概念的“哀”的研究出发点，首先应该在一般意义上加以探讨。由于这个概念的多义性，我们一方面要根据现有的可靠的辞书对其一般意味加以梳理，然后还要对历史上最为著名的本居宣长的观点，以及当今学者的相关研究加以考察，这似乎应该是最为便当的方法。事实上，迄今为止，日本文学及其他领域研究者已经发表了为数众多的研究成果，但我不能一一论及，只能有所省略。

首先，我们来看看大槻先生在《大言海》[①] 中对“哀”的释义。大槻先生把这个词分为三个方面加以解释，其中，作为感叹词，它“是表达喜怒哀乐等一切感动时所发出的声音”，相当于汉字的“噫”字。将这个感叹词作为名词来使用的时候，又分为两种情形：

其一，表示值得赞赏之意，即“值得赞赏的、优异的、很棒的”（あっぱれ），这相当于汉字的“优”。而具有“可爱、可疼爱”意思的动词“あはれむ”，则是对这个词的活用。

其二，感叹词“哀”以名词形式来专门表达伤感意味时，是“可

① 《大言海》：大槻文彦编日本国语词典，全四册，索引一册，前身为《言海》，编者去世后经相关学者整理，于 1932 年至 1937 年间陆续刊行，收词八万余，侧重于语源与出典的解释。

怜的、令人伤心的”意思，这相当于汉字的“哀”字。而具有“觉得可怜、感到可悲”之意的动词“あはれむ”，则可以看作是对“あはれ”的一种活用。

由此可见，“あはれ”这个词是颇为多义的。大体上说，相当于汉字“优”字的，表达的是一种积极的意味；相当于汉字“哀”字的，表达的是一种消极的意味。看上去似乎是矛盾的两种意味，却同时被包含在同一个词当中了。

上述“哀”的积极的或消极的意味，明显是与客体对象的“价值”判断相关联。不过，在这种情况下思考价值判断，有一点需要特别注意，那就是价值判断绝不是单一的。首先，“价值”这个概念本身所指何种内容便是一个问题，对此我们姑且先不讨论。我们所说的“价值判断”至少要从三种情况加以区别：

第一是作为感情主体的、对我们自身而言的价值关系。

第二是作为客体的、对他者而言的价值关系。

第三是主体和客体共同具有的价值关系。

当然，实际上这三种情况在很多时候是相互重叠着的。尽管如此，由于侧重点的不同，附着于价值判断中的我们的感情色彩也存在显著不同。例如，倘若价值判断主要是就我们自身而言的价值关系，那么它便可能带有积极的趋向、快乐的色彩、有欲求的爱或执着；相反，如果带有消极的趋向，那就会带有不快的色调、不耐烦的、厌恶的情感。当然，严格地说，这些场合的价值判断对我们自身也有两重性。有价值的东西（或者正相反的东西）会直接诉诸我们的感情，其利害得失给我们带来的感情上的效果是应该加以区别的。这种意义上的价值判断中的积极感情是欢乐，消极感情是悲哀。（不言而喻，第一种情况下的价值关系中的积极东西，在第二种情况下却能产生消极感情，反之亦然。）在第二种情况下，亦即与我们自身相对的、作为客体的他者的价值判断中，积极或消极的关系也是间接的，客体自身的感情效果可能与我们自身的感情效果处于复杂的矛盾状态（例如嫉妒心）。在以上所区分的价值判断的两种意义中，这应该主要属于第二种意义（即利害得失的关系）上的。大体说来，在这个价值判断中，在积极的情况下，祝贺、庆祝之类的感情效果是主要的；而在消极的性况下，狭义上的同情、怜悯等感情则是主要的。在第三种情况下，客观的价值与主观的价值具有种种复杂的契机和复合的关系，就感情效果大体而言，其积极的方面是尊敬和感叹，其消极的方面是轻侮和藐视。

现在假如有人把“哀”中的价值内容的一部分，解释为“生命力”的话，那么在上述的价值判断中，与所谓精神价值或理想价值不同，它属于以上所划分的第二种和第三种情况，与第一种情况区别却也相当模糊，而且这样的区分也没有意义。不仅如此，实际上“哀”这个词在一般意义上包含了以上所区分的价值关系的所有方面，其积极的方面包含了“赏”“爱”“优”，在消极的方面则包含了“怜”“伤”“哀”。在我看来，我们可以不必拘泥于这种价值关系，而应该从美学的立场上对它的审美价值的意义加以分析。

在以上所区分的三种情况下的价值关系中，表达积极和消极的种种感情的“哀”都包含进去了，既包含了“赏”“爱”“优”，也包含了“怜”“伤”“哀”。不过，更精确地说，在上述所区分的第一种情况下的价值判断，即作为感情主体的、对我们自身而言的价值关系，是不包含厌恶、逃避的感情的；与此同时，对于某种客观价值的消极的东西（即上述的第三种情况），例如轻侮、蔑视等的感情，也不能直接体现出来。不过，词语的使用是由习惯所支配的，“哀”这个词在作为一个单纯的感叹词来使用的时候，也有表示厌恶、蔑视的例子。但是正如上引辞书所解释的那样，“哀”这个词的**直接的**感情内容中，是不包含厌恶或轻蔑之类的情感的。即便是面对应该厌恶、应该轻蔑的对象，也不能直接应之以厌恶、轻蔑的感情，而是与之保持距离，静静地谛观之，这是一种间接的慨叹之情，也是一种近于悲哀、怜悯的感情，这样才能与“哀”这个词产生关系。另外，“哀”包含着“爱”的意味，但这个“爱”对主体而言，应该是接近于“美”的意味的一种爱；换言之，是略带客观性的一种爱的感情，而很少带有与厌恶相对立的主观的偏爱乃至执着。

因此，就我以上所区分的价值判断的三种情况而言，第一种情况，即作为感情主体的、基于我们自身直接价值关系的消极或积极的感情，“哀”中即便是含有，也是非常淡薄的。在第三种情况下，积极的价值判断的意味，对“哀”所涉及的对象而言，是极为重要的条件；而属于消极意义的感情判断（如轻蔑等），在“哀”中也是极其淡薄的。可以说，作为第一和第二种情况下的情感价值判断的变形，是与悲哀、怜悯等感情难以区别的。

以上所做的区分清理，在语言学家看来也许都是无用的，然而对我们来说却极为重要。由于做了这些区分清理，我们可以直接引出一个结论，即在“哀”中所包含的感情内容是极其多样的，从价值判断的意义上来说，它同时包含积极和消极两个方面，但是“哀”所包含的精神态度，一般来说却是一种“静观”式的 Einstellung①。而且这种静观的态度，常常使得“哀”的积极或消极的感情中，根本上带有一种客观而普遍的“爱”（Eros）的性质。因而可以说，“哀”这个概念既具有盖格尔②美学中的所谓“观照”（Betrachtung）——自我与对象的距离，又有西洋美学家们常说的所谓“静观”（Contemplation），或者日语中的“咏叹”。这就意味着“哀”是一种具有积极审美意识的、普通心理学上所说的那种情感态度。

---

① Einstellung：德语，意思是“态度”“观点”“看法”。

② 盖格尔（Geiker，1891—1952）：德国现象学社会学家、美学家。

三　本居宣长关于“物哀”的学说

关于“哀”的问题，本居宣长做出了自己的独到的研究，他的观点，对这个问题有所关心的人都很熟悉了，论述这个问题的《源氏物语玉小栉》等书也屡屡被人引用。为了便于我本人对于宣长的解释，并使自己的论旨更为彻底，就需要先将他的基本观点（紧扣其原著）稍微详细地加以了解，为此有必要对有关论点加以引述。

本居宣长在其《源氏物语玉小栉》中的第一和第二卷里，对《源氏物语》全篇的主旨做了论述。众所周知，他极力反对一直以来的许多学者由于受儒教和佛教思想的影响，只在《源氏物语》中看出儒教的劝善惩恶意味或佛教的教训意图，他强调了《源氏物语》作为文学作品的审美自律性，认为表现“物哀”是贯穿该作品始终的创作宗旨和基本精神。为此，他对“物哀”这个概念做了详细的解释和说明。以下撮其大要，引述如下：

所谓“知物哀”，首先是对一切值得“啊哇咪”（あはれ）的事情，对所见所闻的事情都能有所感动而发出感叹，用今天的俗语来说，就是“啊”“哎呀”之类，例如，看到花月而感动，就忍不住感叹“啊，多么漂亮的花呀”“哇！多么好的月亮啊”。所谓“啊哇咪”就是“啊、哇”的重叠音，相当于把汉文中的“呜呼”读作“啊”……

在古代和歌中，使用“啊哇咪”的例子有：“啊哇咪，一棵松树！”“啊哇咪，一只鸟！”“啊哇咪，度过了几天几夜啊！”“啊哇咪，从前是有的呀！”等等，是直接将自己的感动用“啊哇咪”这一叹词表达出来。此乃该词的原本形态。……

又，动词“感物兴叹”（あはれぶ），也是由“啊哇咪”演变形成的。《古今集·序》中有“感叹云霞之人”（霞をあはれびと）等用法。及至后世，“啊哇咪”被写成汉字的“哀”字，令人感觉它只是“悲哀”的意思。实际上“啊哇咪”不限于悲哀，对于高兴的事情、有趣的事情、惬意的事情、可笑的事情，都可以用“啊哇咪”来表达。因而，可笑的、高兴的事都与“啊哇咪”联系在一起。无论是对可笑的事情还是对高兴的事情，都可以用“啊哇咪”来表达。不过，对于可笑的或高兴的很多事情，虽然都可以用“啊哇咪”来表达，但在种种人情中，对高兴之事、有趣之事的感触并不深刻，而对悲哀之事、忧伤之事、思恋之事的感受，却不由得刻骨铭心，于是人们便将这种刻骨铭心之感特别地称作“哀”。通常人们只将“哀”理解为悲哀，也就是出于这种心理感受。……

字典里将“感”字注释为“动也”。只要心有所动，那么无论是好事还是不好的事，都可以用“哀”加以表现，是因为“哀”最适合表达这种感受……

所谓“物哀”也是同样的意思。所谓“物”，是指谈论某事物、讲述某事物、观看某事物、欣赏某事物、忌讳某事物等等，所指涉的范围对象很广泛。人无论对何事、遇到应该感动的事情而感动，并能理解感动之心，就是“知物哀”。而遇到应该感动的事情，却麻木不仁、心无所动，那就是“不知物哀”，是无心无肺之人。（见《增补本居宣长全集》第七卷）

以上引文中，有许多地方对于我们论题来说很值得注意。对此后文还将详细谈到，这里首先需要稍加提示的，就是最后一段提出的“物哀”一词。本居宣长对此的解释是：“遇到应该感动的事情而感动，并能理解感动之心。”我想这句话似乎一直没有引起人们的高度注意。从美学立场上看，这是一句颇为重要的话。把这句话与以下将引用的本居宣长的其他论述结合起来看，其含义就更加清楚了。宣长在论述和歌的著作《石上私淑言》一书中，有一节提出的问题是“所谓‘知物哀’是什么意思”，并做了这样的回答：

《古今集·序》云：“倭歌，以人心为种，由万语千言而成。”所谓“心”，就是感知“物哀”之心。接着又云：“人生在世，诸事繁杂，心有所思，眼有所见，耳有所闻，必有所言。”所谓“心有所思”，也是指“知物哀”之心。……《真名序》所云“思虑易迁，哀乐相伴”，说的也是“知物哀”。

之所以将这些话解释为“知物哀”之意，是因为世间一切众生都有“情”。……人类为万物灵长，心地聪慧，思虑亦深。而且人的生活远比禽兽复杂，经历的各种事物也多，所思所想也多。所以，歌对于人而言不可或缺。

为什么人的思想复杂深刻呢？就因为人能够感知“物哀”。诸事繁杂，每每有所经历，则情有所动。情有所动，或欢乐或悲哀，或气恼或喜悦，或轻松愉快，或恐惧担忧，或爱或恨，或喜或憎，体验各有不同。这皆因“知物哀”而心有所动。

……倘若对于事情的本质没有理解，就没有高兴或者悲哀，心就无所寄托。心无所寄托，就不能咏歌。

……其中对于事物的辨别与认识，有程度深浅之别。禽兽浅薄，与人相比近于懵懂不辨，而人则优于其他众生，知事物之“心”，并感知“物哀”。人也有深浅之差。与深知“物哀”的人相比，也有人近乎完全不知“物哀”，其间差别甚大，通常不知“物哀”者为多。当然并非绝对不知，只是深浅有别……

我在上文谈到《源氏物语玉小栉》的时候，曾提请读者注意其中的“能理解感动之心”这句话，在以上引述的《石上私淑言》中，又有“知物之心”一句，由此可以看出宣长对这个问题是着重加以强调的。

此外，相同的观点，在比《源氏物语玉小栉》写得更早的《紫文要领》中早有论述，其中也有对“物哀”加以界定的地方，其观点根本上没有改变，只是在《源氏物语玉小栉》中，将“知物之心”与“知物哀”更加紧密地结合在一起加以论述，更加强调“哀”中的知性的、客观的因素，我想这一点是值得我们特别注意的。因为在《源氏物语玉小栉》和《石上私淑言》中，我提请读者注意的思想原型，已经在《紫文要领》中清楚地呈现了出来，由此我们才能对他的真意加以充分地理解。而我在上文中之所以强调“美学的视角”，其理由也就于此。例如宣长在该书中写道：“对某种并非恒久的器物，也认真制作、观察它，这就是知物之心、知物之哀的一种表现。任何事情都是如此。遇到可笑的事情、不好的事情，能看出其不好之处，就是知物之心、就是知物之哀。”又说：“知物之心就是知物哀。日常生活中熟识世间之事物、能够很好地应对各种事情，也同样是知物哀。”还说：“男女之间互相恋慕，就是知物之心、知物哀。无论何事，能从中看出美好，就是知物哀。能很好地体察男人女人之心，当然就是知物哀。物语中有许多类似的描写。”

《紫文要领》中所说的“物哀”这一概念，是与“知物之心”“知物哀”联系在一起的。这与现代美学中所谓“直观”与“感动”相调和的审美意识非常接近，这一点我们可以在如下一段文字中看得更清楚——

《源氏物语》五十四卷的宗旨，一言以蔽之，就是“知物哀”。关于“物哀”的意味，以上各段已做出了分析说明。不妨再强调一遍：世上万事万物，形形色色，不论是目之所及，抑或耳之所闻，抑或身之所触，都收纳于心，加以体味，加以理解，这就是感知“事之心”、感知“物之心”，也就是“知物哀”。

如果再进一步加以细分，所要感知的有“物之心”和“事之心”。对于不同类型的“物”与“事”的感知，就是“物哀”。例如，看见异常美丽的樱花开放，觉得美丽，这就是知物之心。知道樱花之美，从而心生感动，心花怒放，这就是“物哀”。(《石上私淑言》第272页)

虽然有些啰嗦，但通过这些说明，我们便可以充分理解他的意思了。当然，其中所用的“理解”一词，对“直观”和“辨别”没有做明确区别，这也是不能苛求于他的。

上文所引述段落之后，该书还进行了细致而又冗长的解释说明，也是不能忽略的，由此可以看出其中的观点与现代美学所说的“移情”有明显接近之处。他写道：

看到或听到别人因亲人的不幸而悲伤，能够体会到他人的悲伤，是因为知道其悲伤所在，就是能够察知“事之心”。而体味别人的悲伤心情，自己心中也不由得有悲伤之感，就是“物哀”。当明白他人为何悲伤，而忍不住产生悲伤的感受，自然而然感而叹之，这就是人情。

这里说的就是美学中的“本来的移情”。宣长在同一部分，进一步提到了“象征的移情”问题，他写道：

《桐壶》卷有云：“虫声唧唧，催人下泪”；“听着风声、虫声，更令人愁肠百转”。《柏木》卷有云：“看到你，像庭院中的小树那样一无所知的样子，我更加哀伤。”这些都是面对不同时节的景物而引起的物哀，而随着当时人心情的不同，对同一种景物的感受也有不同。（《石上私淑言》第274页）

四　所谓感情上的“深刻”，对“哀”的主观主义解释

关于本居宣长的“物哀”论，现代国学家中也有人做出了评论，其基本看法是：宣长在“物哀”论中将悲哀的感情作为“哀”的特色之所在，表现出敏锐的洞察力，这样一来，“哀”在一般用法中就很难显出这一特色了。具体地说，宣长认为人们“对高兴之事、有趣之事的感触并不深刻”，实际上，即便是对“高兴的事情、有趣的事情”有时感受也会很深刻，也有“哀”的存在。宣长这样讲，是将“感触深刻”这一点作为“哀”的意义所在。因而，宣长似乎是从这一意义上来论述“物哀”之价值的。（见冈崎义惠《日本文艺学・“哀”的考察》）

再看看《源氏物语玉小栉》中的说法，宣长似乎也是将深刻的感动作为“哀”的一个要件。不过，所谓深刻感动的“深”究竟是指什么而言的呢？根据冈崎氏的说法，“所谓深刻的感动，就是在咏叹的情态上，无论何种情况下都要带有哀调，在感情上具有反省倾向”。但是，为什么深刻的感动必然要带有“哀调”呢？感情反省的倾向为什么不能没有“哀调”呢。我认为这一点并不是不证自明的。

感情上的所谓“深刻”（Tiefe），是一个极其漠然和多义的概念，其意义可以做种种解释。（在美学方面，利普斯和盖格尔曾对于这个

概念做过各自的解释。）对这个概念的一般意义上的探讨现在可以省略，我们只是做最必要的清理和界定。我认为，当我们对宣长的观点加以研究的时候，必须将“深刻”这个词在两个层面的意义加以区分。其一，感情是一种纯粹的自我体验，具有足以支配自我的**强度**；其二，在这种体验中，自我本身一面沉潜于其中，一面又静静地加以谛观、反省，因而具有一种内在的深刻性。前者主要指的是感情本身的强度和深度，后者主要是指自我在感情体验中的心理状态或者态度，具有一种**整体上**的深度。正因为是整体的，那就不仅仅是感情本身，而是显然具有一种知性的、反省的意味。当然，一个不能否定的事实是，在许多实际的感情体验中，特别是在“物哀”的感情体验中，“知”与“情”两方面是相互紧密地结合在一起的。不过，从理论上说，要搞清楚所谓“深刻”主要是指哪方面而言的，这既有可能，也有必要。

宣长在《源氏物语玉小栉》中说：“感者，动也，指的是心动。”在《石上私淑言》中说：“感于事，而动于情，而心不平静。”又指出，“哀”的辞源是“啊”（あ）与“哇咪”（はれ）的组合，是一种表达感叹或感动的叹词，说的主要是感情强烈并深刻地打动自我。在这个意义上，不论感情的内容如何（是高兴还是觉得有趣等），只要是感动了，都可以用“哀”来表达。在这里，本居宣长主要是立足于“哀”的语源学上的含义，来说明这个词完全是一种感情的表达。但是“感情”与“激情”也是有区别的。这里的“感动”的“动”主要指的是自我的一种被动的状态，与憎恶、嫉妒或愤怒等出于自我本能的“动”也直接相关。不过这个问题不在我们要讨论的问题之内，我们只是由此理解：本居宣长为什么会将《源氏物语》中的弘徽殿女御那样的嫉妒心很强的女人列为“不知物哀”之列。同样的，在世俗的意义上，像僧侣那样的厌离现实世界而以宗教感情为生命的人，也属于“不知物哀”之列。

本居宣长在《源氏物语玉小栉》中写道:“对高兴之事、有趣之事的感触并不深刻,而对悲哀之事、忧伤之事、思恋之事的感受,却不由得刻骨铭心。”这句话很值得我们注意。理解了这句话,就可以把握他的根本思想。我认为,宣长在这里所说的感触的“深刻”与他在别处所说的意思稍有不同。宣长接着解释说,作为一种感情,不论是高兴的事情,抑或有趣的事情,其感情的强度以感动的形式体现出来,就具有了深度,就自然会以“哀”来表达这种感动。当然,假如只将宣长的这些话做表面的解释,那也不妨可以说,他对感情的深刻度的论述是前后一致的,他只是考虑到了感情的程度和频度的不同。也就是说,即便是高兴的感情,有时也能达到“哀”的感动程度,当然这样的情况一般是罕见的;与此相反的是,悲哀的、恋慕的感情“却不由得刻骨铭心”。我想宣长的这段文字主要表达的就是这个意思。将宣长的这段话,与他在其他著作中对“哀”的解释联系起来看,还是有一些差异的。其中,关于感情之“深刻”的另外的意味也在不知不觉中表现出来,那就是我在上文中所区分的感情之“深刻”度的第二种意味,也就是感情体验中伴随着知性的直观与谛观的那种“深刻”。以下我将对这个问题做进一步的解释。

宣长在《源氏物语玉小栉》中,先从词源的意义上对“哀”所表示的感动做了一般的说明,他指出:“在可笑或高兴的时候,也常说‘あはれ’。”接着又举出了人在悲哀的时候、忧伤的时候、思恋的时候,在一切不如意的场合下,就会发出特别的深深的感叹。这就把“哀”从一般的意义引入到较为特殊的狭义的问题上去了。我认为,他所说的不仅仅是同一个概念的广义和狭义,而是将“哀”这个概念从心理学的意味转向美学的意味了。倘若仅仅从语义学上的广狭两种含义来看的话,他就会接着举出一些狭义上的用例吧。他接下去只是举出了《源氏物语》的《若菜》卷中“梅花要在花盛期观赏”一句,指出梅花固然也是花,但紫式部却是特别地将樱花称作“花”的,以此来说明词语使用的问题。想来，他所说的狭义的“哀”正是《源氏物语玉小栉》全书的宗旨和主题词，是将它作为整部《源氏物语》的特殊“精神”或者“感情”内涵加以思考的。为此，宣长顺理成章地把“哀”的一般词源学的、心理学的意味转向了特殊意义上的文学的乃至美学的意味，因而才只讲它的狭义，或许更为便当。接着，与高兴、有趣等加以对立，他举出了悲哀、思恋等情感。不过，像思恋之类的情感具有非常复杂的构造，在这种情况下的“深刻”，已经不仅仅是指感情本身的强度而言了。当然，不能得到满足的恋情苦恼往往使人的情感达到病态的“深刻”的程度，但由于其感情内容相当复杂，与其他单纯的感情对自我的震撼是大异其趣的。与一般的高兴、觉得有趣等积极的生活感情比较起来，悲哀、忧伤等消极的生活感情具有更大的强度，它能够达到刻骨铭心的程度，也容易产生一种站在形而上学的普遍性上加以谛观的倾向。总之，我在上文中所说的第二种情况下的情感体验容易产生“深刻”度，这恐怕是我们不得不承认的、所有人都具有的普遍的心理事实吧。不过，要说明这种心理事实是在什么情况下、以何种原因形成的，就要与世界观人生观的问题相联系，从而做哲学上的阐述，对此我不打算过多涉及。即便会有人对这个心理事实的普遍性持怀疑态度，那么至少那些受到佛教世界观直接或间接影响的民族和时代，对这个事实是会加以承认的。

以上是对《源氏物语玉小栉》中的相关问题所进行的评述，下面再对《石上私淑言》中的相关论述加以分析，庶几可以强化以上论点。

在《石上私淑言》中，本居宣长指出：“为什么人的思想复杂**深刻**呢？就因为人能够感知物哀。”而在“知物哀”的情感体验中，知性的参与是甚为重要的前提，也就是说，“理解‘事之心’”是至关重要的。他又指出：“知物哀”也是“有程度深浅之别”的。这些话我们在上文中引述过了。可见，宣长所说的感受的深刻或感情的深刻，指的是“哀”原本的含义。在平安朝物语文学所出现的“哀”中，这种“深刻”是伴随着沉潜的观照和谛观，而扩展到整体自我的一种感情体验。这种体验的构造，就是直观与感动在自我深处的相互交融，而这一点恰恰正是一般的审美意识得以产生的本质条件。

正如我在上文提示过的，本居宣长对“哀”的说明，在《紫文要领》中更为清晰明确。他谈到人对器物的制作及巧拙的鉴赏，其实就是“知物之心，知物之哀的一种表现”。可见，在真正的艺术鉴赏的审美活动中，“知物哀”就不仅仅是“一种表现”了，价值可以说是艺术鉴赏的核心。当然，宣长并没有今天这样的美学与审美意识的自觉，但是他还是指出，“看到绚烂开放的樱花”而沉浸于美的享受时，便是“知物哀”了。我们读到这句话就已经能够看出，他所说的“知物之心”（直观）与“知物之哀”（感动）的融合，已经暗示出了向纯粹的审美意识发展的可能性。这一点究竟意味着什么呢？它意味着作为审美意识的形态之一的“哀”决不能单单从感情本位的片面主观主义加以说明，由此我们至少可以看出宣长的思想发展为美学思想的某种可能性。

我们还必须注意到，宣长所说的“知物之心”和“知物之哀”中的“哀”在感情体验中的直观、静观，与我国一些国学研究者所说的感情本身的凝视，是完全不同的两种东西。因为前者是对客观事象本身内容的有意向性的感情体验；后者则具有对主观感情本身加以反省的意味，是人附加在自我感情上的一种谛观。在我看来，宣长关于“哀”的理论，总体上是将语言学与心理美学混合在一起的，只有在《紫文要领》中，谈到“知事之心”的时候，才对客观性稍有强调，对“哀”的美学意味也有所思考。尽管在这里含有向更深刻的美学思想发展的可能性，但总体上看，他还是在接近于“移情说”的心理美学的范围内，止步不前了。

而且，现代日本美学研究者在对宣长的学说加以研究、阐发或订正的时候，似乎也没有试图将它朝美学方面引申，大多仅以局限于狭窄的心理学、主观主义美学为满足。在这一层面上加以研究，除了其他种种困难之外，还有一个难以克服的困难，那就是如何来说明作为审美概念的“哀”的价值意义。例如，有人说，“对于对象物的真诚的爱和同情态度的严肃性”是“贯穿于‘哀’之深层的东西”；又说：“‘哀’这种心理状态是在纯粹、善良、严肃的感情中存在着的。”（见冈崎义惠《日本文艺学》）在这种解释中，作为审美概念的“哀”的价值依据，一下子从心理学跳到了某种意义上的伦理学的价值判断中。这是主观主义解释的必然结果。对于美学立场的主观主义，这里不打算多说。不过，所谓“严肃”这个词能够恰当地说明“哀”吗？即便这样的解释可以确认“哀”中“严肃性”这一心态的存在，但是由此能够充分解释出“哀”作为美学概念的特殊性吗？对此我不能不抱有疑问。

正如辞书上所解释的那样，在“哀”这个词的一般意义中，既有“赏”“优”等积极判断的意味，也有“哀”“怜”等消极判断的意味，这两种意味同时并存着。而对这一概念的心理学上的解释，就是要将这两种看上去明显相反的感情加以适合一切场合的统一说明，这就会产生种种困难。单纯从语义上看，正如宣长所说的那样，这个词本来就是表达一种感叹，它可以表示各种感情内容，包括一些相反的感情内容，这是完全可以理解的。但是，当把这个词作为一个特殊审美范畴加以理解时，当研究其审美内涵时，就没有必要把各种不同的含义一一分清了。例如，“哀”是“了不起、很棒”的意思，还是“可怜”的意思就不必细分，毋宁说，它的“赏”“优”的积极意味与“哀”“怜”的消极意味，在作为审美概念的“哀”中，根本上是一种统一的关系。关于这个问题我们在下文中还将详细讨论，在这里我只是强调：“哀”的语义是极其多样的，在其深处往往包含相反的感情趋向，纯粹的爱情和严肃的同情同时存在，而寻求其统一性，我认为并非徒劳无益之举。

五 “哀”从心理学向美学的展开，一般审美意味向特殊审美意味的分化

以上，我们分析了作为审美概念的“哀”的基本内涵，并提出了如下两个问题，一个是“哀”这个概念的一般心理学的含义，与特殊的美学含义两者之间的关系；另一个是“哀”这一概念的广义上的情感意味，与这个词在今天使用时最为直接的语感上的意味，即悲哀、怜悯两种意味之间的关系。这两个问题在逻辑上未必是一致的，宣长的论述也同样如此。但实际上，在古代物语文学中，审美意味上的“哀”中两种不同的意味是有机统一在一起的。为方便起见，我想将这两个方面合在一起来考察从一般词语中派生出来的“哀”这一审美范畴究竟是如何成立的。但这种考察是对于审美概念的“哀”的**发生与成立**所做的考察，不是基于语言学的**历史演变意义**所进行的考察，而是**美学**上的发生学的考察。也就是说，我们要研究“啊哇唻”如何从一般的心理学的含义，合逻辑地发展演变为美学上的含义，从而形成其特殊的审美内涵。这一研究是以我们的审美情感体验中的直接反省为基础的。因而，即便像“哀”“怜”这样的狭义情感上的意味也是后来才逐渐具有的，那么这种历史语言学上的问题也不是我们要深究的问题。毋宁说，我们应该立足于现代人对语言意味的感受和体验，以狭义的直接的“哀”“怜”作为基础和出发点，来探讨“哀”

的特殊审美内涵是如何发生的。

我首先想对宣长所说的“深刻的感动”做出我的解释。宣长所说的“深刻”具有两方面的含义。一方面，宣长从语源学的角度指出了感情本身的深度即表现为感动，另一方面又说明在“不如人意”时发出的“哀”的那种“深刻”的感铭中，也包含着直观、谛观等知性的、客观性的意味。把这两方面合在一起来看，则宣长的“哀”这一概念就同“直观”与“感动”相融合的审美意识相当接近了。可以说这是一种观照态度中的感动。借用盖格尔美学中的观点（请参见盖格尔《审美享受现象学的研究》和拙著《现象学派的美学》）来看，像《源氏物语》中的那个弘徽殿女御的嫉妒心，是缺少“uninteressiert”[①]这样一种观照态度的，而那些摆脱了一切世俗烦恼的僧侣的宗教感情，则又过于“interesselos”[②]而缺乏“享受”的态度。也就是说，这些都缺乏“感动”的成分，因而也就没有“哀”可言。总的看来，在这个意义上，宣长的“哀”具有了心理学和美学上的正确认识，从而提出了卓越的见解，这是值得我们特别敬重的。不过，从现代美学的立场上看，宣长对“哀”这一特殊审美概念的考察还是有局限的、不充分的。观照态度中的感动，乃至直观与感动的融合固然是“哀”成为一个审美概念的不可或缺的条件，但还不能说是充分的条件。那么，在此之外，还需要具备怎样的条件呢?

为了解答这个问题，我们首先需要将“哀”这个词的种种含义是如何从心理学范畴向美学范畴发展演变的，加以系统的梳理。

正如上文所提到的，在今天，人们看到“哀”这个词，最直接感受到就是悲哀、伤心、可怜这一特定的感情内容。我们姑且将其称为“哀”的“**特殊心理学意味**”。

---

① uninteressiert：德语，意思是“不感兴趣的”“不关心的”“不表示关切的”。
② interesselos：德语，意思是“不感兴趣的”“漠不关心的”“无动于衷的”。

但这不过是表示某种特殊感情的名称，仅仅如此还不能与审美意味发生直接的联系。在此基础上，我们再将其感情内容加以限定，从“哀”这一意味延伸开去，扩大到一般性的“感动”或“感”。只有这样，才能与宣长所说“可悲的事情”“忧伤的事情”“高兴的事情”抑或“有趣的事情”等等，同样归属于“哀”的范畴。在此，我们不妨称之为“哀”的“**一般心理学意味**”。

由此更加以延伸，进入第三个层次（当然实际上三个层次是难以加以明确区分的），那就是由上述的感动的意味，更进一步地去感知“事之心”和“物之心”，加进直观的因素，使意识具有一种静观的态度，这样，“哀”才初步进入审美感情的范畴。这与心理学意味上的“哀”虽然相去不远，但在做了这样的区分后，我们可以权且把这一层面的意味称为“哀”的“**一般美学意味**”。或者更准确地说，是“一般心理的・审美的意味”。这样的区分，实际上是将“哀”还原为一般的审美意识问题，但这还不能使它形成美学上的特殊问题或者美学的范畴与类型的问题。

那么，如何才能将上述的“哀”的心理学意味上升到特殊的美学意味的层面呢？

为了使美学层面上的考察得以深入进行，在论述这个问题之前，我们有必要先将几个相关问题加以廓清。宣长对“哀”的理解与把握的方式，与我们今天的理解和把握的方式是有所不同的，因而就会造成两者之间对“哀”审美意味理解上的不同。宣长所说的“物哀”究竟意味着什么呢？这个问题与上述的“哀”的“一般的审美意味”有着必然的联系。“物哀”的“物”这一概念指涉的是什么？假如我们对这个问题不予深究，只按宣长自己的解释（见上文引述的《源氏物语玉小栉》第二卷）来理解的话，那么这个“物”的范围则是没有具体限定的某种对象。在“物哀”中，“物”并没有对“哀”的意味加以规定。所谓“物”就是能够激发“哀”之体验的一般事物而已，在表述形式上是"物之哀"，内容上实际还是"可哀的事物之哀"（あはれなる物のあはれ）的意思。（在宣长的想法中也存在着对这种思考稍有突破的萌芽，但尽管如此，他的"哀"论大体上仍然局限在主观主义的范畴，这一上文已经提及。）宣长认为："……无论何事，对于应该感动的事物，则应心有感动，这种感动就是'知物哀'。"这话就明确地表达了上述的意思。在这里，"物"是一般概念，其具体对象和内容毋宁说是由"哀"来规定的。如果是相反，即在"物哀"中，"物"具有优先性和决定性的话，那么，这个"物"就有了哲学上的一般存在，而具有了很大的独立意味，所谓"物哀"就成了被对象所规定的某种体验，这就为一种全新的领域和课题的发生留下了余地。然而在宣长的思考中，这种苗头几乎是不存在的。

因而，宣长对"哀"的把握方法，最终只是局限在了主观意识方面，将心理学层面的见解，覆盖在一般的美学见解之上，这就与我们在美学层面上的见解形成了差异。我们是要把"哀"作为一个美学范畴，把它与其他审美范畴相异的特殊内涵揭示出来，而它这种特殊性的规定依据，最终要从对象的方面，即直观内容的方面来寻找。

那么，我们要通过怎样的途径，才能超越上述"哀"的第一、第二个层面，而寻求其审美意味呢？我认为，要理解"哀"概念中的美学意味，就有必要对下述的关系加以把握，即把第一个阶段作为"**特殊心理学意味**"的悲哀伤心等感情倾向，超越到第二阶段的"**一般心理学意味**"乃至第三阶段的"**一般美学意味**"上的"感动"，从而赋予"哀"一种崭新的感情定位。具体而言，就是从初步的作为一种特殊感情内容的"哀"当中，排除或者超越其特殊的心理学上的意味，进入第二阶段的一般心理学意味（一般感动），或者第三阶段的作为一种审美感动的"哀"，由此再进一步，发展到第四阶段，在一种新的形而上学（世界观）的意义上，将那被特殊化的"哀"的感情加以转化，从而赋予其崭新的内容。至此，这个概念方能成为一个美学的概念。因而，我们所寻求的“哀”的本质，就是超越“哀感”这一狭义的心理体验的“物哀”，将它所包含的美学感动及直观，沉潜、渗透于具有普遍性的形而上学的根底中，使其扩大为一种世界观，或者说，使其变形为一种“世界苦”（Weltschmerz）的普遍化的感情体验。

在我看来，以我们的审美体验来考察这种特殊的哀感时，“自然感的审美因素”（这个概念需要详细加以界定，这里不妨先大体理解为“自然美”）就成为主要的基础和依据。日常生活中的“物哀”的体验，会使得我们增加沉潜度，扩大谛观的范围，也就是从包罗万象的“根本存在”中源源不断地汲取着哀感。这一点与神秘主义的特殊体验一脉相通，常常发生于对人类生活背后的大自然本身的静观姿态。这除了佛教思想的影响之外，从平安朝时代的日本人的生活方式和时代精神中，也可以找到充分的依据。

以上只是对作为审美范畴的“哀”得以成立的基本理论做了大体分析。实际上，对王朝时代的物语文学中作为审美体验的“哀”加以考察，就会发现它所具有的特殊构造，在很多情况下都与上述美学上的根本内涵融为一体，从而形成了种种不同的面貌。以下将对这个问题略谈一二。

六 作为审美体验的"哀"的构造

如上所述，对"物哀"的直观与感动的感知，在某种意义上是类似于"世界苦"的哀感性的特殊审美体验，"物哀"在我们的内心深处，随时随地都会被现实世界的一切事象所唤起，它是一个沉潜于内心世界幽暗深处的东西。"物哀"具体内容即便是高兴、有趣乃至可贺、优异之事，在其积极的生活感情中，也常常隐含着深层的生命体验。这种深层生命体验的感情与表层的情调而言，必定是带上一种哀感，与在表面上浮动、摇曳的"高兴""有趣"等积极的情感色调混合在一起，从而表现出一种不能用概念来加以界说的微妙的情趣和氛围。在平安朝时代作为审美情感的"哀"中，在表面华丽的贵族生活中，都有着这样的特殊底色和构造。这一点后文还将详加分析。

以上谈到了作为审美概念的"哀"的形成依据，但就具体的审美意识而言，无论在何种情况下，主观和客观两方面，或者说"艺术感的因素"与"自然感的因素"都是融合为一的。考察作为审美范畴的"哀"的形成过程，当然也必须考虑其审美意识中的"主观态度"问题。我上文中曾指出，宣长所说的"物哀"，其一般心理学的意味是高于一般审美意味的，接着又梳理了它发展演变为一个审美概念的大体路径。在对审美意识的主观态度本身加以探讨时，也必须考虑到与上述的路径相照应或相并行的关系。这种发展路径主要是顺着客观的方向，从特殊的心理学意味的“哀”，发展到包含着所有情感内容的、一般心理学的层面，然后更进一步发展到表达“世界苦”之体验的“哀”。在这个过程中，作为第二阶段的**一般心理学意味**上的“哀”，在超越了“悲哀”“伤感”“可怜”等特殊情感内容的同时，也具有了谛观和咏叹的因素，这本身已经与一般的审美意识很接近了。

在这里，我们若是再次尝试着完全站在主观主义立场上，让作为一般审美体验的“哀”所体验的“态度”，再次返回到作为特殊感情的“悲哀”“伤感”“怜悯”上去，使其与特殊的对象与情景相关联，那我们就会明白，虽然情感的对象是相同的，但实际上我们的体验已经不可能再次返回到作为**特殊心理学意味**的“哀”了。也就是说，这已经不是我们最初实际体验的那个“哀”了，而是在面对应该感到悲哀、同情、感伤的对象时所产生出的一种审美的快感与满足，至少这种感情会占据优势，因为这是一种特殊的体验方法，是意识的一种特殊的活动方式。这一点本质上属于我们上文所说的第三阶段的“哀”的范畴，只是在具体表现上稍有不同。正如在西洋美学中把“悲壮”“悲怆”也作为一种“特异的美”来看待，认为它同样给人以美的满足乃至快感一样，这是由审美对象的特殊性所造成的特殊复杂的审美体验。要言之，以上所说的作为一个特殊审美范畴的“哀”，其审美内涵的形成，实际上就是在这一意义上的审美快感与审美满足的一种特殊表现。

不过，我们依据这个意义上的特殊性（即心理的、主观态度的特殊性），还不能充分理解作为特殊审美范畴的“哀”。诚然，在平安朝时代的文学中，有很多作为审美宾词的“哀”的用例，也都强调主观心理这个侧面。（关于这方面的用例，后文还将加以考察，这里暂且从略。但谈到这个问题时，仅仅以用例为依据是不行的，因为对于那些用例的使用者，我们无法准确揣摩他们对“哀”的审美本质如何反省。）例如，能够激起我们同情的幼小、纤弱，或者在外观上能引发我们同情的东西，我们在某种意义上会把它们作为一种审美的对象、一种能够给予我们特殊快感的审美感动的对象，在这种情况下，往往会使用“哀”这个词来表达（在接近 das Niedliched 的场合）。在这种场合中，针对的不仅仅是自然美的审美对象，也有不少是以人类生活中的创造物为对象的，但后者也更多地含有“有趣”“优”“艳”等因素。这些审美因素往往是相互混杂而生的。又如，宣长所说的“悲哀之事”“忧伤之事”与上述的场合也很吻合，假如宣长所说的“深刻的感动”必然是一种审美的满足，那么我们就可以理解为：宣长的“哀”论不单单是这个概念的**一般美学意味**，而是《源氏物语》等作品中作为一种特有审美情感的“哀”，亦即一种特殊的审美意味。而从这个角度来看，我们不能不遗憾地意识到，宣长的观点在美学上的论述还是不充分的。

总之，在我看来，美学意义上的“哀”，要通过两个途径来超越心理学意义上的“哀”的局限性。第一，是狭义的心理学意义上的“哀”扩大、深化到形而上学的高度，从而形成“物哀”，使“哀”成为一种表达一般审美感动的美学范畴。第二，对于引发纯主观的、狭义的哀感乃至怜悯对象与事物，也应该由一种精神姿态来克服和超越，进而从中感到一种特殊的审美满足。实际上，这两个途径常常是合二为一的，从而产生了平安朝时期“哀”的特殊审美体验与特殊审美构造。从纯理论分析的角度来说，我还是倾向于将前者作为最为本质的途径。这是因为，作为审美范畴的“哀”，其最终的价值依据毕竟不是能以满足感和快感加以说明的。在上述的两种途径中，后者是有其界限的。倘若心理学意义上的“哀”的对象和事态过于强烈，那么就容易强化我们的消极感情，比如悲惨、哀痛等，对于大部分人来说，要产生一种审美体验是很困难的。在这样的情况下，假如不是站在西洋近代文艺史上的波德莱尔、奥斯卡·王尔德的唯美主义乃至恶魔主义那样的极为特殊的立场上，要真正贯彻这种理论是困难的。当然，在某种意义上说，平安朝文学中的“哀”在其深处，在其精神实质与世界观上，与西洋的唯美主义似乎也是有相通性的。这个问题后文还将谈及。

七 美与"哀"、悲哀与美的关系

以上我们从概念发生的角度，对特定的审美范畴意义上的"啊哇唻"与一般的情感表达意义上的"哀"做了考察。为了对这一考察做进一步的补充说明，现在我们改变一下角度，再谈一谈"哀"的特殊的情感内容，即上述作为特殊感情之体验的"哀""伤""怜"与审美之间的本质的内在联系。

如上所述，一般意义上的"哀"的概念有必要发展到作为审美范畴的"哀"。但是，人的悲哀、伤心等特殊的情感体验，与"美"之间有什么特殊密切的关系？这个问题我们尚未触及。如果两者之间有关联，那么究竟要如何加以说明呢？我们首先会想到，这是浪漫主义诗人常常讴歌的美与哀愁之间的特殊关联。济慈有一首题为《忧郁颂》的诗，吟咏的就是美与哀愁之间的特殊深刻关系；雪莱有一首著名的题为《致云雀》的诗，其中写道："我们最甜美的诗歌，表达的是最悲哀的思绪。"埃德加·爱伦·坡说过："哀愁在所有诗的情调中是最纯正的。"波德莱尔也说过："我发现了美的定义，我的美的定义，那就是：美当中要含有一些情热、一种哀愁，还有一种难以言喻的漠然性。"接着又说："我并非主张喜悦与美不协调，但是我要说：喜悦不过是美的最平凡的装饰物。只有忧愁才是美最好的朋友。无论在何种类型的美当中，若不含有某种程度的不幸，是不可想象的。

（难道我头脑中被安上了一面魔法之镜吗？）”接下来，他得出一个结论：男性美的最完美的类型，正是弥尔顿所刻画的撒旦那样的人。

即便上述诗人的言辞中多少有些夸张和偏见的成分，作为我们一种生活感情的积极性的喜悦的体验与消极性的悲哀的体验，两相比较，后者无疑带有更多的审美价值。持有这种看法的人，或者至少在悲哀的感情内容中寄托一种特殊审美体验的人，决不在少数。对此我们是难以否定的，但还需要根据某些事实稍做一些分析。

首先，若说悲哀带有审美的性格，那么从心理学上说它就不是一种单纯的不快之感，而是在某种意义上必然包含着**快感**的成分。法国著名心理学家立波特[①]在其《情感心理学》一书中，对“Plaisir de la doulenr”（快乐的痛）做了解释，又对“美的忧愁”做了论述，认为在悲哀中包含某种特殊快感，它称之为“plaisir dans la douleur”（“在痛苦中快乐”，Bouillier[②]语），或者“luxury of pitty”（“憾事之乐”，Spencer[③]语），又称之为“Lust am eigenen Schmerz”（“快感源于自己的痛苦”，Sydow[④]语）等。很多人都注意到这种心理现象，并意识到了它在近代人的审美意识中的重要性。像“悲哀的快感”这一心理事实，无疑是将“哀”这一特殊情感表达转换为审美体验的一种媒介条件。而从另一方面来说，这种特殊的“快感”即“美”的发生学的确认，不能仅仅止于事实性的描述，还需要更进一步追究其特殊“快感”的由来。

接下来，“哀”作为一种情感表达而转化为审美体验的第二个条件，我认为就在于**客观性**这一点上。“客观性”这个词在一些场

---

① 立波特（Ribote，1839—1916），法国心理学家，著有《人格障碍》《情感心理学》等。

② 原文作 Boullier，或是作者拼错了。当是指 M. Francisque Bouillier。

③ 或是指 Herbert Spencer。

④ 或是指 Eckart von Sydow。

合下可能不甚恰当，但我的意思是：对我们的意识而言，悲哀、忧愁等消极情感体验，及其反面即喜悦与欢乐等积极的情感体验，与客观性比较起来，还是客观性的因素、根本性的事实更能给我们以强烈的直接感与实在感。对这一点的感知或许与人们的人生观与世界观相联系，但若单纯从理论上而言，这种说法是可以成立的。当然，无论是喜悦还是悲哀（换言之，无论是积极的感情还是消极的感情），在所谓情绪与情趣方面，客观性的、稀薄化的场合，或者是正相反的情况，即直接的刹那的强烈感动，即 Drin-Stehen im Gefühl[①] 的心理状态，两者之间是没有什么区别的。然而，这种特殊情形暂且不论，在一般情况下，若对两种或者说两个方向的生活感情的本质加以思考，那么我们所体验到的两个方面似乎还是有所不同的。也就是说，我们生命的存续、成长和发展的过程中，积极的生活感情必须贯穿其中，无论是疾病还是老衰，生命过程本身都存在着生命力显而易见的消长。以健康的状态，或者以青年和壮年的时代为基准来看，疾病、老衰以及相对意义上的消极方面中必然常常伴随着悲哀和忧愁等消极感情。但这种积极与消极的方面，从整体上看还是以积极的方面为主导的，在生命意识中，两个方面是融为一处的，其区别也是相对的。因此，无论是病患者还是老人，在日常生活中对于生命中的消极现象并非总是特别加以强烈认知和反省；另一方面，在这个意义上占主导地位的积极的生活感情，比如兴高采烈之类的感受，除非是在死里逃生等特殊情况下，一般而言也并不是特别强烈的或者经常被感知的。喜悦之类都在潜意识中存在着，它必然与生命活动本身相伴随。我们的意识在平常状态下，对于它的感知处在一种迟钝状态。

这样看来，在人类生活的深处，积极的生活感情是经常存在着的，而我们日常生活中的喜悦或悲哀的情感体验，在根本上说是以无

---

① Drin-Stehen im Gefühl：德语，意为“现场感”“临场感”。

意识的积极的生活感情为基准的，或适应之，或昂扬之，或反拨之，或损害之，由此方能意识到某种特殊感情的存在。当然，纯粹的**精神性**的欢喜和忧愁并不是由这样单纯的vital①的关系便可以加以衡量的，但我们在这里所说的只是人类一般感情生活中的基本关系。从这个角度看，像喜悦这样的积极感情，假如不是处于某种特殊的场合，在我们的意识中并不能经常地很明显地体验到。因而，我们很容易常常感到，作为积极的感情动因的客观事态，在这个现实世界中似乎也并不是那么多。与此相反，悲哀愁苦等消极的情感体验，却经常不断地、敏锐地进入我们的体验，我们会很容易地感到，造成这些消极情感的客观事态，在这个世界中无处不在。若打一个很粗犷的比方来说，就像我们坐上火车，开始启动时我们会很容易明显地（或者夸张地）感受到向后的反作用力。当然，我们不能以这样单纯的道理，来为哲学中的厌世主义寻找依据。但假若这种说法在日常生活感情方面是成立的话，那么，撇开人生观问题不论，喜悦等积极的感情，与悲哀等消极的感情，对我们的体验而言就是根本不同的。积极的生活体验往往会从我们的主观状态中游离出去，相反，消极的生活感情却常常客观地冲击着我们的生活。“哀”的体验中的客观性，本质上就属于我们以上所说的消极的情感体验。

这个意义上的“客观性”，即对情感主体的游离性，使得我们在“哀”的体验中，对引发感情的所谓“事之心”“物之心”加以谛观，并因此容易达成“感动”与“直观”的融合，进而感情体验本身也容易客观化，从而采取咏叹的或者情趣性的方式。由此，“哀”作为一种特殊感情即“哀感”，就接近了“美”的体验，这是“哀”得以成为审美概念的第二个条件。

众所周知，是本居宣长将日语中“哀”一词改造为“物哀”这个

---

① vital：英语，意为“充满活力的”“性命攸关的”。

词，以便概括《源氏物语》的主题感情乃至和歌的一般审美内容。对“物哀”中的“物”的解释，由于解释方法的不同而有种种不同。“哀”也常常被表述为“物哀”，这种词语搭配方式在其他词语中也常见，比如“物悲”（ものかなしき）“物憂”（ものうき）“物寂”（ものさびしき）“物凄”（ものすさまじき）“物面白”（ものおもしろき）等等。在这里，“物”（もの）作为词素似乎不太有意义。但是我们若仔细考察这些用例，就会发现“物”并不是无意义的添加词，它的作用是将某种主观的、直接的感情，间接地投射于外物，从而将气氛情趣加以客观化，至少是某种程度地加以客观化，这一点是毫无疑义的。我觉得，在**表示感情**的词汇前面加上“物”并使其具有客观化的意味，大都表现在生活感情的**消极方面**，而积极的生活感情则不会使用。比方说，在日语中，“物悲”的反义词应该是“物嬉しき”，“物憂”的反义词应该是“物楽しき”，但这样的词实际上并不存在。而“物寂しき”（寂寥）似乎也不存在“物賑やか”这样的反义词。在形容词前添加“もの”，除表示主观感情的词汇之外，也见于表现感觉性质的词汇。例如，“ものがたき”“ものやわらか”“ものしづか”“ものさわがしき”等等。但是这些词汇就我们的主体生命而言，无所谓积极还是消极。因为所“感觉”的本来就是外在事物的一种属性。即便是一种积极的生活感情，例如“高兴”“快乐”“有趣”等，也都含有一种客观化的性质，但其客观化却是直接的感情表达，与“物悲”“物哀”（もののあはれ）等表达方式并不相同，这是毋庸多言的。言语表达的形式常常会把我们的体验方法与方式无意识地表现出来，故而在日语的这些词汇表现中，似乎可以证实悲哀、忧愁等消极的情感体验所隐含的根本上的客观性。

使“哀”的哀感与美相接近的第三个条件，就是其**普遍性**，这与上述的客观性有着必然的联系。为方便起见，在此需要单独加以说明。可悲的事情、忧伤的事情，对我们的体验而言存在着一种特殊的客观性，这一点上文已经讲过。这种体验在我们的生命进程中几乎是一种随处可遇的宿命般的存在。而且，这种悲剧性的体验不仅仅是我们个人的，而是世界上所有人都有的普遍体验。不用说，所谓老、病、死等根本性的痛苦，与人生相伴相随，是任何人都不能逃脱的。无论在何种意义上都可以说，人生的不如意以及悲哀痛苦的体验是普遍的、无处不在的，人们随时随处都可以体验到。而对悲哀和痛苦的这种普遍性的认识，在某种意义上说是对感情本身的不快之感的缓和，或者说是对其施加的一种慰藉，从而将普遍性与个人的特殊性加以中和。实际上，在我们的直接体验中，倘若将自己所遭遇的可悲的事情，看作是世界上所有人都普遍遭遇的，这就有了一种达观，起到了慰藉的作用。这种达观多少会减轻心灵的痛苦，并能从中得到某种慰藉。但这毕竟仍然属于一种消极的意识，要把“plaisir dans la douleur”的一切都从这一点加以说明，特别是把审美的快感与满足从这一点加以说明，无疑还是远远不够的。

使“哀”的哀感与美接近的第四个条件，就是在悲哀忧愁的“哀”的体验中，由一种“精神姿态”而产生的“深刻度”（Tiefe）。在“哀”的体验中，存在着一种客观性和普遍性的谛观态度，这种态度将引导人们在人类生活的经验世界的深处进一步寻找其形而上学的根底。马克斯·舍勒（Max Scheler）在解释悲剧美“融解”的契机时曾指出：悲剧性的哀伤的根源，在于它与这个世界“存在关联”，因此，悲剧性的价值否定即“悲剧结局”，已经超越了我们的个人意志，意识到这一点，我们的心灵便得到了一种慰藉。我想，这样一种形而上学的倾向在我们的内心中无疑是存在的。以这种心态来观察世界，就会感到在人生与自然的深处，隐藏着一个巨大的“虚无”的形而上学的“深渊”（Abgrund），人间的所有悲哀、愁苦、喜悦、欢乐最终都被吸附进去，而“生命”不过是这一过程中的泡沫而已。从这一点出发更进一步看来，宗教的任务就是使人类生活态度得到根本改变，使人的精神心灵得以安定。而人在“审美的态度”中，会深深感受、体味人生与自然现象，同时依靠审美的直观，对终极的“存在根据”加以透彻感悟，这样一来，“哀”的体验就不单单是一种心理学意义上的悲哀忧愁的意味，而是发展为上述那种特殊审美概念了。悲哀愁苦的感情本身，无论如何都是一种不快之感，但一旦化为这样一种形而上学的、直观的审美情感体验，就会穿过悲哀、超越愁苦，接近“存在”的真实，并由此得到一种类似快感的精神性的满足。所谓“悲哀的快感”，特别是接近于审美状态的快感，常常就是在这个意义上的“深刻”感受的一种变形。与谢芜村有一首俳谐吟咏道：“寂寥，开心，皆在秋暮。”[①] 所谓“寂寥”与“douleur”[②] 虽然不是完全相同的，但芜村所感受到的“开心”与上述“深刻”的体验，确实是有着密切关联的。倘若即便完全无视由此产生的特殊快感乃至满足感，却仍然会产生冯·西多（von Sydow）所说的“Lust am eigenen Schmerz”（快感源于自己的痛苦），那这恐怕就只能算是一种变态心理现象了。

---

① 原文：“さびしさもうれしくもあり秋の暮。”

② douleur：法语，意为“痛苦”“疼痛”。

八　美的现象学性格与哀愁

以上，我们分析了作为悲哀、忧愁这样一种特殊感情的“哀”发展为一个美学范畴的条件，对构成一般审美范畴的诸种因素做了分析。现在，我们有必要再换一个角度，考察一下审美范畴本质中的要素在何种意义上与“哀”的感情相照应；简言之，就是考察在悲哀的感情中，是否含有接近于审美的一种因子。

在这里谈到审美本质，至少要在基本的诸范畴的范围内加以考察。例如，悲剧美（悲壮美）这一特殊范畴在本质上而言含有悲哀忧伤的成分，这是不言而喻的。而在其他基本的美学范畴中，“崇高”（壮美）和“幽默”也在某种程度上含有哀愁和苦痛的因子，这也是无须多言的。至少，已有的心理学美学已经在很多场合予以证实，在这些范畴的审美体验中，某种程度的不快之感与快感形成了一种“混合感情”。但这些证实仅仅是从心理学的视角进行的，还不能直接充分地证明“哀”如何与审美的本质问题发生关联。

从存在哲学的立场上看，在美学的基本范畴“美”（das Schöne）当中，正如贝克所说（对他学说的评述，详见拙著《现象学派的美学》），美的本质的存在方式与其“崩落性”或“脆弱性”（はかなさ）相关，因而，要在“美”中寻求那些与悲哀忧愁的感情相照应的因素，就要考察“美”与这种因素的关联。若从这个角度来考察，从而使“哀”作为一个派生的美学范畴得以确认，那么我们就可以判定，“哀”与基本美学范畴的归属关系主要是建立在“美”之上的。这是因为作为审美概念的“哀”毕竟是从“哀愁”的感情中转化而来的。另一方面，美的“脆弱性”是美自身的本质属性。在我们的体验中，“脆弱性”与“哀愁”这两个审美概念之间在美的本质上有着必然关联。不过，在这里我们不能忘记，我们所面对的问题不是这个意义上的“哀”，而是原本作为普通概念的“哀”，即“哀愁”的感情与“美”之间的关联。所以我们在考察时要注意不能混淆两者之间的界限。

所谓“脆弱性”或“崩落性”，是客观事象的性质与人们内心中的“哀”的特殊感情相结合而产生的。但尽管如此，我们却不能将“美”的本质与普通意义上的“哀”直接联系起来，因为作为“美”的存在方式的“崩落性”或“脆弱性”与我们对事物形态的“易损坏”或“易死亡”的观感并不是一回事。“美”的崩落性是我们所体验的美的“存在方式”，其性质只不过是我们对事物的现象学反省的一种反映，因而，作为对“崩落性”或“脆弱性”之反应的悲哀感情，在审美体验中并不是被直接意识到的。对于“美”本身所做出的纯粹的感情反应，无论在何种场合都带有明朗、谐调、快乐之色调的一种满足感。它只要不被转化为一种特殊的“范畴”，人们就不会在其中直接感受到悲哀、忧愁、痛苦的成分。因此，在思考作为美的“存在论”之本质的“脆弱性”时，我们还不能直接由此得出这样的结论，即作为哀感的“哀”的脆弱性存在于审美体验的感情要素中。

尽管如此，我仍然认为，随着“美”的感受性的显著发达、审美体验的进一步丰富多彩，对美的本质加以谛观的现象学的反省也自然变得敏锐起来。基于这种自然的精神倾向，一种特别的审美意识、一种特别的哀愁感情，虽不是恒常的，但往往也会在某些时代民众的生活方式中，作为“美”的一种背景乃至 nimbus[①]而被敏锐地意识到。即便这种“哀愁”本身在审美体验中并没有直接浮现出来，但接下去，“美”的脆弱性作为一种特殊的氛围——或者说是在脆弱性的瞬间产生的“灭亡”感——必然地会被预感到。在这种情况下，人们对于精神世界中的这种“美”的脆弱性、崩落性的痛苦感受，必然会想方设法有意地在自己的感情上采取一种超越性的“反讽”的态度，这就是所谓“浪漫的反讽”形成的根源。对于“美”具有感受特别敏锐、特别执着追求的浪漫主义者、唯美主义者，都会最深切地体会到这种哀愁。

我认为，上述意义上的哀愁，与艺术美相比在自然美中会存在更多的体验。严格的现象学存在论意义上的崩落性与脆弱性，无论是在自然美的体验还是在艺术品的体验中，本质上都是一样的，都是对“美”的体验。实际上，在我们的日常意识中，将体验对象的“美”与对象物本身加以严格区别是很困难的，正如我们通常所使用的“艺术美”与“自然美”的概念一样，在通常的反省意识中，自然物的美与艺术品的美，这两种美既是对对象物性质的区别，也是从对象物自身条件出发对各自不同的审美特性所做出的规定。一般说来，自然物的美在性质上是不稳定的、流动的，具有易变动性、易灭性。这是因为，作为审美对象的许多自然物在现实世界的存在方式与艺术品是有所不同的。就艺术品而言，它的性质是人为赋予的，有着鲜明的轮廓和边界，并能将瞬间的印象加以永恒固定。与之相对，自然物使得我们的审美态度极其不稳定，容易受到那些进入我们的意识世界的非审美要素的干扰。在这个意义上，正如古典主义的美学家所反复强调的那样，艺术美是将自然美提纯，并将自然美加以永恒化的东西。

就对自然美有着深深眷顾的我们国民而言，特别是在审美意识特

① nimbus：英语，意为“（圣像头上的）光轮、圣光”。

别发达的平安朝时代，一定会深深地体会到伴随着“美”的那种阴翳般的哀愁氛围。这样说并不是牵强附会的臆断。从这个角度看，在那个时代，就所有的普通日本人而言，正如“飞花落叶”这个词所形容的那样，能够在自然现象中特别敏锐地感受到的美，有许多都是带有显著的变化性和流动性的。对自然美的感受性越是发达，就越能在自然变化的微妙之处见出美来，这是毋庸多言的。

要言之，哀愁的因素或者“哀”的特殊感情，是与“美”相生相伴并内含于其中的。它们相互作用、相互融合，使得带有平安朝时代色彩的特殊的审美范畴“哀”得以形成。

九　平安朝时代的生活氛围与“哀”的审美文化

“哀”之所以能够成为一个特殊的审美范畴，是否有历史文化的依据和基础呢？以下我将对这一问题加以考察。

倘若“哀”作为一种审美范畴被认可，那么它就不能像艺术史上的那些极其特殊的样式概念一样，仅仅是某个民族、某个时代的特殊产物，而必须是能够概括美的本质，至少要在理论上具备体系性和超越时空的普遍性。然而另一方面，任何一种审美意识概念又都是在一定的艺术发展过程中鲜明地呈现出来的，一定的历史文化背景是它产生和发展的基础和土壤，这两个方面是不矛盾的。在这个意义上，不可否定的是，“哀”这一特殊的、派生性的美学范畴是与日本人固有的美意识深深联系在一起的，特别是与平安时代一般意义上的精神发展史密切相关的。从这个角度出发，我们有必要对“哀”的历史文化背景加以考察，但这种考察的目的并非在于历史文化的考察本身，而是把这种考察作为我们理解“哀”之本质的必要途径，因而没有必要对平安朝的时代状况、文化样式及精神史的史实做过细的追究和叙述，而是要将最能体现“哀”的审美本质、最能代表那个时代审美本质的所谓“物语文学”作品作为材料，来把握当时人们的一般生活氛围和自然感情的特性，并与“哀”联系起来加以理解。

首先，一旦我们回顾那段历史的时候就可以看到，一直到中世时代武士文化兴起为止，平安朝时代在政治上并没有出现足以激起国民兴奋的大事件、大战乱。当时的各种制度趋于完备，以藤原氏为中心的宫廷贵族荣华奢侈，远远超越了当时普通民众的艰辛的经济生活水平，使得上层阶级统治下的贵族文化出现了高度的繁荣和成熟。这中间偶尔也有类似动乱的事件发生，宫廷中也有小小的阴谋内乱，但在总体上还是太平无事的。那些达官贵人在樱花树下春游赏花，看上去一派悠哉游哉的祥和气氛。当时的这种有余裕的生活和文化繁荣，实际上仅仅限于一部分贵族特权阶层，可以说是一种社会结构上的畸形现象。同样，从人们的内在生活来看，也存在畸形现象。因为这种文化繁荣主要体现在社会生活的形式化上，即仪式、仪礼方面，偏重于感觉和情绪的生活方面，加上受佛教的影响，整个文化的基调带有女性化、老人化的性格，此乃显而易见的事实。反映当时生活的物语文学与历史文学，所记述的生活内容大多是冠、婚、丧、祭[①]之类的仪式性的东西除此之外不过为游戏、恋爱和观赏自然之类，这种单纯和单调性不能不令令人感到惊讶。

这些文学作品的作者许多都是女性，她们喜欢描写的主要是上述事情。在当时的社会，人们公私生活的主要内容很少能够超出这个范围。神事和佛事本来是宗教仪式，当时这些宗教仪式却与人生中的冠、婚、丧、祭极为密切地结合在一起，而且从内部看来，是极其严肃、极其认真的。从当时的物语作品中可以看出，连个人的出家遁世这种行为也往往不过是填补当时空虚单调的贵族现实生活的一种手段而已，虽然有的人打着“厌离秽土、欣求净土”的旗号，但实际上只是现实世界中贵族奢侈生活的一种延续。在这种情况下，宗教的想象力往往与审美的想象力结合在一起，是要在现实世界里制造一种超现

① 冠、婚、丧、祭：平安朝贵族仪式生活的四个主要方面，其中“冠”指成人仪式。

实的理想境界（极乐净土）的代用物。对他们来说，现世实际上并非秽土，同时，他们所欣求的净土在有限的现实中尝遍之后，还希望无限地加以补充和延长。相反地，在现实生活中感受不到欢乐与幸福的人，便将其悲观的心情投影到彼岸世界中。正如《更级日记》[①]中所描写的那样："人像这样万事不如意，只能一筹莫展，彷徨四顾了。命中注定不幸，但一时难绝性命，来世恐怕也不会如意，想来真教人惶惑不安……"

这种宗教与生活的浑融，一方面使得严肃深刻的宗教心多少带有一些浮华浅薄，同时也给宗教氛围中带来一种明朗性。另一方面，对现世幸福欢乐的满足感却常常会出现分裂，从而失去其朴素性，进而发展为一种阴郁的无常感，这是不难想象的。紫式部在其日记中对自己的这种生活感受做了敏锐的反省，她写道：

每当看到可喜的事情、有趣的事情，心儿总是受到吸引和感染，但也不由得生起一种忧郁倦怠感，并为此而感到苦恼。如何忘掉烦恼，去掉牵挂，反省罪过？于是吟歌。看到水鸟无忧无虑地游来游去，便吟咏一首歌，曰：

看到水鸟
在水上漂游
想起自己在世间彷徨

看到水鸟用心地在那里漂游，不由以身自况，倍感苦恼。

这一描写反映了那个时代生活气氛的本质特征，即在浮于表面

---

①《更级日记》：又称《更科日记》，平安时代日记作品，作者菅原孝标之女。

的华丽、悠闲、明朗中隐藏着斩不断的哀愁。佛教的厌世观、无常观只是表面上的影响，却没有得到充分的理解。我想有必要从当时人们的生活感情的深处，进一步探索佛教思想的影响渗透是如何成为可能的。

在我看来，当时的社会生活深处之所以隐含着浓郁的悲哀忧郁的气氛，其根本原因简而言之就是：一方面是异常发达的审美文化，另一方面是极其幼稚的知性文化，两者之间极不均衡、极不谐调，造成了两个方面在同一时代、同一社会中呈现出极端的跛足现象。这一点是今天我们阅读当时的物语文学、日记文学时所产生的最强烈印象。对此，我在下文中将做论述，而在此之前，有必要先将当时的审美文化本身的特性做一个简单的考察。

我说当时的审美文化是异常的发达，当然指的是特定意义上的发达，并不意味着审美文化全面的、本质的发达。同样是审美文化的发达，却并非欧洲古希腊及文艺复兴时代的那种发达。对平安朝审美文化的特性加以研究是一个饶有趣味的问题，我在这里只能是粗陈大概而已。大体上看，平安朝时代的审美文化与其说是艺术生活的发达，不如说是生活的艺术化乃至美化，即某种意义上的“美的生活”本身的发达，我认为这就是那个时代审美文化的基本特点。与其说那时的文学、音乐、舞蹈、绘画、雕刻等艺术形式通过艺术家之手取得了伟大成就（在某些方面当然也不能说没有伟大成就），毋宁说各种艺术形式都渗透在当时的贵族生活中，都是美化生活的手段。他们以非专家的练达，将艺术本身提升到了相当高的水准。在这个意义上，才有了审美文化的显著繁荣。因此，那个时代的审美文化并不是局限在既成的艺术样式的范围内，而是在艺术以外的世界，即自然现象及直接的社会生活中，追求一种艺术之前的艺术、艺术之前的创造。他们在严格意义上的艺术范畴之外，例如各种工艺美术、园林艺术、服装色彩花纹等方面，追求审美官能上的或者较为低下的嗅觉闻香方面的满足。沿着这样一条日常生活的轨迹，他们在审美文化方面取得了令人吃惊的繁荣。此外，当时的贵族还以各种游戏活动来消除生活的无聊空虚，在这种游戏类的活动中，无论男性的动，还是女性的静，在材料、方式方法方面，都是与优美高雅的时代趣味相适应的。

想来，《源氏物语》中所表现的情绪生活中的审美理想，《枕草子》中所表现的审美直观的敏锐化，都是那个时代审美文化的产物。这些作品都是日本文学史上最优秀的纪念碑式的成果，所体现出的各自丰饶的审美趣味足令今人惊叹。但倘若换一个角度，要问这些作品是否属于那种有着高尚的精神境界、博大精深的睿智、深刻的思想感情、富有伟大精神创造的艺术作品？要回答这个问题我们不得不有所踌躇。像《源氏物语》那样的作品在结构宏大方面是出类拔萃的，但是若从精神内涵方面来说，它在许多方面仍不能令我们满足。例如源氏与藤壶之间的关系，实际上是一种充满罪感意识和深刻烦恼的事件，在这个问题上对源氏内心世界的描写有着更深、更大的余地，但在以“物哀”为宗旨的作品中，却没有朝着这个方向进一步开拓的可能。

这样一种审美文化，这样一种在某些方面畸形发达的时代的精神生活，大体上似乎都带有一种唯美主义的倾向。对于我们来说值得注意的是，在物语文学中出现的这种唯美主义倾向里，人物自身因袭的道德意识与来自社会惩罚之间的矛盾冲突所带来的苦恼似乎很少。众所周知，本居宣长曾经说过，源氏与藤壶虽然在道德上应该受到指责，但紫式部仍然把他们作为“好人”“优秀的人”加以充满同情的描写。宣长就是从这个事实出发，矫正了《源氏物语》评论中那些劝善惩恶论的谬见，这是非常卓越的见解。从艺术自律性的角度来看，这在今天已经完全不成问题了，紫式部本人很好地意识到了艺术创作的审美自律性，并以此写出了《源氏物语》。假如那个时代是一个道德的或道学的意识占统治地位的时代，恐怕就会对这部物语作品发起猛烈攻击，并会对作品的流传普及加以阻止和弹压吧。从这一点上可以想象，那个时代在道德方面还是非常宽容的，或者说是松弛的，而在审美方面却是异常发达的。

由于那个时代所具有的唯美主义倾向，使得人们唯美的行为难以与社会习惯、道德观念造成深刻的矛盾冲突，因而人们强烈的悲痛和忧郁就难以被激发起来，这是当时审美文化的一个值得注意的特点。比较而言，在西方近代的唯美主义和浪漫主义文学中，这种社会与个人冲突所造成的苦恼忧郁是非常强烈的，而平安朝时代精神生活的深处所流贯着的哀愁与忧郁，却是不能从这个角度加以解释的。

十　知性文化的缺陷，唯美主义倾向，“忧郁”的概念

平安朝时代的这种片面发达的审美文化，与知性文化比较来看，是极不谐调、不均衡的。从《源氏物语》中可以看出，当时的贵族子弟，对社会交往、出仕宫廷所必要的教育与教养相当热心，无论是源氏还是夕雾，这些人物都是作为在此方面富有才干的人加以描写的。然而这个意义上的教育与教养，其主要内容还是和汉历史、和汉文学、修身道德等一般的东西。当时佛教的研究已经很盛，从中国归来的学僧在这方面都很有学养，这个高深的学问作为一种哲学被一部分人埋头钻研，但那些学者同时也是佛教徒，他们的学问实际上是远远地脱离现实的。当时佛教的礼仪乃至佛法修行都与现实生活密切相关，正因为如此，在纯学问思考的方面却与普通的社会人群相隔绝，故而对世界与人生的根本问题做抽象的哲学思考的纯精神的倾向，在那个时代有学识的贵族中间几乎是绝无仅有的。他们的大多数即便已经出家遁世，过着吃斋念佛的生活，却仍然不能切断对眼前世俗问题的关心。从这一角度来看，在当时可以称为知性文化的东西当中，哲学思考这样一种对世界和人生的根本问题进行深刻探求的倾向，在本质上是很匮乏的。

然后就是属于知性文化范畴的自然科学，这方面不仅是日本，也

是东方各国普遍存在的短处，因而不必特意将这一点作为平安时代的缺陷来看待。但我还是要说，与那个时代审美文化的片面发达相比，平安时代的人们在自然科学方面是极其幼稚的，作为人类精神的内在发展方式，这是必须加以注意的一种特异现象。

如果在平安时代的日本去寻找我们在古希腊所看到的数学、物理学等纯学术的研究，那是完全不可能的。正如我们在物语文学中所看到的那样，对于疾病这种对人生的幸福安康造成巨大威胁的现象，人们完全缺乏科学的研究和理性的应对，而是极为消极无奈地对待之，物语文学在这方面给我们留下的相关印象是无论如何都难以磨灭的。

以《荣华物语》[①]为例，这部物语作品对以藤原道长为中心的藤原家族的荣华富贵做了细致的描写。正如书名所表示的那样，这本来应该是一本以“荣华”为主题的风格明朗的作品，其中所描写的宫廷贵族生活，大都是我们在上文指出的那些千篇一律的冠、婚、丧、祭之类的内容，以及伴随着这些事件的情绪反应，这些我们毋庸多说。读完这部作品，无论任何人都会感受到在荣华富贵的绚烂描写之下，所隐含着的那种难以名状的阴郁、惨淡、忧愁的气氛。这些气氛究竟来自何处呢？我想任何人都会立刻找到答案。按这部作品的记述，与宫廷贵族的荣华生活形成对照的，是疫病的流行、天灾地变，尤其是火灾的频发。形成藤原道长家族飞黄腾达的要素，就是把女儿培养成皇后，以及依赖皇后所生子女（这不仅限于道长家族，其他家族也使用同样的手段）。然而由于疾病，这些子女往往不能尽其天寿，常常是夭折而亡。再就是孩子的出生，这本来是喜庆的事情，但由于医术的不发达，孩子的出生往往是凶多吉少。而对一般的疾病，采用的则都

---

①《荣华物语》：又称《世继物语》，历史物语，四十卷，作者不详，成书于十一世纪，是以假名所写的最古老的历史小说。该书描述了从宇多天皇到堀河天皇十五代天皇两百年间的宫廷历史，对藤原道长的描写尤为详细。

是加持祈祷的方法，根本没有想到尝试采用合理的疗法加以治疗。所以，一旦患病，大多是不治而终，因此与疾病直接相联系的就是死亡的恐怖。

以上所说，本居宣长的著作也有相同论述，对此我们不可忽略。他在《源氏物语玉小栉》中有一段话——

或问：在《源氏物语》中，写人一旦有了病，就做加持祈祷，死前死后之事也都一任和尚处理，却不用医药，岂不愚蠢吗？

答曰：这也是当时的风俗人情。见《源氏物语》中未写医药，就有人怀疑那时是否有医药，这是对古代事情的无知。我国古代的医药之事早就见诸文献典籍，例如《若菜》卷中就有“医师的样子”云云，《宿木》卷有“忝列医师之中”。由此可见，当时已有医生这一行业。然而为什么不写医生治病，而一味表现祈祷驱邪的灵验呢？只相信神佛的灵验，是因为信奉神佛灵验有助于描写风俗人情，听起来也有美感。而依赖于医生，乞灵于药物，则显得过于理性，而不近人情，听起来也不风雅。东三条天皇玉体欠安的时候，也没有请医生诊疗。这一点见于《荣华物语》。……紫式部在这方面的描写非常用心，她在写“药”的时候不称“药”，而写作“御汤”，在描写患者的时候写的“御汤”实际上指的是“药”……

从宣长的论述可以看出，当时不仅是医术不发达，相信合理疗法的理性精神，对当时所有人而言都是严重欠缺的。而且也不只是个人患病的场合，即便是对洪水地震、疫病流行、火灾等事的预防也大都如此，可以想象当时的人也都是束手无策的。正如宣长所指出的那样，认为“依赖于医生、乞灵于药物”是“不风雅”的行为，这种想法在贵族社会是共通的。这种唯美主义的生活态度——特别是就女性而言——常常招致牺牲健康甚至身家性命的后果，这样的事情恐怕决不在少数吧。

以上只是粗略而言，由此可知当时的审美文化与知性文化之间存在严重的跛行现象，其结果，就是人们在满足审美要求的绚烂精美的生活之下，又不得不随时随地地直接面对频频发生的充满血泪的人生悲惨事件。与表面上的荣华辉煌相对照的，是隐含在深处的惨淡哀愁的阴影。这样的例子无需多举，我们只要看看《荣华物语》中《玉饰》里为道长的女儿妍子送葬的描写就很清楚了——

上了御车，突然响起了一阵哭声。一品东宫的回廊卸下了隔板，能看到这场面，更令人伤心欲绝。乳母们没来，但从宫中传出的忍受不住的哭声，令人悲哀有加。女房们在平日不穿的菊花和红叶的内衣之上套上了粗布外衣，看上去越发教人觉得悲哀不祥。因为不是平日的外出，须旋即返回。那场面既哀且悲。或许因为是秋季吧，天空没有云彩，却更教人觉得非同平日。

到了晚上，是一个明月之夜，连女房们的衣裳花纹都看得清。这样的时候，凡知物哀的人，都难堪其悲。看到女房的车辇，想起了世事无常，遂咏歌曰：

身穿粗布衣，
悲伤从心内生起，
含泪别依依。

如今的鲜花，
飘然凋零落地，
令人悲戚。

自己只能这样悄悄地以歌遣怀……

在这种情况下完全可以想象得到，述说人生无常、厌离现实之类的佛教思想将会是多么让人容易接受的啊。

平安朝文学所表现的贵族的生活深处所弥漫的是一种类似“世界苦”或忧郁（Ennui）的感受与情绪。这里使用的“忧郁”一词，个人的解释会有所不同。法国心理学家塔尔迪厄（Émile Tardien）在其著作《忧郁》一书中，对这种心理状态做了精细的研究。他对“忧郁”心理的解释是：“从无意识的不开心的情绪中加以反省所造成的悲观，进而发展为苦恼，它有种种成因，主要起因于生活中显著的缓慢性。这是一种特别主观的心理，可以通过无聊、倦怠、无精打采、逆反情绪等予以确认。”对这个词的根本含义，法兰西学院的辞典中有这样的解释（大意）：

没有了兴趣，灵魂将厌倦不已、虚弱不堪、困顿无比。了无生气、令人生厌或过于漫长，尤其当我们都厌倦了这种救赎的精神，我们从中无法得到任何快意。——这些，指的便是忧虑、悲伤、不满和忧思。

我想，上文中所引用的《紫式部日记》中的那段话所表现的情绪，也是对这种“忧郁”最好的诠释。

在西洋，“忧郁”从一般概念进一步发展为一种概括某种时代精神的概念，即所谓“近代的忧郁”（Der moderne Ennui），并且与近代文艺中所谓“颓废派”的思潮有着深刻联系。对于这个意义上的“颓废派”即唯美主义与恶魔主义文学思潮，我国学界已经有了不少研究成果。“颓废”这个词从更广义上看，是一种精神和文化史的现象，对此加以哲学考察的代表性成果，可以举出冯·西多的《颓废的文化》（*Die Kultur der Dekadenz*）一书。作者在这本书的开篇伊始就指出要对“颓废的文化”与“文化的颓废”加以区别，认为在颓废中，作为颓废的精神形态有其文化的特殊性，在人类文化发展史上有着积极的意义。这表明该书的主题并不仅仅是颓废文化或文化上的颓废现象本身。

接着，冯·西多首先对与“忧郁”相关的若干概念做了解释，以便对“近代的忧郁”的本质加以把握。他的结论是：“对于生的痛苦所充满的反抗意志”（Der schmerzvolle Widerwille gegen des Leben），这是最德语化的“忧郁”定义。与这个概念相关的“Schwächegefühl”和“Iangweile”等，最终都是从“忧郁”情绪中一同衍生出来的。要问“忧郁”的这种反抗和逆反是从何处产生的呢？人面对现实感到无可奈何，而又盲目地好高骛远，受到挫折后便产生了“忧郁”即逆反心理。人们常常会受到这种情绪的支配，这是对存在本身的逆反，是对所有生命的反感进而成为对自身的反抗，久而久之，这种苦恼变本加厉，就具有了进攻性，不单单是个人沉浸于悲哀失望，更进一步发展到欲对人生进行复仇。冯·西多对“忧郁”的解释就是这样。

冯·西多所强调的，就是在“忧郁”这一概念中，人们往往从被动的感情状态，发展为“发动的、反拨的”的状态，这恐怕是对以波德莱尔为中心的“近代的忧郁”所做出的概括。（在波德莱尔那里，相当于“忧郁”一词的还有“spleen”。）

上文中已经说过，在平安时代的精神文化中有一种唯美主义倾向，在其生活气氛及对客观世界的感受感情中，存在着一种“忧郁”。但我们不能把这种时代精神与西洋近代的唯美主义及颓废思潮做同一观。从上述“忧郁”概念的语义分析来看，平安朝时代生活感情中的“忧郁”是一种被动的感情，即冯·西多所说的“忧郁”中的次要因素，也就是无力感、倦怠感，可以说更接近于法语中的“忧郁”的原本语义。《源氏物语》的《夕雾》卷中有一句话是“近于物哀程度的无聊……”本居宣长在《紫文要领》上卷中说：“这就是一个年轻女子在无依无靠寂寞中，心理状态自然而然地表达。在这种时候，知物哀者所见所闻，无论是草木虫鱼，都会触动心扉。假如将这种感悟之心加以压抑，那么人心就将逐渐枯萎迟钝……”这种心理状态实际上就是“忧郁”。

如上所说，当时的贵族男女在生活总体上处于稀薄、单调、无力的状态，从这一点上看，这可以说是真正“忧郁”的生活。但另一方面，当时上流社会的男女恋爱在某种意义上是不检点的、自由放肆的，本居宣长试图对这一点加以辩护。但即便那是一种形式主义的习惯方式，即便并非没有拘束，但在道德的意义上说，在有教养与身份的人那里，还是有很多人在恋爱方面是放纵行事的。和泉式部[①]的行为在当时就已经引起过物议，而《蜻蜓日记》[②]的作者则因地位高贵的丈夫的所作所为而感到无尽烦恼。这种自由和放纵，因其在哲学知性上的缺陷，并不伴随内在的道德上的烦闷、怀疑与苦恼，社会上对此也相当宽容，因而当时的“忧郁”并非来源于唯美主义与社会道德规范之间的冲突，也并非是由深刻的苦恼所产生的反抗意志与逆反情绪，即“Spleen”那样的东西。在这一点上，可以认为当时的生活感情是较为自由自在、悠然自得的。

因此，平安朝时代的“忧郁”含有一种漠然的深深的哀愁苦闷，这主要是由上述过分发达的审美文化与无力的知性文化之间奇妙的跛行性所造成的一种独特现象。最值得注意的是，平安朝时代的“忧郁”是一种被现世的、感性的、被动的、静观的乃至游戏享乐的生活感情——即广义上的满足感——所包含的根本的宿命感以及无可奈何的深深的哀愁之感。《大和物语》[③]中有这样一段话：

在无聊的日子里，这位大臣身边有俊子，有一位相当于姐姐的年

---

① 和泉式部：平安朝时代宫廷贵族女性，著有《和泉式部日记》。

②《蜻蜓日记》：平安朝日记作品，作者为藤原道纲之母。

③《大和物语》：平安朝时代的“歌物语”（以和歌为中心演绎出的物语），作者无定说。约成书于公元950至公元953年间。

轻女子，长相像母亲，很有情趣，还有一位叫作呼子的人，也是知物哀、心地优雅。四人在一起，无话不谈，谈世间的无常，谈人世的哀愁之事。大臣吟咏一首歌：

无常互诉说，
睹物思人哀如何，
尚能见君否？

听了这首歌，大家都默默无语，嘤嘤啜泣起来……

这样一种时代的生活氛围中，可以使我们在本质上理解作为审美范畴的“哀”的含义，理解“哀”的意味是如何在文学艺术的摇篮中逐渐产生和成长起来的。

十一　平安朝时代的自然感情与“哀”

以上我们对平安朝时代的生活气氛与“哀”的关系做了考察，这种生活气氛与那个时代人们对于大自然的感受与咏叹的态度也密切相关。在这个问题上，人们或是对这种自然感情加以方向上的规制，或是与之相对，由这种自然感情所决定的特殊色调形成相应的生活气氛。本居宣长在《紫文要领》和《源氏物语玉小栉》中，对“物哀”与自然感情的关系做了论述，上文也说过那是一种象征性的移情。此外，宣长还指出：“知物哀的人，目之所及、耳之所闻，心便有所感，即便是对荣枯盛衰的草木也是如此。”并且援引《源氏物语》的《松风》卷中的一段话“秋日到来，令人更加知物哀”，指出这是对季节的一种感受。想来，我国国民自然感情的特异性，以及自古以来就已形成的自然感情的发达，是一个非常饶有趣味的研究课题，对此做专门的研究当另找机会，以下只是对特定时代的自然感情谈一谈我的一点看法。

在平安时代贵族生活中培育起来的自然感情，是由人们的教养、由自古以来的文化传统（特别是来自和歌与汉诗的影响），还有种种思想上的（特别是佛教思想）的影响决定的，同时也和那个时代人们特有的生活内容密切相关，并由此形成了其基本特征。首先从外部形式上看，虽然多少有一些例外的情况，但大体上说，那是一种安静、安定的生活，生活范围也只是以京都为中心的比较狭小的地域。当然，很早就有像《土佐日记》①《伊势物语》②的作者那样较广的生活范围，后来又有很多纪行文学都涉及比较辽阔的地域，并体现出自然感情的多样性，而且在当时和歌中也特别划分出"羁旅"这一部类，编写的所谓"歌枕"③也涉及了颇为边远的区域。但是，当时大部分贵族的生活空间以及自然感情得以产生的地盘，大多还是局限在京都山水的范围内，而且朝夕面对的都是他们所起居的宫廷、私宅、别墅及庭院风景。这是完全可以想象的。

从生活内容上看，这种较为繁琐的冠、婚、丧、祭等仪式，自然会把神灵、佛教、爱恋、无常等观念，融入自然感情中。例如，京都附近的寺庙与神社的参拜，四季的节日仪式，去鸟边山等各处的野外踏游，还有《源氏物语》中常常描写的男女恋爱，都与自然美紧紧地融为一体。我认为，当时这些生活方式是由人们的自然感情所决定的，就我国特殊的风土而言，即便没有这样的特殊条件，这种自然感情也会自然而然地发达起来。人们对于大自然的审美感受性，不仅仅限于花鸟色彩、山水形态等外在的、静态的、感性的方面，而是能够敏锐地感受到由时间推移所造成的大自然极其微妙的变化，对于大自然的"时间"感觉又自然而然地将自然感情某种程度地内在化、精神化了。《徒然草》中所嘲笑的人们只知道欣赏盛开的鲜花、皎洁的满月，而不知落花残月之美，这种带有佛教意味的自然美的议论是较为晚近的事情了，但早在《源氏物语》中，自然感情如何在敏锐的季节感中表现出来则是不言而喻的了。

对于大自然的这种特别发达的感受性，必然伴随着对于大自然的

---

①《土佐日记》：平安时代日记文学，作者纪贯之，成书于公元935年之后不久。

②《伊势物语》：现存最早的"歌物语"，作者不祥，成书于公元十世纪初。

③ 歌枕：作为和歌题材的风景名胜地，或为和歌创作而编定的风景名胜集。

静观的态度，这就使得当时人们的自然感情在单纯地对大自然的享乐、玩赏之外，更含有一种形而上学的乃至神秘主义的因素，并在此基础上展开自己的自然体验。如上所说，在平安朝时代，知性文化较之审美文化要迟钝得多，特别是在哲学思考方面，我们从一般妇女在这方面都具有的弱点就可以知道，与其说她们是通过对生活本身的内在反省，即通过对人生和世界的沉思，而对“存在”产生了一种怀疑的虚无感，毋宁说是将生活感受中最深处的漠然的哀愁，直接投影到自然现象中，在眼前鲜明呈现出的不断变化的大自然中，看到了人生的无常。换言之，她们不是通过哲学的思考，而是通过对外部大自然的直观的审美观照，感悟出一种悲观主义。以下对这一点再做进一步考察。

围绕着他们的自然景物，无论是春花还是秋月，都具有无限的美。这种美与其说显示自然的无限伟大、崇高，不如说是以宁静、圆满、和谐的大和绘[①]式的优美为基调。简言之，那不是近代的风景美，而是古典的自然美。或者说，它显示的是一种较为朴素、纯粹的美。在这种美的体验中，即便没有对于明确的现象学本质上的“虚幻”“脆弱”进行理论反省，只要他们朝夕面对这种自然美，从时间上感受其推移和流动，在他们的意识中，作为体验的美的虚幻，与作为美的对象本身所具有的虚幻性，就一定会合二为一。同时，另一方面，这种自然美的流动性，由于他们生活体验的投影、由于移情的作用、最终会被视为人类存在本身的虚幻性、脆弱性的象征。在这个意义上，他们体验中的自然美，确实是将他们的审美直观与基于世界观的精神状态悄然结合的一个纽带。在《源氏物语》中，这种体验随处都得到了巧妙的表现。现在我们以《法事》卷中有关紫上的死的描写为例。紫上的死不仅对深爱他的源氏而言，即使对读者，都同样是一种美的脆

① 大和绘：日本传统绘画。

弱性的象征——

紫上已经非常消瘦了，但正因为如此，却增添了无限高尚优雅之相，容姿更为可爱。以前年幼时过分娇艳，有似春花之浓香，反而浅、显。如今但见无限清丽之相，优艳动人。似此之美而不能久留，思之令人伤心。傍晚，秋风萧瑟，紫上想看看庭前花木，坐起身来靠在矮几上。此时源氏进来了，他一看见就说道：“今天你能坐起来，太难得了！”……此时紫上吟咏了一首和歌：

秋风吹来了，
荻叶上的露水啊，
就要消散了。

源氏听罢，一边哭泣，一边唱和曰：
世间露水啊，
终归会很快消散，
先后都一般。

接着，明石皇后也吟咏道：

万物似秋露，
易逝岂止叶上霜，
人生难久长。

这一夜，紫上去世了。

我在长文中曾指出，所谓“自然感情”，就是对**自然之时间性**的非常敏锐的感觉。具体说来，假如单从无秩序、非合理的角度来看，自然现象时间上的变化就只能是单纯的兴趣对象，或者只是加强审美感兴的一种手段，这样就与作为审美感情的“哀”没有多大关系了。西方语言中有“memento mori”[①]一词，例如在古典绘画中描写青年人时，背后却似乎有死神隐隐约约地站在那里；或者在暗示人生无常的意义上，画上一个沙漏时钟等东西，这就是宗教意味上的“memento mori”的手段，但是对于平安朝时代贵族社会的内在生活而言，自然界的复杂变化，飞花落叶的无常，往往具有一种“memento mori”的意义。而在这多样复杂的变化中，也有一种恒常的秩序和法则，当我们在内心中感受到这种无限的变化与紧张关系被秩序和法则统一起来的时候，换言之，当大自然有节律的周期性的推移变化，与我们的审美体验被同时深深感受到的时候，能够反映和象征人生无常的大自然的那种机能，便能在我们的心中得到强烈的发挥。

反过来说，若在绝对的意义上，从恒常性、不变性的角度来把握大自然，那么大自然对人生无常感的切实、直接的刺激恐怕就要少得多了。当然，对于冥想的、理智的思考者而言，他会把自然的恒常性与人生的无常性加以强烈对照，并能引发无限的哀愁感，就像“年年岁岁花相似，岁岁年年人不同”，或者“国破山河在”等诗句所表现的那样。不过，这是通过思维活动在普遍意义上领悟到的人生无常的真实，并从中产生了哀愁，与我们所说的直接的无常感体验并不是一回事。这种大自然律动性的、周期性的变化所造成的“memento mori”的直接效果，就好比是神将一个巨大的沙漏时钟置于骄傲的众人面前，让人们切实感受并反省时光在人生中的流逝。

其次，大自然律动变化的节奏或者说周期长度，作为一种感情效果在心理学意义上的存在，也是我们所不能忽略的。例如对我们的现

① memento mori：拉丁语，意为“死的警告”“死亡的警示”。

实生活以节律规制、从日出到日落一天的周期，由于过短过急促，还不足以唤起我们的感情与感觉。在这样短促的周期中，我们也会在思想上意识到人生如蜉蝣般生死于旦夕之间，人生的脆弱如朝露般转瞬即逝，但若仅就这一点痛切体验而言，除非濒临死亡的病人，一般不会在朝朝夕夕之间都直接体会到生命正在一点点地被时间蚕食。相反的是，大自然的节律或周期较长，比如十年二十年或者更长时间，就能使人们更深刻鲜明地意识到人生的沧桑巨变、整个世界的流转不息，我们基于直接的、主观上的无常感就不再那样迟钝、那样麻木不仁。

就心理上的感觉而言，最容易产生“memento mori”之感情效果的自然风物变化周期，莫过于四季的推移了。不可否认的是，以一年为周期反复循环的季节感，能使我们最为切实地意识到“时光”的流逝、年龄的增长，从而也能够最强烈地促使我们对成长老衰加以反省。《大和物语》中有一段话写道：“大人魂归西天，已经一周年了，时间过得真快，月亮又从天际出来，令人更有物哀之感。”（这句话中的“一周年”指的似是死者的周年忌日。）于是吟咏一首和歌：

月亮虽隐去，
尚能复归来，
故人面影不得见。

又，《源氏物语》中的《薄云》卷写到藤壶去世时源氏悲伤地流泪，有以下一段文字：

凡是大殿上的官员，一律身穿黑色丧服，使得阳春三月黯淡无光。源氏看着这二条院的樱花，回想其当年举行花宴的情景，便自言自语地吟咏古歌中的“今岁应开墨色花”之句。

这样的例子尚有很多。而对于未来的时间的流动性的感觉，则是稍后时代的产物了。例如《东关纪行》[①]中有一段文字："……出了那家客栈，朝笠原的原野走去，见有一片名为'老曾杜'的杉树林。林中草深，覆盖朝露，前方路途如何不得知，只觉得头上移动的月亮与太阳都是那样的近，遂吟歌曰：'头上覆白霜，杉树林中老树下，葱茏野草旺。'"《伊势物语》中也有一首歌："潺潺流水声，落花飘流时，教人久久不忍去。"可见，当人们处在身强力壮的时期，年龄意识还不是那样强烈，面对自然四季的变化推移，也不会与自我生命的消长直接联系起来。不过，我国国民的生活与文化自有其独特性，无论在哪个时代，人们都面对自然、顺应自然，在与自然的紧密关联中成长起来，对四季推移变化都非常敏感。这种感觉与上述平安朝那些户外活动并不太多的宫廷贵族们的生活联系起来，便促使他们产生出一种无常感（当然同时还要考虑到佛教影响的因素）。其结果，他们的这种体验就逐渐地朝着上述的"哀"这一审美范畴发展了。

---

①《东关纪行》：日本古代纪行文学作品，记载了从京都到镰仓复又返回的经过，约成书于1242年后。作者不详。

十二 “哀”的用例研究，其意味的五个阶段

为了与我们在上文中所考察的“哀”概念内容相照应，我想有必要再对我国文学史上的“哀”的实际用例加以研究。

作为审美概念的“哀”是从我国文学，尤其是以《源氏物语》为中心的平安朝物语文学发展而来的，因而我们应该首先对相关作品中的用例加以调查，看看古人是在何种意义上使用这个词的，这本来应该是研究“哀”这一审美概念的正确顺序。不过，“哀”这个词运用非常广泛，它几乎可以用来表示一切的感情，与一切感情内容相关联。假如只对文学作品中的用例进行归纳性研究的话，那么我们除了对纷繁复杂的意味内容加以分类之外，恐怕不可能得到更多结果了。因而我们莫不如放弃这一做法，而采纳本居宣长所用的那种方法，即站在特定角度上对“哀”加以解释，并以此为出发点展开考察。当然，我们站在美学立场上对“哀”概念的考察，不能与文学作品中的具体用例产生矛盾和乖离。应谨慎指出已经被我们解释、规定、分类的“哀”概念的审美意味，在文学作品中有怎样的表现并加以检讨。

在此之前需要预先说明的是，我们在美学立场加以纯粹抽象、加以精细规定的“哀”的意味，在《源氏物语》等作品的具体使用中，未必都是明确加以体现的，当然实际上也不必做这种预先说明。因为一切美学范畴都是被理论化、纯化、尖锐化了的，即便与文艺作品中

实际表现出来的具体美相照应，也不可能将它们完全覆盖。就理论与实际的关系而言，这种情况是理所当然的。在理论上加以纯化和提取的东西，实际上往往是和其他种种要素混合在一起表现出来的。而且，一般美学概念的特点及内涵都是极其微妙，难以把握，文人和诗人只是把它们作为审美宾词加以使用，不必像真正的美学范畴那样加以严密的规定，因而不能期待这种场合中的相关用例都有助于证实我们所规定的概念。

还有一点需要注意，虽然我们在这里做词语用例的检讨，但我们的研究无论如何不是语言学而是美学的，因此对用例的检讨方法也自然应该有所不同。例如，我们发现一段文章中使用了“哀”这个词，若仅仅是对使用该词的前后语境加以把握，那还是不够的，还不能达到我们的目。原因在于“哀”这个词的含义本来就不太带感情色彩，只是从一段文章中看其含义，在逻辑上都不会看出很大的问题。因此我们需要在文章的逻辑和文法之外，从“哀”这个词所使用的实际语境本身来考察其审美内涵。总之，对我们来说，“哀”在文学上的用例不是语言学上的用例，必须从美学角度加以把握才行。

我在上文中，从一般语义中分析出了作为美学范畴的“哀”的特殊含义，又从语义分化的逻辑路径，对“哀”原本所具有的“悲哀”或“哀愁”的含义与“美”的本质相联系做了考察。现在我想再对此加以总括，对“哀”这个概念所包含的所有意味内容的发展阶段加以区分，这样就可以划分出如下五个阶段：

第一，直接表达“哀”“怜”等特殊意味的狭义的心理学含义。

第二，对这一特殊感情内容加以超越，进而用来表达一般情感体验的一般心理学上的含义。

第三，在感情感动的表达中，加入了直观和静观的知性因素，即本居宣长所说的“知物之心”和“知事之心”。心理学意义上的审美意识和审美体验的一般意味由此产生。

第四，这种业已转化的意味再次与原本的“哀愁”“怜悯”等特定情感体验的主题相结合，同时，其“静观”或“谛观”的“视野”也超出了特定对象的限制，扩大到对人生与世界之“存在”的一般意义上去，多少具有了形而上学的神秘性的宇宙感，变成了一种“世界苦”的审美体验。这样，“哀”的特殊审美内涵才得以形成。

这里我们要注意的是，上述第四个阶段的特殊审美内涵得以形成的依据，实际上主要就是对于人生与世界的一种形而上学的“精神姿态”。从实际的历史角度看，使“哀”这一特殊的审美范畴得以形成的民族与时代的特定文化语境，并没有能够让“哀”朝着有关人生观世界观的思辨性、理论性的方向发展，而只是给予直观的、感情性的自然美体验以某种微妙的影响，并使得这个概念分化出特殊的审美意味来。（这一点上文已有论及，为了论述上的方便，我们使用了“形而上学”这个词，但愿不会使人产生误解，在对“哀”的文献学上的用例加以检讨的时候，对此更有必要加以注意。）为了将第四个阶段与第五个阶段加以区分，我们把这一阶段称为“哀”特殊的审美意味的**分化**。

第五个阶段是最后一个阶段，是“哀”作为审美范畴在意义上的完成和充实的阶段。在上一阶段，它被赋予了带有“世界苦”性质的一种形而上学的“哀愁”色彩，从而具有了自己的特质并进一步分化出来。接着，它更加发展为一个审美的范畴，将优美、艳美、婉美等种种审美要素都摄取、包容、综合和统一过来，从而形成了意义上远远超出这个概念本身特殊的、浑然一体的审美内涵。

在以上的五个阶段中，第三个阶段以后的审美意味形成阶段，在实际上是难以很明确区分的，这里勉强进行上述区分，只是为了理论论述上的方便而已。

以下，我将基于这种阶段划分，对“哀”的概念在文学作品中的实际用例加以整理。

首先，关于第一阶段特殊的心理学意义上的用例，因为可以一目了然，就不必特别加以列举了，但为了严谨起见，这里只需一两个例子。《源氏物语》的《明石》卷有一段文章就属于这个阶段上的用例。其中写道：

把久久搁置起来的琴从琴盒里取出来，凄然地弹奏起来，身边的人见状，都感到很悲哀。

这里所描写的身边的人看到源氏在须磨凄然而居的样子，感到悲哀可怜。又，《贤木》卷写到藤壶出家时的情景：

连渐渐老衰的人，要出家遁世而去，也令人感到**悲哀**，何况藤壶皇后，事先并没有透露一点这样的意思，突然要出家，亲王不由得放声大哭起来。……宫中皇子们，想起昔日藤壶皇后的荣华，不由得更加感到**悲哀**。

这两个例子都属于第一阶段上的含义。

第二阶段上，即表达一般心理学意义上的感动之情的用例极多，例如《土佐日记》中有：

划船的人不知何为物之哀（物のあはれ），只管自己喝酒……

这里的“物之哀”指的是对一般意义上的事物的感动，用来形容船夫冷漠无感觉的样子。

本居宣长的“哀”概念主要是指在这个意义上的感动。在《源氏物语》中，这类用例也非常多。例如“胸中的**物之哀**无以排遣，便取过一把琴，弹奏了一首珍奇的曲子，真是一场趣味无穷的夜会”（《若菜》卷上)。

在这里,“哀”可以表现人与人之间的亲密关系以及爱、恋等情绪,其具体含义内容也非常复杂,特别是表达爱恋的时候,必须同时考虑它与第三阶段含义的联系,但无论如何,它所表达的核心感情,如狭义上的怜悯、广义上的同情,都是包含在第二阶段的“哀”之内的。本居宣长在论述“物哀”的时候,引用了藤原俊成的一首歌:“若没有恋爱,人就没有心魂,物哀从恋爱生起”,认为“若没有恋爱,就很难理解‘物哀’”。因而我们才把这个意义上的“哀”作为心理学意义上的一般感动之表达。这个意义上的“哀”在《源氏物语》等作品中出现最多,也就不足为怪了。

《徒然草》中有一段文字写道:“……问‘有人在吗’?若回答说:‘一个人也不在’,这是极其不知物哀的。有心而无情最为可怕。须知万事都有哀。”又,《源氏物语》的《贤木》卷有:“‘あはれ’(阿哇咪)就在此刻吗?于是想起了野宫的‘あはれ’(可怜)。”这句话中的第一个“あはれ”表达的是一般的感动,相当于第二阶段上的语义;第二个“あはれ”是狭义的心理学上的含义,相当于第一阶段上的语义。

“哀”第二和第三阶段含义之间的关系是极为紧密的。内容上未经特殊化的一般情感体验,在感动的方式上要与某种对象的直观相结合,方可满足一般美学意味的心理条件。因而若要将它理解为本居宣长所说的“物哀”的意思,那么在很多情况下就需要将通常的“人情”和审美意识同时包含进去,尤其是与恋爱那样的复杂感情相关联的时候,“哀”第二和第三语义实际上是很难区别开来的。不过,另一方面,若要查考第三阶段即一般美学意味的“哀”的用例,就会发现在很多情况下,它与优、丽、婉、艳这样一般的“das Schöne”内容也是几乎难以区分的。这一层面上的“哀”的用例在《源氏物语》等物语文学中出现很多,甚至令人感到“哀”全部的审美内容在第三阶段都已经道尽了。

例如,《源氏物语》的《蝴蝶》卷有一句话:“从南边的山前吹来的风,吹到跟前,花瓶中的樱花稍有凌乱。天空晴朗,彩云升起,看去是那样的哀而艳。”在《航标》卷有:“头发梳理得十分可爱,就像画中人一般的哀美。”《浮舟》卷有:“景色艳且哀,到了深夜,露水的香气传来,简直无可言喻。”《藤里叶》卷中写头中将与夕雾两人一起欣赏藤花,说了这样的话:“正当惜花送春之时,这藤花独姗姗来迟,一直开到夏天,不由令人心中生起无限之哀。”《桥姬》卷在形容琴声美妙的时候,也使用了“哀”这个宾词:“筝琴声声,听上去哀而婉美。”

总之,在这些用例中,主要都是用来形容“美”的,而几乎没有包含悲哀、忧愁等特殊感情。我们在这个意义上把“哀”看作是审美概念,但这还只是**一般意义上**的审美概念,并没有充分发展到**特殊美学意味**的阶段。

十三　作为特殊审美意味的“哀”的用例

以上划分出来的第四阶段的“哀”的意味，即特殊的审美意味，作为美的宾词与第三阶段的意味实际上是很难区别的。但若将以下用例与上述用例加以比较，自然能够看出其间的区别。

上文在讲到第一阶段的“哀”的用例的时候，曾举出了《源氏物语》的《贤木》卷描写藤壶出家的一段文字，在同一卷中还有一段描写藤壶出家后的心情：“转过年来，听到宫内传来的热闹的宴会歌舞声，颇有哀感。她一边走着，一边总是想着来世之事。”这段文字表面上只是写出家为尼后的心境，但这样的“心境”包含着对人生与自然之美的静观，因此自然具有了我们所区分的第四阶段的“哀”的意味。

在《葵上》卷中描写了葵上的葬礼，其中所出现的“哀”概念，在一些场合明显是基于第一阶段语义，即狭义的“悲哀”而使用的。但其中也包含着第四阶段的语义要素。例如：

八月二十日过后，残月当空，空中颇有哀色。大臣在归途中思念亡女，心情郁结，满面愁苦。源氏见状，愈发悲伤，遥望太空，吟咏道：

青烟升碧天
从此分天上人间

云端生哀怜

参照以上概念上的界定与说明，这里的“哀”显然属于第四阶段的语义。在很多场合下，形成第四阶段“哀”的内涵，较之狭义的“美”及“优”“丽”“艳”等诉诸感性直观的具体现象来，多数情况下是表现自然的推移变化、季节性的风物情趣以及无边无际的天空景色之类。概言之，正因为其对象轮廓不太清晰、难以切实加以把握，所以需要依靠我们的审美直观的发散性，使审美意识朝向一种神秘的宇宙感延伸。如此，上文所说的“世界苦”那样的意识就有可能与“哀”的特殊美学意味结合起来。

以上《贤木》卷的用例还没有充分表现出上述意蕴，但下面要引用的《木槿》卷[①]中的一段文字，可以将“哀”的这个阶段的语义更清楚地呈现出来。这是源氏对别人说的一段话，甚有美学意味。

随着时序推移，人心也在变化。比起鲜花盛开、红叶绚烂的时节，冬夜那皎洁的月光映照地上的白雪，天空呈现一种奇怪的透明色，更能沁入身心，令人想起天外的世界。这种情趣、这种哀美是无与伦比的。说这种景色“可怕”，那是一种肤浅之见。

最后一句话，似乎是针对清少纳言的《枕草子》中“最可怕的是老女人在腊月的月夜化妆”这句话而言的。其实，腊月寒空的洁白月光映照在化妆的老女人脸上也有一种美感，这是把月亮作为特定的审美对象所体验到的清冷月光所具有的美感。相比于清少纳言的感性的审美态度，源氏那段话中所表现出的审美的静观态度则要深刻得多。

与此相似的“哀”的用法还有《源氏物语》的《总角》卷的

---

① 《木槿》卷，一作《朝颜》即“牵牛花”，《源氏物语》第二十卷。

一段：

此日天空阴沉，飞雪蔽空。中纳言终日怅惘沉思。不被喜爱的腊月的月亮出来了，人们卷帘遥望。靠在枕头上，聆听山寺中传来的钟声，宣告“今日已过”，即咏歌一首：

此生太无常。
此世不可住，
欲随月亮下西土。

这段话中并没有使用“哀”这个词，但从整体上所表达的还是第四阶段的“哀”的意味。

源氏所说的寒冬的月亮“沁入身心”的感觉，后世俳人几董有一首俳谐：“寒冬的枯树林，月光渗透骨髓。”松尾芭蕉《鹿岛纪行》也有如下一段文字使用了“哀”：“……达到鹿岛，听说山脚下根本寺前有一和尚，离群索居在此，于是寻去。和尚诵经，发人深思，心情仿佛为之清净。东方破晓，和尚叫醒了我们，人们也都起身。月光、雨声，此情此景，令哀感充满胸中，无可言喻。”

歌人西行对此种“哀”也甚有体验，并有鲜明生动的描写，那首《鸟立泽》就对“哀”的含义做了很好的表现。此外他还有一些和歌，如“秋日山村中，风摇树梢动，枝枝含物哀”（《山家集》）、“山间风雨骤，暮雨催人哀”（《新古今集》）等句中的“哀”都是这个意思。这些作品并非像藤原俊成的和歌那样由恋爱描写而表现“物哀”，而是由自然风物而感知“哀”，这就要求达到另一个高度，即对于人生与世界有深深的谛观之心。源信明在《后撰集》中有一首歌云：“知物哀者有慧眼，月夜与花同时观。”据说歌人今川了俊在读了藤原为秀的歌“愿得知物哀（あはれ知る）者作知音，独在秋夜听雨声”之后，深受感动，而做了为秀的弟子。

上述“哀”的第三阶段意味与这里所说的第四阶段意味，在审美内容上既有关联，也有区别。为了说明这个问题，以下列举四首和歌，加以比较后会有更加明确的认识：

比起颜色来，
香味更可哀，
何人衣袖触庭梅。

（《新古今集》，作者佚名）

一见梅花即可哀，
色与香相宜，
折取一枝来。

（《古今集》，作者：素性法师）

秋风送秋色，
沁人心脾
令人生哀。

（《词花集》，作者：和泉式部）

黄昏秋风起，
胡枝子花飘下来，
人人观之知物哀（あはれ知れ）。

（《山家集》，作者：西行）

从以上四首和歌中，恐怕谁都可以看出，前面两首的“あはれ”只是指一般意义上的感性之美而言，后两首则是指特殊意义上的美。

以上列举的例子，是在我所能了解的范围内，对比较明显地表现出“哀”第四阶段含义的相关例子做了选择性的列举。此外还有一些例子不好明确分类，但也基本上属于此类。例如，在《源氏物语》中，写熏大将对死于宇治的大君念念不忘，终日郁郁寡欢，有一天睡前，不经意地走到名叫按察君的侍女房间过了一夜，凌晨很早就起床了，按察君很生气地赋了一首和歌，熏大将以一首歌答曰：“关川水面看似浅，实则有深渊，水流永不断。”然后打开窗户对她说道：“其实我是要你起来看看这天空景色，有如此美景，怎么可以不看呢？我并不是要模仿风流人物，只是因为近来总是失眠，倍感长夜难晓，思量今世后世，更觉天空充满哀感。”（《宿木》卷）在这里，把诱人的拂晓天空景色说成是“哀”，指的也是一种特别的美。

鸭长明在《无名抄》中谈到“幽玄体”的和歌时，以秋日天空景色作比，写道：“例如秋季傍晚的天空，无声无息，不知何故你会若有所思，不由得潸然泪下。”这里诱发潸然泪下之情绪的便是“哀”的秋空吧。

同样地，《源氏物语》的《铃虫》卷写了源氏的一句话：“夜晚赏月，总是充满物哀之情，今宵月色清新，令人有置身世外之感，万千思绪涌上心头……”这句话中似乎有白乐天的著名诗句“三五夜中新月色，二千里外古人心”的痕迹。（上文引用的《木槿》卷关于冬夜的那句话，也令人想起白乐天的这首诗。）这里所谓“有置身世外之感”，也许主要是指日本国土之外的意思，但从此句上来看，在对秋月“哀”之美的深切感怀中，显然包含了一种悠久性、无限性的体验。无论白乐天那首诗的意味如何，在源氏对月夜的“哀”的体验中，在熏大将所说的“思量今世后世，更觉天空充满哀感”那句话中，可以说都包含了自身仿佛“置身世外”的体验。

以上有关天空之“哀”的用例，《源氏物语》中还有许多。如：

“太空景色实在可哀，霞光映照在每个熟悉的人脸上……”（《做

蕨》卷）

“可哀的黄昏，很是潮湿，水汽很重，宰相看着熙熙攘攘的人群。”（《藤里叶》卷）

“到了秋天，空中景色令人哀。”（《手习》卷）

“黄昏的风声令人哀，并教人思绪绵绵。”（同上）

“山间的秋天，夜阑更深，使人产生思绪万千，不胜其哀。”（同上）

《源氏物语》之外也有不少这样的例子，不妨略加引用。例如：

“月光清泠，浮云静静地并不飘动，皇后更有物哀之思，取过琴，信手弹拨起来。”（《滨松中纳言物语》）

“……已经是秋天的景色了，更呈现出哀之色，千草之花绚烂开放，万紫千红，使人深有哀感。”（同上）

“想如此度过这一夜。推开窗户，但见天空月亮西斜，云气霭然，旷远无极，钟声响，鸟啼鸣，不由使人想到此等景色，将来可有否？衣袖上都染上了哀色，遂吟歌：见此弯月者不唯我，残月不常有，使人生哀感。”（《和泉式部日记》）

“看上去黑云蔽月，要下雨的样子，似乎是老天故意制造出哀的样子来吧，本来纷乱的心情便更为惆怅了。”（同上）

上文引用了西行的和歌，他在《山家集》中还有“清澈月光下，虫声枯哑，原野荒草平添哀色”“花朵上的露珠，映照着枯野的月亮，哀美哉”“踏上旅程时，回首望都城，月光催人哀”“都城之月，催人哀，更增无限寂寥”等和歌。不论在都城赏玩的月光之美，还是普通意义上的美，当在旅途漂泊中感受到月光沁入灵魂深处时，我认为已经很接近第四阶段的“あはれ”之美了。同样地，在《山家集》中还有一首和歌，题记是“参拜途中，月亮更红，令人倍感哀美”，歌曰：“结伴旅途中，月亮时隐时现，何其哀哉！”所表现的是西行投身大自然的怀抱流浪漂泊，灵魂与空中之月结伴而行的感受。

十四　关于情趣象征问题

以上列举分析了"哀"第四阶段上的用例，下面我们有必要再谈一下有关"哀"的"情趣象征"（或称"气氛象征"）问题。

把"哀"作为一种气氛情趣来看的话，以上引述的许多用例可以说明，其主观情调是象征性地投影于自然现象的。利普斯和福凯特把这种情况称为"情趣象征的感情移入"，或者简言之就是"象征的移情"，对此学习美学的人都是很熟悉的了。即便不使用这样的术语，我国的本居宣长也曾站在主观主义的立场上谈到这个问题。在《源氏物语玉小栉》中，他写道："心有所思的时候，就会觉得空中景色、花草树木都变得若有所思。"并举例加以说明。在《紫文要领》中，他写道："所谓四季景物、草木虫鱼都'知物哀'……是说随着心情的变化，对同一事物的感觉也有变化。悲伤时所见所闻都是悲伤，开心时所见所闻都有趣，若是无心，对所见所闻之事物，也就没有悲伤或开心的色彩了。虽是同一个人，其心情也是在不断变化的。"

倘若将美学建立在心理学的基础上，把"哀"的问题单纯地作为一个主观心理问题来解释的话，我们所说的第四阶段"哀"的特殊意味，也就必须从"情趣象征"的角度加以说明。这是关乎美学本身的根本立场问题，因而我们不能赞同仅仅从主观心理角度对特殊的审美价值做出说明，我们也不满足于上述的本居宣长式的解释。不过，在这里，我们还是有必要把“哀”的问题特别孤立出来加以考察，对其“情趣象征”做进一步细致的分析。天空之色、草木虫鱼之景如何能够引发“哀”之情？其中有怎样的心理过程？依我之见，有必要至少将三个相互关联的因素加以区别。

第一是生理学—心理学的因素。主要是反映—刺激之间的关系。就是一定的自然现象通过我们的感觉器官，在与我们进行精神交流的第一阶段上，引发各种各样的感性的刺激，即色、音、香、温度、触觉及有机感觉等，并直接造成我们主观感情上的反应。其强度和性质极其复杂多样，且反映极其直接，我们对其反映过程并不能一一产生明确认识，而是直接与对象化的直觉融为一体，这就形成了所谓“情趣象征”的构成因素。比如我们面对蔚蓝的天空或灰蒙蒙的天空，其视觉刺激会直接作用于我们的情绪。尤其是在色彩感和音质感的场合，都有联想之类的高级、复杂的精神因素的参与。这种直接反应的因素往往不太显著，但在空气的触感、温度感及季节感方面，表现得较为明显。萧瑟的秋风、凉爽的晚风在身体上的反应，是产生“哀”之审美感兴的不可缺的辅助条件。歌人西行站在鸟立泽的时候，秋日黄昏空气的凉爽感，作为一种无意识的生理与心理的因素，一定会作用于他的主观心理。上文所引和泉式部的日记中的“心乱如麻，更觉得寒意袭人”一句便能说明这一点。当然，我们并不认为克劳斯①所谓生理与心理的一般感觉可以直接生发审美感情这一说法是正确的，但是，倘若像利普斯那样，站在与克劳斯相反的立场上，认为这种心理和生理的因素无论在何种意义上都与审美意识无关，那就未免走向极端了。

第二个因素是纯粹心理学的，可以简单表述为“移情作用”。但

---

① 克劳斯（1861—1946），德国美学家、哲学家，主张从生理生物学立场解释美与美感。著作有《动物的游戏》《人类的游戏》等。

这种“移情作用”并非利普斯所说的那种严格意义上的“移情”，一般包括知觉与感情的融合，也包括广义上的联想。正像宣长所说的“悲伤时所见所闻都悲伤”，是从极其多样的自然现象的知觉中，在悲伤时融入悲伤的感情，就是对天色、草木之色特别留心并加以选择，使之与心情加以调和而产生的一种慰藉和满足。移情美学主张：我们感情本身的作用，就是将自身加以客观化，而当对象是与我们同样的人类时，叫做“本来的感情移入”；而对象是非人的自然物时，可以称为“象征的感情移入”。对“移情说”所持的这种观点，前一种场合我们完全没有疑问，对后一种即“情趣象征”，我们难免还存有种种疑问。

所谓“象征的”，正如字面所示，是主题与客体之间不单单有“有情物”与“非情物”的区别，在另外种种方面也都有着本质的不同，我们首先感到怀疑的是，人与人之间的感情移入作用，到底能否在人与非人之间发生并且放大？这一点我们暂且先不问，只从上述的“哀”第四阶段的意味来看，我们所面对的对象，是外在轮廓上并不分明的自然现象及整体上的感受。面对整体上千差万别、多种多样的对象，我们靠的不是知性的辨别力和感觉力，而是即时的直观作用本身，而在这种情况下，单靠感情作用如何能够将一定的氛围加以客观化呢？宣长固然说过，悲伤的时候看什么都感觉是悲伤的，但这也只是笼统的议论，实际上在我们对大自然的感情体验中，我们对于对象物的**客观性**往往是很无视的。因此，即便我们姑且对“本来的感情移入”说完全予以承认，也不会承认“象征的感情移入”仅仅靠单纯的感情移入即可加以说明，我们会在感情移入之外再暗暗寻求其他的原理与解释。特别是像东洋人这样有着发达的自然美意识的人群而言，对于自然的微妙的体验，仅仅以此是不能得到彻底解释的。

接下来，我们再来考察第三个因素，我们权且称之为“直观的因素”，这又与“联想”的问题有关。

在历来的心理美学中，否定感情移入之特殊作用的人，通常又把移情还原为“联想”作用。如果将“联想”与我们所说的“哀”的第四阶段意味相对应的话，可以看出所谓“联想”，其实就是遥望秋日空中景色，将其光与色联想为心怀惆怅的人的目光与脸色，将哀愁的感情与秋空景色的知觉联系起来。但是，在我看来，与声音、颜色等单纯的感觉性的感情表现一样，在直接反省的立场上看，我们的体验正如冯·阿莱修[①]等人所主张的那样，在循序上恰恰是颠倒的。也就是说，我们看到某种色彩，并不是依靠联想而与某种感情联系起来，毋宁说是相反，是从某种色彩中直接“观照”某种感情。换言之，我们是将以某种感情表现出的某种“本质”，在所面对的自然色彩中加以“直观”，由此我们的联想才得以成立。

对此我们不妨以阿莱修曾举出的“火”为例加以说明。比如我们看到红色，首先想到的是“火”，我们并不是从红色中先看到热烈（feurig）的感情与气氛，在顺序上毋宁说是相反的。在这种情况下，即便使用从“火”这个词中导出的“热烈”一词来表示特定的感情本质，也不能拘泥于词语本身。世界上含有“das Feurige”本质的，很多都是属于完全不同范畴的事物，红色是其中之一。其他事物，比如狂奔的野马、声调激越的演说、强烈的意志等，也都是“热烈”的，而“火”这种对象只是其中之一。在这众多的事物中，将某种本质最完全地加以表现，换言之就是在所有方面，在色彩方面、热度方面、动作方式方面，表现最为全面丰富的，就是“火”这一对象了。相比之下，其他带有红色的东西，都不过是在某一方面含有这一本质。然而，这种情况下一面性和多面性的不同，并不能说明问题的本质。关键的一点是，这个“本质”无论是一面的还是多面的，都可以包含于完全不同的另外的对象中。我们不妨把这一本质称为“das Feurige”。

---

① 当是指 Gustav Johannes von Allesch（1882—1967）。

要言之，以联想为媒介对这个"本质"进行直观，并不意味着要依赖联想作用才能把握这个"本质"（对本质的命名属于另外一个问题）。

可以将上述理论套用于"哀"的理解，比如我们仰望秋天黄昏的天空，在那里谛观可以用"哀"来表示的一种"本质"。为了明确这种特殊的本质是什么，我在这里特别将广义上的"哀"的概念与第四阶段"哀"的意味相区别。第四阶段"哀"的意味，如上所述，是一种基于深度和广度的宇宙感所产生的美，对秋日黄昏天空的观照，就是在这种意义上对"哀"本质的把握。即便可以由此联想到人间愁苦的颜色，那也只是偶然的附带现象，对这种场合的审美意识而言恐怕没有多大意义。我认为，无论对这种"联想"所具有的审美意义做何评价，倘若不把上述"本质"直观置于"联想"之上、置于单纯的感情移入之上去考虑的话，那么对"自然的情趣象征"——也包括对"哀"——是绝对不可能充分加以理解的。

十五　审美范畴“哀”的完成

将“哀”第四阶段的意味分化出来，就使得它成为一个特殊的审美范畴，这具有重要的意义。要使这个新范畴的特殊审美内容更为充实并加以完成，还有待于进一步与优美、艳美等狭义的“美”进一步融合，而发展到第五阶段。不过，第四与第五阶段的区别实际上只是特殊审美情感的色调之差，在实际的使用中，要将两者明确加以区别是很困难的。不仅如此，根据观察角度的不同，也可以把第五阶段的意味看作是第三、第四阶段综合发展的结果。在一些较为含糊的用例中，不仅是第四与第五阶段的意味之间，就连第三与第五阶段的意味之间也往往没有明确区别。以下，我们只能置实际上的这些困难于不顾，将大体上属于第五阶段的用列举出若干，以此来完成我对“哀”这一审美范畴的研究。

虽然并没有使用“哀”这个词，但在审美体验的内容上看相当于“哀”第五阶段的例子，可以举出纪友则[①]的《春光和煦》。这首和歌给我们的感觉是在温暖美丽的融融春光中，含有一种不可言喻的淡淡愁绪，朝着一种类似于“Kosmisches Gefühl”[②]的方向展开。当然，从

---

① 纪友则：生卒年不详，平安朝前期歌人，《古今和歌集》编纂者之一。

② Kosmisches Gefühl：德语，意思是“宇宙意识，宇宙感”。

程度上看，这首歌中"哀"第四阶段的要素含量并不多。另一首脍炙人口的和歌是能因法师[①]的"山寺的春天，傍晚的钟声中，花瓣飘落"，哀愁的气氛较为浓厚。（至于诸如这首歌在手法上是否生硬之类艺术价值问题，在此不论。）以上歌例中所把握、所表现的美大体接近于第五阶段的审美意味，但它们没有直接使用"哀"一词，还不能看作是"哀"概念的用例。

我在上文中谈到"哀"第一阶段的用例的时候，引用了《源氏物语》中描写藤壶出家的一段文字，在谈到第四阶段的用例时，又引用了《贤木》卷中描写藤壶出家后"物哀"心情的一段文字，在此，我还想再举出《薄云》卷描写藤壶去世时的一段文字，多少可以表现"哀"第五阶段的审美意味。当然，从文字表面看，作者描写的是源氏在藤壶死去时的悲伤情状，但其中的"哀"之美，我们可以通过想象而感受到。作者写道：

……在诵经堂中待了一整天，哭了一整天。美丽的夕阳照进来，山巅上的树梢清晰可见，山顶上飘浮着一抹薄云，呈灰蒙色，令人格外有物哀之思。

又，《须磨》卷写源氏被流放到须磨前，去亡妻葵上的府上告别时，有下面一段话：

破晓时分，天色尚暗，源氏起身准备返回。此时残月当户，景色清幽，庭中樱花已过盛期，而枝头犹有残红，凄美可爱。薄雾迷蒙，与朝霞融为一片，较之秋夜，更有哀之美。

---

① 能因法师：俗名橘永恺，生于公元988年，平安朝中期僧侣、歌人。

这里表现的是身处逆境时，面对晚春之花所产生的“哀”之美。

《源氏物语》中的女主人公紫上，是春花一般美丽的女性，她自己也特别喜爱春天，但不幸青春罹病，在感到自己死期将至的时候，为完成夙愿而去做《法华经》供养，此时有一段文字，我认为很接近“哀”第五阶段的审美意味——

僧众彻夜诵经，诵经声与鼓乐声相应和，不绝于耳，饶有佳趣。天色渐见明亮，朝霞中种种花草显露出来，香气四溢，春意沁人心脾。百鸟鸣啭，声声不亚于笛音，物哀之情、美妙之景，于斯至极。此时《陵王》之曲奏起，曲终声调转急，听之华美非常。人们从身上脱下衣袍赏赐舞乐者，场面热闹无比。……不问身份高下，无不兴致勃勃。紫上观此情景，自念余命无多，不禁悲从中来，但觉万事可哀。

在《源氏物语》最后一卷，写宇治中君与熏大将一同追忆大姬之死，有一段文字：

庭院前有几株红梅，色香俱佳，招人怜爱。黄莺也不忍从树间飞过，啼鸣不止。此情此景，加之两人一起抒发“春犹昔日春”的慨叹，更显哀之美。

这两段中的“哀”都是同样的含义。

清少纳言在《枕草子》中写道：

秋天是黄昏最美。夕阳照耀，山显得更近了，鸟儿返巢，三四只、两三只地飞过，平添哀之美。

又有：

山顶上，日头欲坠未坠，阳光艳丽，看上去红彤彤的，发出淡黄色的云彩飘浮着，尤显哀美。

这里的“哀”内容看起来单纯，但从所表现的审美性格上来看，是很接近第五阶段“哀”之含义的。

和歌中的例子，也可以举出若干。例如。永仁五年①的“歌合”中，有一首歌：“夕阳映照下，浮世有哀色，黄昏钟声鸣。”这里的“哀”似乎很接近第四阶段上的意味，但考虑到它写的是暮春黄昏给人的感受，也不妨看作具有第五阶段的语义。又，《武家歌合》中有一首歌：“樱花盛开色香浓，月光朦胧中，夜来更显哀。”看上去这里表现的只是优美、艳丽等第三阶段上的语义，但多少也有第五阶段的意味。

以下再举出近世文学中的一些例子。在松尾芭蕉的俳谐中，有一首付句是“蝴蝶茫然飞舞，尤为可哀”。此句收入《瓢》中的《歌仙花见》卷中，是对“千部花盛一身田”（作者珍硕）、“顺礼死后，道上起阳炎”（作者曲水）的附和之句。前句写的是顺礼的死，付句中的“哀”应该与之有关，但由于是俳谐，前后句之间未必具有逻辑上的紧密关系。如此看来，这里的“哀”已经超出了特殊的心理意味，而具有了第三、第四阶段的意味，并且接近第五阶段的意味了。顺便说一下，各务虎雄氏在《俳文学杂记》中对芭蕉的这首付句做了如下感想，他写道：“此句中的‘茫然’古来就有很多解释，解释不同对整句的理解就有所不同。我读此句的时候，感受到的是阳春四月的寂寥感。那蝴蝶既不是放心地去追逐花色与花香，而是任凭时有时无

① 永仁五年：公元1297年。

的风儿吹拂，在漫长的春日中无目的地飞荡，这就是它的‘可哀’之处。……我读此句，感到的是在现实的深处隐藏的对各种各样梦想的无望的追寻，心中不免有寂寥空虚之感。”西洋的浪漫主义文学中有不少作品以蝴蝶作为人的灵魂的象征，芭蕉的付句当然没有这样的象征性，但考虑到前句写的是顺礼其人的死，从芭蕉的心情而言，也不免使人感到这蝴蝶中仿佛也寄寓着一个迷茫的魂灵。同时，它也是春意融融的天地之间令人动容的“哀”的一个象征。

以上，我对“哀”概念的各种用例做了考察。结束这个考察的时候，全书也该结束了。要而言之，我要说明：本居宣长将“物哀”作为《源氏物语》全书的眼目，视为作者基本情感的表达，但我认为，他所理解的“哀”的概念还主要是心理学上的意味，可以将此作为理解以《源氏物语》为代表的平安朝文学的一把钥匙，但这把钥匙所能打开的，与其说是这些文学作品的审美内涵，不如说是主观性的素材方面的问题，因而我将宣长的解释进一步向美学方面引申发展，将“哀”的审美意味分为五个阶段，而将“哀”第五阶段的审美意味，即作为一个特殊审美范畴的“哀”，视为平安朝文学的一般基调，认为这种美在《源氏物语》中得到了最充分的发挥和表现。

最后我还想指出的是，我在上文中对“哀”的特殊美学意味的阐释，指的是其本质的、核心的性格。要问“哀”中是否还应该包含更多的意味内容，那么应该说，上述的解释是很难将所有的意味内容都囊括其中的。在我看来，即便“哀”这一概念中还包含着另外种种意味内容，例如静谧之美、朦胧之美等等，但这些恐怕都不是作为一个独特审美范畴的“哀”的本质属性，而是其他审美范畴，例如“幽玄”“寂”等所具有的属性。我在研究“幽玄”这一概念的时候，曾试图尽可能广地将所有意味内容都指出来，鉴于它作为一个审美概念在具体使用中具有明显的两义性，为了将它们统一起来，便把这个概念所包含的所有审美因素都加以大体考察。当然，实际上，作为一个审美对象，它可能既是“幽玄”的，也是“物哀”的，也是“寂”（さび）或“侘”（わび）的，各种审美因素的重叠毋宁说是一种普遍现象。但当把它们作为“范畴”来考察的时候，就不能使其相互混同，应该找出它们各自本质的属性来。我在本书的考察中所遵循的正是这样一个原则。

『寂』论①

① 原题为“『風雅論（「さび」の研究）』”，关于题名作者在前言中有所解释，鉴于全书所研究的核心词是“寂”（さび），故直接译为“寂”论。

前　言

本书是去年六月[①]出版的拙著《幽玄与物哀》的姊妹篇，试图从美学的立场上，对另一个重要概念“寂”加以考察。题名为《风雅论》，是因为“风雅”这个概念，可以从广义与狭义上做种种理解，而在芭蕉及其门人的那里，“风雅”几乎就是“俳谐”的同义词，我们尊重这一习惯表达，将“风雅”作为“寂”这一审美范畴的特殊的艺术背景，并主要在俳谐领域中研究这个问题，因而便以“风雅论”作为题名。实际上，对俳谐加以美学的考察，构成了本书的主要内容，只要从这个意义上加以理解，那么这个书名可能不至于招致“挂羊头卖狗肉”之讥吧。当然，关于“寂”的艺术背景，除了俳谐之外，还应该考虑到茶道这样的艺术。本书在行文中，也对茶道这一背景随时加以涉及。然而，无论是俳谐还是茶道，本书作者都是一个门外汉，只不过是为了对“寂”这一概念做美学上的考察，而不知深浅地踏入“风雅”的世界而已。

“寂”的问题的研究，也和“幽玄”“物哀”的研究一样，著者原本要把研究的重心，放在美学体系的构建方面，但本书的内容又是将“寂”权且作为一个单独的问题来研究的，因此关于美学体系性的

---

① 去年六月：指 1940 年 6 月。

构建问题，起码在表面上看，还是受到了一些局限。关于这方面的不足，我打算等待今后以另外的形式加以弥补。而另一方面，在研究的材料上，因种种原因需要具体翔实，因而对原始资料的引用可能稍嫌繁琐些。但我想读者应该会有适当的方法对此加以忽略，于是就任其繁琐，不加删削。

总之，本书固然有种种缺陷，但以本书这样的立场与方法对相关问题所做的研究，一直以来付之阙如，因而本书期望能对今后相关问题的研究有所启发，为此，著者在战时这种非常状态下将本书公之于众，但愿不会受到指责。

昭和十五年四月，著者识

一 序 论

与“幽玄”“物哀”等概念一样，“寂”（さび）这个词显然也是一个审美概念或美的形态。毋庸置疑的是，这种特殊形态的美，在我们日本国民的某个时代，或在某种艺术样式、某种艺术的生活方式中，例如俳谐[①]、茶道等之类的所谓“风雅之道”中表现出来。有时候它不仅仅作为一种理念，而且在艺术与生活当中被某种程度上地具体化，在享受艺术生活的国民的审美体验中，被把握、被欣赏。而且，这种特殊的艺术生活中所包含的某种民众性，以及某一时代特别流行与发达的文化潮流，都使得人们对于这种美的感受性与趣味性得以普及。这一事实恐怕也是众所公认的。另一方面，“寂”这个概念所表示的特殊形态的美，也天然地与日本及东洋的民族趣味相投合，对于这种特殊之美的感受乃至欣赏趣味，造就了我国国民审美意识的重要方面，这一事实也是确凿无疑的。

---

① 俳谐（はいかい）：原文为汉语词，指谐谑取笑的言辞。在日语中，作为一个重要的文体概念，指：一、“俳谐歌”的略称，即带有滑稽谐谑意味的和歌；二、“俳谐连歌”（又称“连句”）的略称，指具有滑稽、通俗趣味的连歌；三、日本近世（江户时代）以降，是发句（连歌中的首句，有“五七五”共十七个音节，近代以后称为“俳句”）和“连句”的总称。在本书中，“俳谐”主要是指俳句，有时也指俳谐连歌（连句）。不少情况下，作者将“俳句”与“俳谐”二词并用或混用。

不仅如此，据我所知，对于“寂”这一审美概念的理论的探讨，较之对“幽玄”“物哀”等其他审美概念的理论探讨则要贫乏得多。即使说以前从未有过这一类的尝试，也不过分。另一方面，日本传统的审美概念都表示着极度不合理的内容，而一直以来在日本并没有所谓“美学的研究”这样的学问。因而，对“寂”的特别的考察和研究从来没有出现过，就没有什么奇怪的了。对于“幽玄”“物哀”等概念的研究尽管也嫌贫乏，但毕竟在中世时代的歌学书、近世的本居宣长等人的著作当中，都作过某种程度的美学意义上的考察。在俳谐方面，“寂”作为一种“艺术”中的根本问题，以蕉门[①]的各务支考等人为中心,很多俳人[②]在其俳论[③]中都有过种种议论。然而在众多的俳论当中，对“蕉风俳谐”的“寂”只是在理念的意义上加以强调，直接对其特殊的审美内涵加以理论反省和讨论的却非常稀见。除了那些模棱两可的只言片语之外，几乎没有什么有价值的东西。

这种情况的产生，有其种种必然的和偶然的原因。在我看来，其中主要的原因，大概是基于以下的缘由：“寂”这个概念，在芭蕉及其门人作为俳谐的审美理念加以强调时，赋予了太多高深、广泛、复杂的内容，其中的奥妙真谛，除了芭蕉这样的登堂入奥的人之外，毕竟是很难把握的，也可以说是完全不可言说的。不过，如果把“寂”单纯地限定在“闲寂”这个意义上的话，这倒是非常简单明了，但那样一来，除了这个字本身的意味之外，并没有其他意味了。于是，“寂”这个词，就在明与暗两极之间摇摆不定。一方面，意思非常明了，以至于无需加以任何积极的说明；另一方面，它又是极不明了的，以至于在单纯的、消极的否定说明之外，不需要再加什么积极的

① 蕉门：指江户时代以松尾芭蕉为中心、由芭蕉弟子及追随者形成的俳谐流派，其风格被称为“蕉风”，是俳谐的“正风”和主流。

② 俳人：从事俳谐（俳句）创作的人。

③ 俳论：对俳谐或俳句所做的鉴赏与评论，成书者又称“俳论书”。

解释。连写了很多俳论书、在这个问题上极尽饶舌的各务支考那样的人，尽管频频使用“寂”这个词，却对其本身的内容几乎不加任何说明和分析。而向井去来也在他的《花实集》中说过这样的话：“像‘寂’、‘位’（くらい）、‘细柔’（ほそみ）[①]、‘枝折’（しをり）[②]这样的词，是用言语笔头难以说清的。”他只是举出了他的老师芭蕉对相关俳句加以品评的例子。（在《去来抄》中，他也说过类似的话：“总之，‘寂’‘位’‘细柔’‘枝折’等，只能以心传心。”）

到了现代，与“幽玄”“物哀”等概念同时，“寂”这个概念也常被日本文学研究者提出来，并加以解释和讨论。对这些解释和讨论加以概观就会发现，在很多场合下，“寂”“幽玄”“物哀”这些概念，是被过分紧密地在某种语境中结合在一起，毋宁说人们都在寻求和阐明这些概念共通的审美本质。例如，在谈到这些概念的时候，人们往往解释为，这是同一审美本质的三个侧面的历史显现；或者又解释为，“寂”的概念是中世时代的“幽玄”概念在近世俳谐中的演变。当然，我并不认为这种看法是错误的。从文学史和精神史的立场上看，我们不能满足于把历史的现象仅仅作个别的孤立的解释，而是要尽可能从民族的精神本质的不同表现这一角度加以考察，并确认它的统一性，这也是理论研究的必然要求。特别是最近在精神史和思想史研究方面，以西洋的精神与思想为参照，更倾向于强调东洋的或者日本的特性，这是当下时代流行的学术思潮。在这种背景下，仅仅对我国国民的审美意识和艺术思想中的个别的、孤立的现象与问题加以研究，往往不能充分满足这一要求，于是便急切地寻求贯穿于所有个别现象中的所谓“日本的”统一性原理。这种做法，倒也是可以理解的。

---

① 细柔：俳论的重要概念之一，日文写作“ほそみ”或“細み”。

② 枝折：俳论的重要概念之一，日文假名写作“しをり”或“しほり”或“しおり”。蕉风俳谐的审美理念之一，指一种如柔枝一般的委曲婉转的风格。

对“幽玄”“物哀”“寂”等诸概念进行研究的时候，比起对这些概念所包含的种种审美的本质特性一一加以考察研究，较为便利的还是把它们作为一个混合体，把这些日本式的审美范畴作为一个统一的问题加以处理，在美和艺术领域中阐发所谓“日本的”东西，以弘扬所谓“日本精神”。然而，从另一个方面来看，存在于美与艺术当中的“日本的东西”的重要特性之一，就是它所包含的一种深刻的精神性，这一点恐怕是任何人都不能怀疑的。我们在这里无法对这种精神性详加探讨，但可以说，这个意义上的精神性的深度，并非只限于美和艺术领域，它与道德、与宗教也有着深刻的关系，而其真正的源头毋宁说本来就发端于非审美的、超艺术的领域。在我国，之所以能够把各种艺术从单纯的“术”发展到“道”的境界，无疑都有赖于这一精神源泉。而要对这个意义上的精神性的特色，作为“日本的东西”加以强调的话，就如同把和歌、俳谐、绘画等其他各种艺术领域都在终极上归结于精神性的“道”一样。这样一来，所谓“幽玄”“物哀”“寂”等从各种艺术的母胎乃至根基上各自发展起来并形成的特殊的审美范畴，便被抹掉了各自的特色，而被统一到一个共通的“日本式”的审美意识或趣味本质上去了。在此我想起了本书中多次引用的芭蕉的《笈之小文》中的一段有名的文字，他说：

百骸九窍之中有物，姑且自名为风罗坊。风罗者，因其柔弱，仿佛风吹即破的薄衣一般。此人好狂句已久，以此伴其终生。……到头来无能无艺，身无长物，只此俳谐一事而已。

西行之于和歌，宗祇之于连歌，雪舟之于绘画，利休之于茶道，虽各有所能，其贯道者，一也。(《日本俳书大系·芭蕉一代集》)

然而，在我看来，无论如何，精神史或精神哲学的立场，仅是对日本人的审美意识与艺术现象进行考察时的一种视角，若以此直接来满足美学之“学”的要求是极不恰当的。从美学的立场上来看，最为重要的是，在做这种统括性的观察研究之前，必须首先对具体个别的问题、具体个别的现象，分别进行本质的、充分的探讨。“幽玄”是“幽玄”，“物哀”是“物哀”，“寂”是“寂”，有必要将它们作为审美概念、分别进行具体的解释与阐发。如果对这些审美范畴一并进行统一的考察的话（当然，从美学上看，最终还是要进行这方面的研究），重要的不仅仅是把它们相互结合、统一起来，而是要把它们在一个统一性的原理之下加以分化。换言之，要对“幽玄”“物哀”“寂”这样的概念进行分门别类的美的本质的探究，也就是要从美学理论的统一根据中，加以体系性的分化，以便使它们各自的特殊性得到根本性的理论上的说明。因此，对于美学来说，所谓“日本”的特色本身完全不是问题，“日本的”或者“西洋的”这样一种说法不过是在陈述各自的历史的问题而已。“日本美学”这样的提法，也只是一种特定意义上的词汇，归根到底，不能构成一种理论上的概念。

在这个意义上，对“寂”这个概念加以美学上的研究，与我对“物哀”和“幽玄”等概念的考察研究，在方法上并没有根本不同。但是，具体来说，由于围绕着这些具体概念的历史背景各不相同，所以在研究中，还要根据具体情况和必要，采用适合其研究对象的恰当方法。在“寂”的考察当中，我们的基本出发点，首先应该是具体探讨该词在日常使用时的意味，即作为一般用语的所具有的涵义。当然，这只是一个单纯的手段顺序问题。其次，我本人作为一个俳谐门外汉，应该要把该概念在俳谐等特殊艺术领域中的使用情况、它的特殊内涵及具体用例，作为研究的直接材料，从众多的俳论书当中尽可能地加以全面搜集，同时还要对相关用例的特殊意味和内容，以及嬗变情况等等，做尽可能详细的考察。（可以与“寂”同时加以考虑的词汇，还有茶道当中经常使用的“侘”即“わび”。所以，在“寂”的研究过程中，我们有时候也有必要把“侘”这个概念在茶道中的特殊内涵作为参照。)

而且，为了使我们能够从这些直接的材料中，确切地把握和判断“寂”这个审美概念的本质，就要做基础性的准备工作，这就需要使我们的研究朝两个方向推进：第一，就是对俳谐或“俳句”的特殊的艺术性从美学立场上加以考察；第二，就是对一直以来俳论当中所体现的主要美学问题加以探讨。毫无疑问，对俳谐，特别是松尾芭蕉俳谐创作中的“寂”的概念及其位置加以考察，将有助于我们对于这个概念的审美内涵加以理论的把握。这对俳谐本身的美学特性或特殊的艺术性的理解也是必要的。然而，所谓对俳谐的理解，实际上也有种种不同的意味。要真正地懂得俳谐，理解俳谐，就必须作为俳人长期浸淫此道，辛勤创作，否则就不能真正达到“理解俳谐”的程度。不过，一定要在这个意义上，去理解、体会一门艺术种类的特殊性，并把这一点作为艺术的美学研究的必要条件的话，那么，在这个世界上，“美学”这门学问实际上就难以成立了。为什么这样说呢？因为熟悉各种具体艺术，成为一个熟练的万能艺术家，这样的人在今天的世界上，恐怕是不会存在的。无论对于某种特殊艺术如何熟稔，从中所得到的毕竟也只是关于那门艺术的个人的经验谈之类的东西，仅此不可能直接发现具有普遍意义的美学理论。

然而，幸运的是，所有的艺术样式，无论它在具体的细节方面多么不同，无论在创作过程和技法的运用方面如何存在差异，只要是真正的“艺术”，就都含有共同的艺术的本质。当然，这里所说的艺术的本质，并不是将所有种类的艺术样式中的相互歧义的、特殊、具体的部分加以舍弃，只保留唯一的抽象本质。这种误解，在某些特殊领域的艺术家那里常常发生，这也是他们对追求抽象理论的美学常常产生不信任感的原因吧。在此，我对诸如此类的问题不打算做过多的讨论。总之，各种艺术都有其特殊的表现手段，都有着特殊的内在形式，而它们各自的内在形式的特殊性，也绝不是只有从事创作的人，或者说有着相关经验的人才能理解。只要能够对某种艺术作品加以欣赏和接受，无论是何人都可以理解。当然，对于某种特殊艺术的真正的欣赏与接受，只有在对其特殊的艺术形式加以把握和理解的基础上才有可能。不过，仅仅是理解内在形式的特性，或许还不能囊括一门艺术的特殊性的全部方面，这里还有外在的形式特性。例如，在绘画中有颜料、纸张、笔等物质材料的方面，以及与此相关的种种外在的技巧，由此产生的特殊性，也必须纳入我们考察的范围。就俳句而言，它的特定的音节和格调的关系，叹词的特殊的使用方法，还有“切字”[①]等等，这些都是和其他文学样式相区别的外在特性。若不是在这个领域当中长期辛勤创作的人，要对这些特殊性加以细致入微的充分理解和体味是不可能的。然而，这样一种资格或者条件，对于这个领域中的**批评家**而言也许是必须具备的。然而，对于美学家来说，未必是重要的。作为一个美学研究者，对于“俳谐”（其他的艺术样式也是一样）只要能够将它作为一种艺术加以理解和欣赏即可。而且，也许未必是要把俳谐“作为俳谐”来理解，这从美学的立场上来说，实在是迫不得已的事情。正冈子规在其《獭祭书屋俳话》的序言中，一开头就引用了老子的“言者不知，知者不言”那句话，谦虚地说：“我也是不知俳谐而妄谈俳谐。”连子规都如此谦虚，那么像我这种完全是俳谐门外汉的人来谈论俳谐，就颇为惴惴不安了。总之，关于俳谐，我所做的思考和论述，就是在上述立场上进行的。预先说出这些话，或许多少有点自我辩解的意味吧。

对古来俳论中所涉及的种种美学问题加以探讨，也是我们研究“寂”这一概念的极为重要的途径，这一途径是不能省略的。正如上文所提到的那样，芭蕉之后的俳论著作中，对于俳谐艺术中的某些根

① 切字：俳句的主要修辞方法之一，用相关助词或主动词（如“や”“かな”“けり”等）加以断句，并表达一种感叹与感动之情。

本问题都作了颇为详细的或者说某种程度上具有体系性的考察。在这些考察当中，一方面包含着俳谐的特殊技法及其相关的具体问题，还有俳谐的历史以及俳谐的文字出典等方面的研究；另一方面，又有所谓“不易、流行”论、“虚实”论、“本情”论、“风雅”论等与俳谐美学问题相关的议论。如果把这些议论作为美学理论来看待的话，那么，某些俳论比起中世时代的歌论，其思考和表达有时更为精细，这也是时代发展的必然的表现，也是我们在研究中应该加以注意的。然而，今天我们要把“寂”这个特殊的审美范畴作为俳谐的核心问题，作为一种审美理念，对它做出理论上的明确的分析界定的时候，不能以为只参照那些俳论书就足够了，事实上完全不是这样。正如上文所说，“寂”这个概念本身的许多问题，并不是在俳论书中直接涉及的。不仅如此，对以芭蕉为首的蕉门俳人来说，“寂”这个特殊概念是俳谐最高的审美理念，是一个包容、总括性的审美理念，它实际上包含了蕉门俳论中的诸多重要的美学问题。因而，对“寂”这个概念的构成要素加以分析，是势在必行的。当然，俳论中出现的一切美学问题并不等于“寂”的内容构成问题，但两者之间至少具有上述的关系。我认为，必要和有效的方法是，在研究中以古来俳论书为资料，从而对“寂”加以美学上的考察。

下面我将运用以上所说的方法，把“寂”作为一个美学范畴加以研究。在以下各章中，为了方便起见，我想将叙述的顺序颠倒一下，先从俳论中所涉及的主要美学问题着手加以探讨。

二 俳论中的美学问题（一）

在俳论这一类书籍中，往往包含着俳谐历史的沿革及俳谐用词的解释等基本内容，但总体上看，不能否定这些内容也包含着一些艺术论的成分。而且，作为艺术论，在对俳谐的特殊形式及句法加以讨论的同时，也确实包含着对艺术的根本问题及俳谐的一般美学问题的考察和研究。流传于世间的所谓"俳书"这一类书籍，实在可以说是汗牛充栋，其中可以称为"俳论书"的著述也有不少。一直以来，对这些书籍当中的艺术论思想加以深入精细研究的成果究竟有多少，我不太清楚，然而从美学思想的研究这个立场上，对这些俳论中所包含的各种美学问题加以探讨，确实是有新意的事情。我们有足够的余地，站在现代美学的角度加以新的诠释、进行新的观照。当然，我并不是说要将俳论当中的全部问题都作为美学思想加以考察，而是对与"寂"这个主题相关的基础性、前提性的问题加以美学思想上的概观性研究。即便是在这个范围内，也还有大量未开垦的领域，需要筚路蓝缕、披荆斩棘。

可以说，"俳句"这种样式，最初是由芭蕉将它提升为真正的艺术境界的，后来俳论中全部美学问题也都以芭蕉为最早源头。然而芭蕉本人对于俳句艺术的反省、思考性的研究材料，流传下来的甚为贫乏。先前我们认为是出自芭蕉之手的著作，如今也已经被疑为伪作而被否定。我作为俳谐的门外汉，有时候对这个问题的判断颇感犹疑。我认为，即便并不是芭蕉自己亲自执笔的东西，只要是他的弟子能够比较忠实地把师说记录下来，那么，我们也不妨把它作为直接或间接的材料加以应用，并可从中大体窥知芭蕉的思想。

在此，我想不妨可以首先提到以下材料：被称为“芭蕉遗稿”的《祖翁口诀》(该书据说是在芭蕉之后开拓了“伊势派”的乙由之子麦浪所藏)、《幻住庵俳谐有耶无耶关》，还有被认为是记录了师说的服部土芳的《三册子》。此外，还有被称为“芭蕉传书”的《二十五条》，这本书由各务支考起名为《白马经》或《贞享式》，作为蕉门的第一“传书”而广泛流布，然而今天许多人认为那是支考的伪作而不予采信。我本人当然不具备对这些资料的真伪加以判断的资格，关于这方面的相关知识也甚为缺乏，但我知道，明治年间，由岩谷小波校订、博文馆出版的《俳谐文库》第二十五编《序俳谐论集》中，是把该书作为“东花坊支考”的著作加以刊行的。在该书的“凡例”中，校订者云：“芭蕉翁《二十五条》(十千万堂红叶氏藏)亦名《白马奥仪解》，所谓二十五条为芭蕉翁的家训云云，颇不可信，实则出自东花坊之手。”然而，关于该书所收《幻住庵俳谐有耶无耶关》，校订者又说：“《幻住庵俳谐有耶无耶关》是为芭蕉所作，正风[1]之徒视为金科玉律，颇为依从。该书于明和元年上梓。”我最早是由该书而了解芭蕉学说的，但《日本俳书大系》并没有收录。而那部《二十五条》却被作为《蕉门俳话文集》而被收入该“大系”中，对此，该“大系”的编纂者胜峰晋风氏在《题解》中这样写道：

从“附记”中可以看出，元禄七年六月，芭蕉寓居落柿舍，制定俳谐新式，并传授给弟子向井去来，此事《去来遗稿》中没有记

---

① 正风：指蕉风，即芭蕉创立的俳谐风格。

载。而作为蕉门第一传书的则是支考的书。……有人认为该书是支考的伪作，而森川许六在《宇陀法师》中云：“《二十五条》的口诀是先师之奥仪，不知此书，则不明俳谐之道。”野坡之闻书《俳谐耳底记》的书后附录中，有一个《蕉门野坡流俳谐书目录》，其中有“芭蕉翁《二十五条》一册”的字样，可见野坡也相信此书出自师说，并加以刊行。既然许六、野坡两人如此相信此书并加以刊行，那我们就难以随便把它作为支考的伪作而加以排斥。我们不妨把它作为芭蕉的传书，对其中的文本加以批判地审视，则不至于上支考的当。（《日本俳书大系・四》）

根据这些说法，我认为把《二十五条》作为我们的一种参考材料，也未尝不可。

下面，我把上文中提到的《祖翁口诀》中值得注意的几条抽出来，胪列如下：

（1）入格而不出格，则狭；不入格，则易走邪路。入格，然后出格，始得自在。鉴赏诗歌文章以陶冶性情，正如一路游玩中，将作品播撒四海。

（2）千岁不易，一时流行。

（3）其他门派的俳句如同彩色，本门俳句如同水墨，有时也并非没有彩色，但“心”与其他门派不同，以“寂”为第一。

（4）俳谐名人应以质为本，文质彬彬，则妙有偶得，高手则在刚强处见趣味。

（5）俳谐被认为中人以下之玩物，此乃误将俳谐当作俗谈平话之故，因而应将俗谈平话加以雅正。视俳谐为浮浅、拙劣，实为浅陋之见。俳谐乃有《万叶集》之心，贵贱咸宜，雅俗共赏，与唐代、明朝等所有中华豪杰相比而毫无愧色。俳谐只以心底卑俗为耻。

（6）句姿应如青柳枝上小雨垂垂欲滴之状；又如微风拂杨柳，摇曳多姿。情，应如心头赏花，观真如之月；唱和之心，应如朦胧月夜，梅花香飘。（《日本俳书大系·一》）

顺便说一下，同样的话，在《芭蕉文集》中的题为《三圣人图》（森川许六创作的宗祇、宗鉴、守武三人的画像）的文章中也可以见到，该文中有“然风雅之**流行**，与天地共推移，连绵不绝，是为至上”之类的句子。这里所说的“流行”这个词，比照上文所引用的“千岁不易，一时流行”，应该是相同的意思，只是与以上引述的《祖翁口诀》中的数条内容相比，其表达过于简单。不知能否把这个作为问题提出来直接加以讨论，我在这里只是从这个简单的文章片段中，大体推察芭蕉对所推崇的俳谐艺术是如何思考的。然而，从《祖翁口诀》（假设它就是芭蕉的遗言）中可以看出，后来俳论中出现的至为重要的“虚实”论在此却完全看不到，这一点是需要首先指出来并加以注意的。（在芭蕉的其他文章，例如《田舍句合》的句评和《虚栗集》跋文中已经出现了“虚实”一词）。其次，在《幻住庵俳谐有耶无耶关》这本书的序文中，以芭蕉之名义写了如下一段话：

追根溯源，自神代八云之和歌始，历代和歌，风体有别，俳谐之风体由此而定。俳谐为和歌之余，表面露谈笑之姿，内中含清闲之心。俳谐乃表达作者之‘虚’，此为不刊之论。虚者，虚也；以虚写实、以实写虚则为是；以实写实、以虚写虚，则非俳谐正道。于虚实之间游移，而不止于虚实，是为正风，是为我家秘诀。

这段文字虽然有表达不明确之处，但大体上可以看出，作者说的是在表面的滑稽戏谑中，一定要有“清闲”之心，并把这作为俳谐的特色；认为以虚见实，以实见虚才是俳谐之道。但这段文字的相关说明过于简单，什么是虚，什么是实，其含义究竟是什么，完全语焉不详。但在这本书的正文当中，特别设有《关于虚实正》一节，并举了以下的例子加以说明：

虚：犹如风筝断线，飘入云中。

实：风筝断线，从云中飘落。

正：风筝断线，但未飘入云中。

以上。以虚实为非，以正为是，飘游于虚实之间，是为俳谐之正。

由这段话可以看出，所谓的“虚”“实”，大体就是通常所说的“虚伪”和“真实”的意思；所谓“正”，指的是俳句的表现方法，即游弋于“虚实”之间，似乎指的是否定“虚”而归于“实”的意思。

顺便说一下，莺笠的《芭蕉叶舟》虽是后来的著作，其中也论述到了“虚”与“实”的问题，其中写道：“写‘虚’而附‘实’，此中有‘正风’之微妙，此中有趣味在。将对竹（作者的别名）按：唐诗有‘白发三千丈’在前，是为写‘虚’，‘依忧似个长’[①]在后。‘三千丈’是‘虚’，忽而归为‘实’，是为表达甚为忧愁之意。此处诗句有神，岂非恰得‘正风’之‘虚’乎？”（《俳书大系·一四》）这句话的意思似乎也在解释什么叫做“正”。

这段文字对“虚实”这一芭蕉的学说做了论述，是值得我们注意的。同时，该书还有关于《不易、流行》一节，作者所举的“不易”之句是：“古老池塘啊，一只蛙蓦然跳入，池水的声音”；作为“流行”之句，举的例子是：“景清也在赏花的座位上，七兵卫。”接着说明道：“以上所谓‘不易、流行’之事，连歌、俳谐常常混淆，《古池》之句千载不易也，其句姿不言而喻。”晋子说过：“将这首俳句的

---

① 原文如此。

头一句换上‘棣棠’一词又会如何？‘棣棠’‘古池’，这两个词所表达的心境有云泥之隔，如若写成‘棣棠啊，一只蛙蓦然跳入，池水的声音’。则变为‘流行’之句了。”至于为什么说《古池》是“不易”之句，“棣棠”则是“流行”之句，作者语焉不详。

接下来，我们看一下《三册子》，据说这是服部土芳对芭蕉语录的忠实记述，是体现芭蕉艺术观的重要的材料。但它当然不是芭蕉本人的著作，所以在讲这部书之前，我们先顺便说一下《二十五条》这部书。《二十五条》的目录是：第一，关于俳谐之道；第二，关于“俳谐”二字；第三，关于“虚实”；第四，关于变化；第五以下各条，都是关于俳谐作法的具体事宜。其中第一条关于“俳谐之道”，首先提出“俳谐”是“将俗谈平话雅正化”。又说：“佛道中有达摩，儒道中有庄子，踏破道之实有。歌道中有俳谐，道理亦如此。反其道而行，则合其道。然俳谐于和歌、连歌之后形成，俳谐之心，应一路向上。”接着第二条，因无关宏旨，在此不赘。第三条，关于“虚实”，其中写道：“万物居于虚，而实变动不居，居于实则虚不可动，实可自立，不待人为。譬如花开花落，月圆月缺，兴而叹之，乃连歌之实。游于虚则是俳谐之实。汉诗、和歌、连歌、俳谐，无不是巧妙地说谎。虚中有实，是为文章。实中有虚，是为巧辩。实中之实，是为仁义理智。虚中有虚，世间稀有而又常见。指定此人为我家之传授。”在第四条关于“变化”当中，作者又说：“文章之事在于变化，变化者，虚实自在之谓也。”又说：“因而天地游于变化，人无变化则冥顽不灵，是为‘本情’。”接着，又讲了句法之变化的问题。从这里引用的几段文字可以看出，作者的表述不免有点故弄玄虚、故作高深，但恐怕也表现了芭蕉在某一个时期的一些说法。所谓“将俗谈平话雅正化”这句话，以及“汉诗、和歌、连歌、俳谐，无不是巧妙地说谎”这句话，其表述与用词卑近单调，不无生硬，从文体上看，我不得不怀疑，它是支考的伪作。而且，从这个角度来看，我们怀疑它是支考的伪作，更可以从本书的内容当中得以证实，那就是在《二十五条》任何一处文字中，都没有出现“不易、流行”的概念及其相关问题的论述。

我不知道那些专门从事俳谐文学研究的人，有没有人特别注意到这个问题。我在研究“寂”这个问题时，以一个门外汉的眼光浏览了许多俳论书，考察了它们在思想内容上的相互关系和脉络系统，忽然想到了以下这个问题：从总体上把握芭蕉俳论当中出现的艺术观（或美学思想）有着极为重要的意义，而要做到这一点，就必须抓住堪称两块基石的两个根本问题，那就是所谓“不易”“流行”问题和“虚实”的问题。这两个问题在意义上的相互消长，换言之，对这两个问题的考察的侧重点的不同，对此进行抽象和具体的发挥时所产生的思考方法的不同，使得蕉门各派的俳论思想产生了不同的系统。若对此加以区分和整理，岂不具有很大意义吗？假如这个想法不是我个人的胡思乱想而是有事实依据的，那么，我首先想要说，把《二十五条》那本书看作支考的伪作，也是基于这一想法。这实际上不仅是对一部伪书的判别问题，而且对于俳论的一般思想做系统考察，也具有重要意义。进而言之，对于我们研究、解释“寂”的概念及其内涵，也具有至为重要的关系。因此，我在本书中对于俳论做美学上的研究，也正是以这一点为中心的。在提出我的种种阐释的同时，为了寻求更多的论据，哪怕有繁琐之嫌，也有必要对蕉门俳论做文献学上的梳理。

现在来看土芳的《三册子》。如上所述，这本书比较忠实地传达了芭蕉本人的观点，因此是一部比较可靠的文献，但芭蕉的观点经土芳之笔多有发挥和润色。在该书的《白册子》当中，土芳首先解释了芭蕉以“诚”为俳谐之根本的主张，接着在《赤册子》中论述了所谓“不易、流行”，并把它作为“风雅之诚”的根本，又将“诚”作为一种客观性的观念作了进一步的展开和论证。另一方面，他又对在其他俳论中被屡屡提及的“本情”这一概念做了论述，并由此而把“物我一如”的境地作为俳谐艺术性的根本来源。以下，我想从中摘引某些值得注意的段落：

俳谐从形成伊始，历来都以巧舌善言为宗，一直以来，俳人均不知“诚”为何物。……及至先师芭蕉翁，从事俳谐三十余年乃得正果。先师的俳谐，名称还是从前的名称，但已经不同于从前的俳谐了，其特点在于它是“诚之俳谐”……

汉诗、和歌、连歌、俳谐，皆为风雅。而不被汉诗、和歌、连歌所关注的事物，俳谐无不纳入视野。

在樱花间鸣啭的黄莺，飞到檐廊下，朝面饼上拉了屎，表现了新年的气氛。那原本生于水中的青蛙，复又跳入水中发出的声音，还有在草丛中跳跃的青蛙的声响，对俳谐而言都是情趣盎然的事物。

多听、多看，从中捕捉令作者感动的情景，这就是俳谐之“诚”。

根据这样的说法，“诚”不过是人的一种真实纯粹的感觉，具有主观上的意味。而有时候，土芳所谓的“诚”又具有更加客观的意味，这一点，我们可以从《赤册子》开头的一段话看出：

先师的俳谐理论中，有“万代不易”和“一时变化”两个基本理念。这两个理念，归根到底是统一的，而将二者统一起来的是“风雅之诚”。假如不理解“不易”之理，就不能真正懂得俳谐。所谓“不易”，就是不问古今新旧，超越于流行变化，而牢牢立足于“诚”的姿态。

考察历代歌人之作，就会发现歌风代代都有变化。另一方面，不论古今新旧，今人所见与古人所见，均无改变，那便是为数众多的使人产生“哀”感的作品。这就是万代不易的东西。

同时，千变万化是自然之理。倘若没有变化，风格就会僵化凝固。风格一旦僵化，就会以为自己与流行的东西并无不合，而不责之于“诚”。不责之于“诚”、不锤炼诗心，就不会知道“诚”的变化，就会固步自封，失去创新能力。责之于诚者，就不会原地裹足不前，就会自然前行，有所进步。

归根到底，对于先师芭蕉的俳谐理念而言，千变万化，就是“诚”的变化，先师说过：“不能拾古人之牙慧，正如四季变化、岁月推移一样，一切都在变化，万物概莫能外。”

门人们曾守在先师临终前的病榻上，就今后的俳谐问题向他请教。他说道：“我踏入俳谐之道，体会是千变万化。究其变化，基本上不外乎‘真’‘草’‘行’三点。这三点中，第一、第二两点尚未尽得其意。”先师生前还曾多次开玩笑说：“对俳谐这个米袋子，我还没解开袋子口呢！”

先师曾有教诲曰：“高悟归俗”，又说：“现在我们要做的事情，就是责于风雅之诚，使风雅之诚归于俳谐之中。”

献身于俳谐之道者，要以风雅之心看待外物，方能确立自我风格。取材于自然，并合乎情理。若不以风雅之心看待万物，一味玩弄辞藻，就不能责之以“诚”，而流于庸俗。

……

先师曾说过：“松的事向松学习，竹的事向竹讨教。”就是教导我们不要固守主观私意……向客观对象学习，就是融入对象之中，探幽发微，感同身受，方有佳句。假如只是粗略地表现客观对象，感情不能从对象中自然产生，则物我两分，情感不真诚，只能流于自我欣赏。

我蕉门弟子的俳谐，惟须不断领悟先师的精神思想，致使境界高远，又当立足日常生活。如将先师之精神溶于自心，则先师所具有的色香，自可熏陶我辈身心。

当然，看得出这些文章颇为不合逻辑，在问题点和观点上不免有种种混乱，但是我们要从中看出大体的意思并不困难，即作为“风雅”之根本的“诚”，作为一种纯粹的美意识，是一种物心一如、天人相即的境地。同时，从时间的角度来看，它也含有“不易”和“流行”两个方面。天地之真美，作为自然本身，是千变万化的流动，作为艺术表现之姿，作为万古不易之形得以确立，也是可能的。而作为艺术表现，作为艺术样式本身，是随着时代的变化而变化的。在这种变化、流行中，体现着作为第二自然的艺术本质性的一面。就美而言，在流动当中有“不易”，在“不易”中有“流行”。而进入艺术境地的俳谐，它的外在表现即所谓“句姿”，与“风雅之心”之间，具有“相即一如”的关系。所谓“责于诚”，就是将审美意识的纯粹感情与真实的“物心”结合起来，也就是入于物、显于微、感于情。正如进入松林才能体会松之心，进入竹丛才能窥知竹之心一样。要言之，以“诚”之心，切实地、纯粹地把握物之“本情”，才能得俳谐的真髓，这是“风雅”的理想境界。达到这一境界的修行之道，就是要深刻体会先师的“诚”之心。将先师的馨香移转到我们的心中，并达到先师那样的境界，这恐怕就是《三册子》的根本思想吧。如果是这样的话，我认为，所谓“风雅之诚”这个概念，可以说包含着一个颇为深刻的、审美的乃至艺术的哲学原理。同时，与此相关联的，“不易、流行”之类的概念（当然，具体行文往往并非直接如此表述且有许多含混之处），后来由蕉门的其他弟子屡屡提到，并且不限于俳谐“风体论”或“样式论”的范围。正如我上文所说的那样，可以认为这个概念中也具有内在的、总括性的意味。

如果仅仅从以上引用的文字来看，“不易、流行”的涵义尚不能充分看出，而该书中的另一段文字则对这个问题作了更为翔实的论述，其中有云：

新鲜是俳谐之花。不新鲜的俳谐，给人的感觉就像不开花的枯树残枝。先师尽心竭力所追求的，就是俳谐之花新鲜的芬芳。

看到新鲜的俳谐之花，俳人无不悦之；蕉门弟子及其他俳人同样孜孜以求。不新鲜就不会被追求，也不会流行。因为新鲜，所以总是被追求，俳谐才能切近自然，从大地上开放新鲜花朵。

“山上明月亮，山脚云烟白苍苍，山下田野雾茫茫。”先师的这首发句，实为万古不易之姿。“棉田明月下，疑是月之花”，意境清新。

先师芭蕉说过：“乾坤变化乃风雅之源。静物其姿不变，动物其姿常变。时光流转，转瞬即逝。所谓留住，是人将所见所闻加以留存。飞花落叶，飘然落地，若不抓住飘摇之瞬间，则归于死寂，使活物变成死物，销声匿迹。”

关于俳谐创作，先师说：“看到外物的瞬间的形象，就要让它永远留存心中，不使消失。”又说：“将瞬间的感兴直接表现于句作，是一种方法。”先师的这些话，讲的都是如何入境，如何抓住变化不定的外部对象，并表现于俳谐句作之中。

在俳谐中，有“作句”与“成句”两种。内心不懈修炼，感物而发，应物而生，又带情感之色，谓之“成句”。内心修炼懈怠，不能自然而成，以一己私意苦思冥想，是为“作句”。（出处同上）

正如我在上文中所提到的，被怀疑是支考伪作的《二十五条》，作为芭蕉的传书，“不易、流行”的概念完全没有出现，这不禁令人感到奇怪。现在再看看这部《三册子》，全书任何地方都没有出现“虚实”的概念及相关问题，这同样令人感到不可思议。尤其是，把“不易、流行”归于“风雅之诚”的想法与“俳谐就是巧妙地制造谎言”这样一种想法是相矛盾的，这一点恐怕任何人都看得出来。然而，即便如此，正如在《幻住庵俳谐有耶无耶关》和《二十五条》所见到的那样，“虚实”论如果原本就是芭蕉俳论的重要组成部分，却在《三册子》中丝毫没有提及，我想这一事实是决不能轻易忽略的。当然，这是权且将《幻住庵俳谐有耶无耶关》和《二十五条》作为芭蕉的遗著或近似遗著的东西而得出的看法。如果把这个看法彻底加以否定，那么这个问题从根本上就不存在了。即便这两本书并不是芭蕉的遗稿，那么也至少是比较忠实地表现了芭蕉的思想的一个侧面。假如连这一点都不承认，就未免过分了吧。在后来支考的俳论中，所体现出的关于"虚""实"的哲学思考，是对"虚实"论的进一步展开，即便这已经超出了芭蕉本人所思考的范围，但我认为从根本上看，支考所谓的"游于虚实之间"实际上也是芭蕉最初就有的看法。不过，从以上我们所引用的两书中关于"虚"、"实"问题的不同解释来看，《幻住庵俳谐有耶无耶关》当中的"虚实正"的提法，与《二十五条》中晦涩的说明，不能不令人怀疑那无论如何都像是支考自己的看法。然而另一方面，在声称忠实传达芭蕉思想的《三册子》中，却丝毫不谈"虚""实"问题，这究竟是怎么一回事呢？

"虚实"思想在支考那里具有一种哲学的意味，并且被某种程度地深刻化、晦涩化了，这一点我们在后文当中还将谈到，在此暂且不论。就一般意义而言，"虚实"论作为艺术论的根本问题，具有朝着"假象"和"实在"之类的美学概念发展的倾向性。然而，在最初的俳论当中（例如《幻住庵俳谐有耶无耶关》等）所考虑的这一概念，仅仅是虚妄和真实之间对立的意思。这一问题的形成是有着深刻的内在动因和历史背景的。从语言层面而言，俳谐是从连歌当中分化而来的文学样式，原本就与"滑稽""谐谑"等有着极为密切的关系。而在蕉风确立之后，则强调俳谐是一种严肃的、艺术性和精神性的文学样式。而且，土芳在其《三册子》当中，先是从俳谐史的角度赞美了芭蕉的丰功伟业，再从"诚"这一概念的角度，强调要尊重芭蕉俳谐的根本精神及俳谐艺术的严肃性，同时也努力说明蕉风和此前恶俗的滑稽趣味的俳谐是完全对立的。我认为，在这种情况下，原本与“滑稽”与“严肃”相对立的“虚实”问题就没有引入其蕉风俳论的余地了。

那篇《幻住庵俳谐有耶无耶关》序文是否是芭蕉本人所写，无从得知，但其中确有“外表显谈笑之姿，内里含清闲之心”的说法。即使芭蕉反抗传统，强调作为艺术的俳谐所具有的严肃性，但俳谐依然是俳谐，俳谐具有独特的艺术特性。换言之，只要不是完全无视俳谐本来的性质，它就要以某种形式将其性质显示出来、存在下去。所谓“谈笑之姿”指的是“滑稽”的意思。然而在蕉风俳谐形成之后，“谈笑之姿”与早先“贞门派”和“檀林派”俳谐中低俗卑微的“滑稽”是大异其趣的。毋宁说，蕉风俳谐更强调“闲寂”。但依我看来，尽管乍看上去或许并看不出滑稽的因素，但蕉风俳谐却仍然含有“近于滑稽”的一面。这一点作为俳谐的本质特征，是一直残存在蕉风俳谐中的，也是构成俳谐本身独特性的重要因素。被认为是芭蕉名言的、体现芭蕉俳谐本质的“将俗谈平话雅正化”这句话，就明明白白地说明了这个意思。当然，“俗言”本身还不能直接成为滑稽的因素，这是与和歌、连歌当中所谓的“雅言”相对而言的，但我想有一点是毋庸置疑的：蕉风俳谐确实具有一种玩笑式的、不拘谨、不死板、类似于一种滑稽感的艺术效果。即便在用语上完全不使用类似于俗言之类的词语，那么俳句当中也仍要透露出它那独特、奇警的观察，在其表现方法当中，也仍然含有一种轻快的滑稽意味。将闲寂趣味和艺术的严肃性这两者极度加以发挥，就会使低俗的“滑稽”“谐谑”趣味受到过度压抑，其结果就是将“滑稽”“谐谑”的因素压低到最低限度，于是便产生了基于“俗谈平话”的“俳言”乃至“俳题”，以及相伴而生的特殊的表现方法。在这一点上，俳谐不同于和歌，形成了它的根本特色。对此，无论是蕉门俳谐，还是在后来众多俳人的俳论中，都有着明确的自觉认识。我可以试举一例来说明这个问题。后来一位名为白景乌醉的俳人，其弟子将其俳论记录成《俳谐增补提要录》一书，其中有言："老师常说，发句的句题应字字斟酌，首先，春季之题'梅''柳''莺'，此乃和歌之题，而'灌木丛''风筝'才是俳谐之题。歌题之中，要有俳谐之力；俳谐之中，要用雅言，方可得其风流。'梅花飘香，引出太阳升起'，可谓有俳谐之力；'黄莺啊，飞到檐廊下，朝面饼上拉屎啦'，用语平俗而有冲击力。又，'风筝不消停，黄昏仍朝天外飞'；'女儿节摆出的人偶，透出古代女子的容颜'诸如此类的俳谐，因用雅言，便有古意，但仍让人觉得此乃俳谐。"(《俳谐丛书·俳论作法集》)从这个角度来看，惟然的"梅花枝啊，还是在月光下折取吧"这样一首俳句，使用了少量的俗语和特殊的句法，巧妙地表达了一种直接的实感。我觉得，白雄的"人在恋爱中，点灯看落樱"这样的俳谐，和这一句加以比较，不如说更带有和歌的趣味。

然而，这是从俳谐的艺术形式的分析中所看到的歌题与俳题、雅言和俗言之类的区别。而要从整体上考察其审美内容，则会看出枯淡、闲寂的趣味和俗谈平话的因素中所残留的潇洒、轻妙的趣味，两者浑然一体，形成了一种俳谐趣味。例如，同样是表现闲寂的氛围，"古池啊，一只蛙蓦然跳入，池水的声音"和"鸟儿栖枯枝，秋末黄昏时"这样的俳句都具有浓重的汉诗趣味，其审美内容完全是另一番天地。因此，总体上看，在这样的意义上，无论蕉风俳谐如何强调其严肃的艺术性，从其根本上说，俳谐本身的构造中，除了一般艺术样式中的"假象"与"实在"的对立之外，仍然更普遍地包含着"俗"与"雅"，或者说是"戏谈"与"正经""滑稽"与"严肃"之间的对立统一。因此，"虚实"这一概念的多义性及其相关问题，与俳论的根本问题，具有不可分离的密切关系。这样看来，在芭蕉之后各种各样的俳论中，关于"虚实"问题的探讨就形成了两种不同的系统，一种是在最原初的意义上加以展开和强调的，另一种则相反。如果这个假定是正确的话，那么前者就是"正风派"，即不拘泥于历史上作为个人而存在的芭蕉的俳风，而是在更为广阔的**一般俳谐**的艺术本质上加以反省、讨论和考察；与这种倾向对立，后者则尽可能尊重芭蕉本人的传统，比起俳谐的一般问题来，更重视**芭蕉的俳谐**这一问题。在这方面，比起“虚实”论来，自然更加重视芭蕉本人所主张的“不易、流行”论并将其加以具体展开。（莺笠在《芭蕉叶舟》中也说：“‘不易、流行’之说不是古说，而是芭蕉翁的发明，实为天才之见。”）当然，我在这里并不是要将此作为一个结论提出来，仅仅是尝试着在这个假定之下，对其他的俳论思想加以检讨而已。

接下来，我想从以上的立场，对支考这位被称为“蕉门第一俳论家”的著作加以再考察。正如众所周知的那样，支考著有《葛之松原》《续五论》《俳谐十论》《十论为辩抄》等数种俳论著作。为了方便起见，我们先引用一段胜峰先生在《日本俳书大系·四》卷头所写的一段解题文字。他说：

在蕉门俳论中，稍微具有体系性的著作，就是支考的《葛之松原》，在此前的俳论当中，只有其角的《杂谈集》那样的随笔性著作。《葛之松原》是感想录一类的文体，虽不是逻辑性的记述，但至少比随笔更具有通篇的体系和条理性。从支考的后半生来看，他常常歪曲师说而肆意宣扬自己的观点。但《葛之松原》的时代，作者还是年轻而又单纯的蕉门一弟子。该书也是现存的忠实记录芭蕉思想观点的一部名著……

关于《续五论》，胜峰先生又说：

支考在《枭日记》当中附带了纪行以外的俳论，便是这篇《续五论》……首先是它的《滑稽论》，认为“滑稽”与“俳谐”同义，作为俳谐的本质论，主张俳谐的“本情”是“风雅之寂”；在其《华实论》中，主张要追求这种“风雅之寂”就不能远离世情，不能偏于雅或俗；在《新旧论》当中，强调芭蕉所说的“俳谐无古人”之说，认为古风只是“风情”，而没有“风姿”，因而要好好体会“姿”与“情”；在《旅论》中，他认为旅途乃“风雅之劳顿”，认为应与恋爱一起巧妙地编入同一卷中。……在《恋论》当中，他举出了芭蕉关于“恋爱之句应交给在座的师傅去吟咏”这句遗言，认为应该避开抽象议论，并以唱和的实例加以解释。

以上只是大略的内容，但我们可以从中看出作者所要论述的五个问题的基本要旨。最后再看看胜峰先生对支考那部有名的《俳谐十论》所作的题解。胜峰先生说：

支考的俳论，要而言之，就是对他所体会的“虚实”论的提倡。其中的玄学与多辩色彩，随着年龄的增长而发展为理智的倾向，最后终于写出了《俳谐十论》这样体系性的著作。他所谓的“虚实”，就是以所谓“俳谐就是巧妙地制造谎言”这样一种极为浅近的说法作为出发点，将《葛之松原》以来的俳谐思想，以儒教、佛教的深刻理论加以附会。倘若向好的方面理解，那么《俳谐十论》就构成了支考的虚实论哲学。全书由《俳谐之传》《俳谐之道》《俳谐之德》《虚实论》《姿情论》《俳谐地》《修行地》《言行论》《变化论》《法式论》共十篇构成。每一篇都涉及俳谐的根本问题。作为本质论的虚实论，作为艺术观的变化论，这两论具有特别重大的意义。

我们由这些简单的介绍，就可以看出大体内容。但通观支考的这些俳论著作，使我更加感到不可思议的是：在这样比较大规模的、体系性的、专门的俳论当中，从头到尾却没有涉及“不易、流行”的问题。尤其是《续五论》当中的《新旧论》一篇，还有《俳谐十论》当中的《变化论》一篇，仅从题目上看，也会自然令人想到他会涉及“不易、流行”的问题。然而，仔细查考这两篇的内容，就会发现我们这种想象完全得不到证实。其中《新旧论》的内容实际上是“姿情”论而不是“不易、流行”论，故而支考自己也在《新旧论》的最后说：“此章多论述‘姿情’。然而‘姿情’有新旧之分，故以‘新旧’二字做本论之篇名。”如果硬要从中寻找相关论述的话，那么可以看出在《新旧论》当中有以下一段文字：

《古今集》中有“俳谐”之名，实则《万叶集》时代已有此体。然“风情”只是“风情”，“风姿”只是“风姿”，“姿”与“情”偶尔相遇，但也不能强之曰“姿情”。这是古人的情形。汉诗、和歌、连歌、俳句也有这样的变化，这种变化并非谁人特意所为，而是自然之理，正如春暖花开，秋末叶落一般。

这种说法，使人感到与“不易、流行”的思想有相通之处，但是，从根本上说，这里论述的只不过是“姿”“情”的历史变迁问题，而“不易、流行”的字眼，在《新旧论》中，自始至终都看不到。

我们再看看《俳谐十论》当中的《变化论》，作者一开篇就写道：

俳谐之变化，乃世间法则。正如今天我们所理解的万物变动不居之理，大者指天地变化，或见雨而喜，或见风而悲。春来花开，秋去叶落。变化乃天地之常，变化之巨，人有所不知。此处所说的俳谐之变化，大者指古今之变，小者指一卷之变也。

接着就是该篇的内容，主要是对一卷当中的唱和变化的方法做了具体论述，也就是所谓“有心附”“会释”“遁句”等之类的问题。因而此处所谓的“变化”，不外是指连句中的“变化”的意思。这一点与俳谐的特殊技法有关，当然具有重要意义，但这与蕉门的其他俳论书中的“不易、流行”的问题，完全是两回事。在支考的文章中，能使人想起的最接近于“不易、流行”论的是《葛之松原》中的一段话，但这段话也不是从“不易、流行”的角度说的。支考说：

以古事构思，则古事亦新，句子亦奇。须知此乃所谓**不变之正道**。追新求奇，虽不能说是有何不好，但人心喜好变化，究竟要踏上哪条道路，人常以此为苦。

可见，在支考的许多俳论书中，似乎都在回避“不易、流行”的概念，令人感觉他是故意如此。不过，这是就《俳谐大系》所收支考的主要俳论书而言。据我所知，《支考全集》中的《东华集序》有一段话虽然非常简单，但也表明支考并非完全没有触及相关问题，他说：“发句可以分为真、行、草三种；不易、流行分为两种。”又说：“所谓‘不易’，就仿佛古代保留至今天的黄金；‘流行’，就仿佛用金银写在纸上的文字，随着时世推移，或用或不用。”这个比喻的说法触及了相关问题，但在他的俳论中却始终不是一个主要或重要的问题。

与此形成对比的是，“虚实”论却作为支考俳论中的最重要的根本思想，加以突出强调。他以自己那特有的具有玄学色彩的、极为晦涩的表述，来表达自己在这方面的哲学思考，同时又以此展开了自己的姿情论、本情论、风雅论等。《俳谐十论》中的《虚实论》一篇，极其晦涩难解，他时而说“虚实的虚实”，时而又说：“以虚为先，有天地阴阳；其实为后，有君臣父子。”还说：“应居于虚而行于实，而不可居于实而行于虚，此乃白马佛法第一义。人之所居之处，可谓大学，此岂非大学之纲领乎？”“明德之明，是说虚实；新民之新，是说变化。”诸如此类的夸张之词处处可见，至于其内容，我认为在此不必加以讨论。至于将“居于虚而行于实”作为芭蕉的根本精神，并视为所谓白马佛法第一义，这恐怕是支考的最重要的观点了。他指的到底是什么意思我们还不太清楚，但后来他在与露川争论的时候，写了一篇《口状》(一名《责露川》)，再次提出了这个观点。他指责露川的俳谐是“居于实而游于虚”，他写道：

你首先不懂“虚实”。你的俳谐是居于实而游于虚，将来必遭人诟病。你所知道的只是“信伪”。所谓大道之虚实，大者，是将天地未开称为“虚”，天地已开称为“实”；小者，指的是一念之生与未生，此乃心法，靠念佛无济于事。做个简单比方，你居于夫妇之“实”，却觊觎别人的老婆；我游于虚，却也没有非分之念，一旦有，则是猫狗不如之行径。这里须知虚实之前后，居于虚时，对女性的不忠实也不怨恨，这是因为知道五论（“论”疑为“伦”）之虚的缘故。即便羡慕他人之妻，也是行世法之实，谅不会为他人所指。此乃大道之动与不动之事。以其重大，故而无用，此与“信伪”不同。

这种说法颇为奇妙，但无论如何我们可以看出，支考的根本思想与“居于实而游于虚”这种一般人比较易懂的想法恰恰相反，他反其道而行之，主张“居于虚，而行于实”。也就是说，从现实或者实在的背景上去看待美和艺术之假象，那么这一假象就不是虚，而是人类生活现实背后的一种形而上的、类似于“虚无”的东西。洞察之、达观之，以超脱的心境处世，就是俳谐的根本意义。芭蕉所具有的佛教的、特别是禅宗的心境，就是这样一种类型。芭蕉俳谐的根本精神也由此而产生。如果支考是这样解释的话，他的人格和故弄玄虚的问题又当别论，只就其思考的锐利程度而言，却是我们不得不认可的。

我虽然对支考的“虚实”论的一个方面做了上述的理解，但另一个方面，它与“华实”论相联系，进而又与“姿情”乃至“本情”和

“风雅”有密切的联系，更可以使我们意识到“滑稽”与俳谐之间的根本关系，我认为这一点是我们不能忽略的。我在上文中已经提到，俳论当中“虚实”思想的根本，就在于俳谐与“滑稽”之间本质的、历史的必然关联。正如土芳在《三册子》当中所论述的那样，对“风雅之诚”的强调，与其说是俳谐的一般本质，不如说只是凸显了芭蕉俳谐的本质。由于这样的限定性，所以“虚实”思想在《三册子》中就没有发展余地了。而现在我们对支考以“虚实”论为中心的种种俳论进行考察的时候，就会一定程度地注意到俳谐与滑稽之间的本质关系。而且，我认为支考是以一般的俳谐本质论为背景，来考察蕉风俳谐的特殊本质的。

我们先来看一下《葛之松原》。正如胜峰先生所说的那样，这本书还是作为“年轻而又单纯的蕉门一弟子”的支考对师说的比较忠实的记述。虽然已经有了“华实”论的萌芽，但并不包含着后来向“虚实”论过渡的任何迹象。因此那里也没有涉及滑稽与俳谐之间的关系这样的问题。该书在开篇的时候举出了芭蕉的《古池》之句，提出“晋子主张把‘古池’置换为‘棣棠’会如何？”并写道：“想来‘棣棠’这个词虽然也很风流华美，但还是‘古池’这个词较为朴素、较为‘实’。‘实’贯穿古今，但是‘华’与‘实’二者，则成为此时我们要面对的一个问题。”正如上文所说，在那本《幻住庵俳谐有耶无耶关》当中，作者把“古池”与“棣棠”的对立，看成是“不易”与“流行”之间的对立，而在这里则又视为“华”与“实”的对立。倘若对这个问题做进一步解释，那么可以说，支考在《葛之松原》的立场一方面是忠实于师说，另一方面也为自己将来向“虚实”方面发展埋下了伏笔。他回避了“不易、流行”的概念及其相关问题，而以“华实”问题取而代之。假如可以这样看的话，那么我们就可以说，在支考俳论思想的演变发展中，“华实”的问题具有特别重要的意义。《续五论》当中有一节《华实论》，后来的《俳谐十论》当中又进一步发展为“虚实”论。同时，从蕉门俳论的整体上来看，我认为“华实”论是“不易、流行”论与“虚实”论之间的一个结合点。

要而言之，支考俳论的中心就是“虚实”论。“虚实”论的内容一方面受制于“滑稽”与俳谐之间原始而本质的关系，另一方面又受“华实”论乃至“姿情”论等各种问题的制约。现在，我们再对文本加以简单考察，看看支考是如何把这些问题综合起来，来解释俳谐的本质问题的。我认为，这将有助于我们探讨“寂”的概念及其内容构成。

《续五论》当中开篇就有《滑稽论》一节，然而在那一节当中，对于俳谐和滑稽的关系本身并没有做详细解释，其内容主要是“本情”与“风雅”之间的关系问题。开篇有这样一句话：

所谓俳谐，当有三种。花月风流是为风雅之体，趣味乃俳谐之名，闲寂乃风雅之实。若不具备此三者，则俳谐只是世俗之言。

同样的话，在《俳谐十论》当中也有多处表述。例如：

……世间人情，乃五伦之常法，趣味乃俳谐之名，寂乃风雅之体。牢记此三者，即便身穿千层绫罗，也不忘一层寂；口含八珍佳肴，也不忘瓢饮之乐。心知世情之变迁，耳闻人世之笑言，可谓俳谐自在之人。

又说：“耳闻可笑（おかしみ）有趣之言，眼却不见姿情之寂（さびしさ），可谓不得其道、不得其法。”还说：“寂（さびし）、可笑，乃俳谐之心之所由也。”在我看来，这里所说的“可笑”可以解释为“俗谈平话”当中的“可笑”的意思，它既然包含着芭蕉俳谐中的“枯淡闲寂”之旨，那么，这个“可笑”也就具有了俳谐中一般概念的性质。所以，支考才断言："可笑乃俳谐之名。"（如将"俳谐"二字仅仅解释为"滑稽"的意思，还是令人感到不太充分。）

支考在《俳谐十论》开头的《俳谐之传》一章，解释了"俳谐"这个词的由来，论述了它与"滑稽"之间的关系，然后导入了他的"虚实"论，他写道：

"俳谐"一词，在中国的《史记》当中意为滑稽，从齐楚之时到秦汉之间，记录七八个人之言行，太史公从天道的赞辞，到以笑言解说大道，或以谈笑加以讽谏，以酒桶喻滑稽。姚氏谓俳谐出自虚实之自在、言语之笑谈。故而俳谐之道，原本来自虚实，其道由三皇五帝传至禹汤文武，及至司马迁，方在《史记》中固定其名。太极之道初分，自儒佛老庄始，虚以实饰之，实以虚解之。孔子后有庄周，解释仁义，到释氏有达摩，说破经论。皆是俳谐之机变。

顺便说一下，关于"俳谐"一词的出典问题，素外的《俳谐根源集》、与清的《俳谐歌论》等书都有详细论述。在下面的《俳谐之道》一章中，支考又写道：

所谓俳谐之道，第一要虚实自在，更要脱离世间俗理，而游于风雅之道，此乃俳谐之坦途。不上此道，则流于狂言绮语之虚假。应游心于虚实之间，以善用言语为要，虚实原本由心而出，所表现者无非言词。

关于滑稽与俳谐之间的本质关系问题，支考认为滑稽是主体，而言辞之游戏，即"狂言绮语之虚假"则作为"虚"的因素，这种看法又必然引出俳谐的"情"与"姿"的关系，乃至事物的"本情"与

“风雅”的关系这两方面的问题，这就使得支考的俳论到达了最后阶段，并将此纳入到了“虚实”论中。

关于相关问题的论述，还需要从支考的著作中，进一步将有关重要言论摘引出来。上文提到的《续五论》中的《滑稽论》实际上就是“本情”论，在那里还有一段文字，因具有美学意味，虽然较长，还是要引述如下：

有情之物不必说，无情之物如草木、道具摆设之类，各有各的“本情”，与人情并无不同。达不到“本情”的人，面对风花雪月也会无动于衷，手持道具也仿佛赤手空拳一般。

“金色屏风上的古松啊，也在冬眠。”炭俵在为这首俳谐所写的序中，认为此句有其魂。这个“魂”是什么？金色屏风给人以暖意，银色屏风给人以凉意，这就是金、银屏风的“本情”。……六月的大热天立起金色屏风，金光闪耀，看着并不舒服，不会摆设的人才如此布置房间。金银屏风的冷暖之感并非今人才知道。此乃天地形成之“本情”，金银屏风中体现出的“本情”，令人想起豪门大户的广厦，这就是**风雅之寂的实质**，金色屏风的暖意就是事物的“本情”，可以说，那首《古松》就是付出二十年辛苦努力的**风雅之寂**。归根到底，有“本情”，有风雅，连“本情”都不懂的人，却努力保有“风雅”，正如把豆腐当作凉拌菜，是不懂何为料理。

“撑着蚊帐过夜啊，银色屏风上的芒穗”，这首俳谐表现的是秋季，写的是在尾城一带出产的银色屏风，表现的是在八榻榻米或者十榻榻米大的房间里，屋檐上照进皎洁的月光，玉阶月色凉如水的秋夜情景。上述那首俳谐写的是房间里金色屏风上的古松在冬眠，这一首写的则是宽大房间中银色屏风上芒穗绽开，表现了银色屏风的“本情”和芒穗的“风雅”。只有懂得“本情”与“风雅”两者，方可入俳谐之门。（《俳谐大系·四》）

通过这样的具体说明，“本情”和“风雅”的意思就很明确了。根据胜峰先生的解释，支考所谓的“本情”，就是事物本身所具有的类型化的趣味；所谓“风雅”，就是个人对该事物的个性化的感受趣味。这种类型化的和感性化的对立，似乎与主观、客观的对立相交错。不过，这也只是大体上的意思。

要言之，在支考看来，“风雅之华”是很重要的，但“风雅之实”（“心”）更为重要。在他的“华实”论中，我们可以看到他与土芳在《三册子》中对“风雅之诚”的强调多少有点接近。然而支考的俳论并没有由此而朝着“不易、流行”的方向发展，而是再次回到了“风情”“风姿”论，并把“本情”与“风雅”的关系作为俳谐表现的形式与内容的问题来看待。这些问题到了《俳谐十论》当中被进一步概括与综合，从而发展为一种“虚实”论哲学，并从“俳谐”与“滑稽”之关系的角度重新加以思考。因而正如上文所述的，《续五论》当中的“华实”论，从某种意义上说是更加重视于“实”的方面，而在其“姿情”论中，他把“姿”与“情”的关系与新旧之体结合起来加以讨论，并没有提出孰轻孰重。但到了《俳谐十论》，在《虚实论》之后的《姿情论》一章中，却明确地提出“应以姿为先，以情为后”这样一种独特的观点，这是值得我们注意的。但是在这种观点中，也显示出了支考在论述逻辑上的不彻底性与奇妙性。他写道：“要论‘姿’‘情’之先后，则可以说，人后于天地而生，仰而观天，俯而观地，长至三岁，方定人形。所谓天地，乃人所名之。人之姿，星月映之；天之姿，草木映之；地之姿，卜文映之。故而应以‘姿’为先，以‘情’为后。虽有君臣父子之别，然‘情’含于天地之间，‘姿’见于忠孝之内。情随其姿，不露其形，乃今日所谓‘姿之论’也。尽忠孝而不去甲胄，则有损于忠情，解衣推食相奉，方见其孝。或曰，以情为先，则于君父之前，无损其姿。梦寐之中亦可尽忠孝之情。可知，应以姿为先，毋庸赘言。”《俳谐十论》不可思议的奇妙逻辑，由此可见一斑。

三 俳论中的美学问题（二）

在上一章的后半部分，我们对支考的俳论做了概观，对他的思想特色及发展脉络做了考察。接下来，我们将对同属于蕉门系统的另外一种俳论——向井去来与森川许六的俳谐思想及根本特色加以考察。看看他们的俳论如何提出和表述美学方面的问题，在对“寂”的概念的解说方面又提出了怎样的看法。

我在上文中提到，服部土芳在《三册子》中论述了“不易、流行”的概念，但完全没有提出“虚实”的概念。与此相反，在支考为数众多的俳论中，“虚实”论是他的核心论点，而“不易、流行”的概念却完全没有提到。这一点是支考的俳论思想和其他人俳论思想的一个重要的分水岭。现在我们仍然从这个角度来考察许六、去来等人众多的俳论著作，也同样可以看到这些著作与《三册子》一样，没有涉及“虚实”的问题，而是以“不易、流行”的问题作为中心。但是，较之《三册子》，论述得更加具体。在这一点上，令人稍感奇怪的是，在北枝的《山中问答》这本书中，却出现了支考所论述的“虚实”概念。据说，这本书是由北枝在元禄二年于加贺山中将芭蕉的观点加以记录而成，全书系统地记述了俳谐的大意、杂谈、连句规则等重要问题（见《俳书大系·四·解题》）。我本人对于文献学上的问题没有评论的资格，但我还是怀疑，在抽象地论述“俳谐大意”的那一部分，似乎还是受到了支考思想的潜在影响，或者说是受了支考伪作的“芭蕉遗书”思想的影响。在《俳谐大意》那一章，开篇就有如下一段话：

有志于蕉门正风之俳谐的人，不能斤斤计较于世间是非得失，无论是鸟兽虫鱼，俗言俚语，概不拘泥。以天地为上，不忘山川万物、草木人伦之本情，游于落花散叶之间，优哉游哉，贯通古今之道，不失“不易”之理，而通达“流行”之变。心地宽阔，不拘于物，与时自在，与人和谐，而通达人情，此乃先师之教也。(《日本俳书大系·四》)

这里出现了“不易、流行”的概念，接着又论述了“关于‘道理’与‘理由’二事”(关于这两者有何区别，上一章也略而未谈，而在支考的俳论当中，这是一个重要问题)。关于这个问题，有如下一段话：“……芭蕉翁曾说过，只有有志于正风、虚实者，方可成为吾门之高足。”“文章有虚实，有巧辩，有仁义礼智，虚中有实，方可谓文章，方可谓礼智。虚中有虚，是为罕见。有自称正风传授者，蕉翁笑之。”又说：“俳谐之姿，虽为俗谈平话，但俗而不俗，平话而不平，其微妙之别，应予牢记。然此区别，对初学者而言难以领悟。”我认为，这些句子与我们在《二十五条》中看到的相关论述颇为相似。

接下来是关于“不易、流行”的问题，正如在上文中所说，在许六与去来的俳书中都论及这个问题，在其思考角度和解释方法方面，两人之间还展开了争论。今天我们从美学的角度来看，在他们的争论中，有许多想法是值得我们注意的。只是这些争论并不像支考俳论中的虚实哲学那样有一定的体系性。但在他们的相互论辩中，各自的思考都有所深化，特别是关于俳谐样式的问题，其思考则颇为细密。我认为，如果在蕉门俳人中，能有人像支考对“虚实”概念所做的哲学阐释一样，把“不易、流行”这个概念也朝着一种哲学的乃至形而上学的方向深深挖掘下去的话，那么这个概念对于“寂”的内容的解释而言，则会成为至为重要的关键概念。然而在许六和去来的俳论当中，对“不易、流行”的解释却很少含有哲学的意味，只专注于俳谐的样式论的应用方面，因而对“寂”的内涵与“不易、流行”之间的关系，论述得比较薄弱，这一点是非常可惜的。不过从论述顺序上，我们还是要把这个问题作为一个重要问题，与蕉门俳人的各家观点一并加以大体的考察。

许六在他的题为《篇突》的著作中，首先提到了这个问题。他说：

俳谐有“不易、流行”之说，除此二题之外，别无其他。近来有人为“不易、流行”自缚手脚而失去俳谐之血脉，或者推崇“不易”，或又重视“流行”，顾此而失彼。若要血脉相续，“不易、流行”之形都要自然具备。正如生男或者生女，只在口头喊出，往往事与愿违。不以“不易、流行”为贵，则不称其为俳谐，此乃从《万叶集》《古今集》延续至今之血脉。先师承续这一血脉，并发扬光大之。后世学习者，必须见此血脉，方可成为蕉门俳人。

由此可以看出许六俳论中的特殊的“俳谐血脉说”之一端。此外在这本书中，还有许多文字特别具有一种洒脱、淡定的俳谐趣味，值得参考，不妨引述一段如下：

先师云：俳谐只是桌上的东西，落到桌子底下就成了废纸一张。临场应该随口吟出。世间不知俳谐为何物者，一旦找到有趣的题材，便咬住不放，是**不知无味之处自有风流**。无味之事，到了头脑中依然无味，则一无所用。**要尽可能在有味之事物中去除浓味**。

这些话的论旨虽有混乱之处，但在我们对“寂”的内容加以考察的时候，是值得注意的。此外，许六在《宇陀法师》中还有如下议论：“所谓新鲜，后来的门人们都经常挂在嘴上，但却没有人真正懂得。有趣旨新鲜者，有句作新鲜者。新鲜的趣旨少见，故而在句作上求新。此乃一秘诀，应向后来的门人们传达。总之，流派风格之不同，皆体现于句作……”（此处的所谓“趣旨”“句作”两个词，在《葛之松原》中也出现过。根据胜峰先生的解释，所谓“趣旨”是指**素材**，所谓句作则是指**构思**。）

关于“不易、流行”的问题最为人所知，也每每被提到的是落柿舍去来的相关主张。

去来有一本题为《花实集》的书，该书又名《柿晋问答》，正如该书名所显示的，它是宝井其角在去来家中逗留的时候，二人对于俳谐的相互议论。后来，去来把这些议论加以笔录整理，做成此书。该书不仅仅记录了两个人的对谈，还记录了去来与其弟鲁町之间的问答，以及其角与其门人尺草之间的问答。去来的著作除此之外，另有《去来抄》《旅寝论》等，还有收录在《俳谐问答青根峰》中的书信体的俳论等。这些都是对蕉门俳论中“不易、流行”之思想加以发挥的重要文献，其中有许多部分互有重复，所以有必要将各书比较参读。

首先看一下《花实集》(《日本俳书大系·四》)。该书开门见山地说：“其角曰：凡吟咏者，必有风，有风必有变，此乃自然之理也。先师洞察此事，而不长久止于一风。假如以先师之风为由，拘泥于一风而无变化，是不知先师之心也。”接着，便直接进入了去来关于“不易、流行”的议论：

去来曰：蕉门有千岁不易之句，一时流行之句，有人将此二分，不知实则通而为一也。若不知“不易”，则难固根基；若不知“流行”，则无新风。“不易”之句乃流传千古之后，故曰“千岁不易”。“流行”则随时而变，昨日之风非今日之风，今日之风非明日之风也，故曰“一时流行”。

然而，如果将“不易、流行”的问题从“千岁不易”之句和“一时流行”之句的角度加以理解的话，那么作为一种艺术论则是很不彻底的，而且从中也会生出很多疑问。因而，鲁町对去来问道：“‘不易、流行’通而为一，究竟是什么意思？”去来答道：“此事不易说清，大体可以人体做比喻加以说明。所谓‘不易’好比人在不动无为之时，所谓‘流行’好比人行住坐卧举手投足之状，是随时随地的变动。其姿势虽随时而变，但无论无为抑或有为，原本是同一个人。”这个比喻虽然很不确切，但它把上述的“不易、流行”之句做了区分，则是很清楚明了的。

接着，为了回答鲁町的提问，去来又举出了若干“不易之句”和“流行之句”作为实例，但并没有做具体说明。例如，对于贞室的一首俳谐——“啊，这就是吉野山的花呀”，认为这是“不易”之句；对于宗鉴的“月亮圆又圆，若安上一个手柄，就是好团扇”，认为这也是一句“不易”之句。而“盛夏热烘烘，天地犹如大蒸笼，人在蒸笼中”，则是流行之句。这一类的说明，今天在我们看来是很难理解的。根据去来的说法，所谓“不易之句”，具体而言就是“无新奇之句。并非写一时一地之新奇之物，故而古今通用”。在这里，他并没有对所谓“新奇”是指什么做出明确的解释（我想可能是指使用双关语等刻意加以修饰雕琢的意思）。这一部分与《去来抄》当中的《修行》篇有一些重复，只有少量文字有所不同。在《花实集》当中，关于“流行之句”的实例只举出了上述的一首，而在《去来抄》当中，除了这一首之外，还有另外两首例句，即“大雪盖树顶，何种树木分不清，焉知是青松”；“海老①有点肥，野老②显得有点瘦，都是老人友”，接着评论道：“这些俳谐发句，有的讲求技巧，有的借用和歌书

① 海老：日语指虾。
② 野老：日语指山芋。

上的词汇或者谣曲中的用词，以求独具一格。这些俳句是一时流行，如今已不足为训了。”

以下我们将引用《花实集》中的一段话，乍看上去会觉得这句话没有什么特别的意思，但是其角作为蕉门最重要的门人，他把俳谐作为一种文学艺术样式并特别强调俳谐的特殊本质，在这一点上与他的老师的看法有所不同，从这个角度看是饶有趣味的。我在思考俳谐问题的时候一直认为，作为文学的一般本质的问题，与作为某种样式的特殊本质的问题，这两者首先应该加以区分，这一点对于我们把握“寂”的美学内容，对于我们将“寂”与“物哀”“幽玄”等概念加以区别都是非常必要的。从这个角度来看，其角的这段话也值得注意。这段话是这样的：

其角曰：俳谐的“基词”一言难尽，凡吟咏者必有品，和歌即是如此，其中有品，俳谐亦如此。对其各种品加以区分时，自然就知道有“俳谐歌”这类样式。不知道何为“品”，便不知何为俳谐，也不知何为诗，何为歌，何为旋头、混本歌。这是因为只知道俳谐是俳谐，却忘掉了俳谐本是俳谐连歌。以俳谐写文章，叫作“俳谐文”；以俳谐咏歌，叫作“俳谐歌”；身体力行之，则是“俳谐人”。倘若自视甚高，不守古法，一味追新求奇，玩弄玄言虚语，则更为不堪。

这段话看上去似乎是其角对于超出于传统“俳谐歌”之范围的俳人们所提出的警告，实际上更是对俳谐这种艺术样式特殊本质的尊重。我这样说也许不太妥当，看法也许不太正确，但我还是认为，不论其角起初所写的那些所谓“江户座”的俳谐，从蕉门主张的“枯淡闲寂”的风格来看是如何的不相称，但其角的俳风还是比芭蕉更体现出俳谐的**特殊**本质。换言之，其角深刻地认识到了俳谐虽然是文学，但是它和汉诗、和歌等文学样式有着不同的、特殊的本质，应该将俳谐的特性努力加以发挥（当然是在与蕉门风格不相矛盾的范围内）。本来芭蕉作为正风俳谐的创始者是对贞门派、檀林派传统的一种反抗，可以说是俳谐的革命者。在反传统方面，芭蕉鲜明地提出了“俳谐无古人”的口号，努力探索，其结果在使俳谐的趣味加以精练纯化的同时，也使俳谐表现出了稍显偏狭的倾向。而其角在这一点上却与芭蕉有所不同，他似乎更强调要将革新与历史的传统两者加以调和。俳谐经芭蕉之手，在文学和艺术的价值方面，已经具有了非常高的价值，不用说，这是文学史上划时代的现象。然而从另一方面来说，俳谐不能仅仅以一般的“文学”或“艺术”为满足，还应该在此基础上凸显它作为一种特殊的文艺样式的本质，并由此获得更高的价值。事实上，在芭蕉的杰出作品中都充分地包含了这方面的价值。正因为如此，在芭蕉以及蕉门弟子的创作中，都带有“寂”这种特殊的审美情致（我在后文中将要说明“寂”的概念并不单纯是“闲寂”的意思）。当然，一般价值与特殊价值这两方面的价值实际上是不可分割的。在一首俳谐作品中常常是浑然一体的，但有意识的努力和无意识的天赋，使得不同的俳人朝着各自不同的方向发展。在芭蕉和其角两人之间，似乎多少存在着这种倾向上的不同。

关于这个问题，我想起了收在《俳谐问答青根峰》一书中的去来写给晋氏其角书信当中的一段饶有趣味的话。据这段话记载，有一次去来对芭蕉问道：“其角为什么有时不追随您的‘流行’之论呢？”去来又说：其角在诗才、能力方面是非常杰出的，在我看来他不应该干出独行其道、有损师门的事情来。然而，回头看看他吟咏的作品，他写的“不易”之句颇为奇妙，至于“流行”之句则失去了当下的情趣。“其角身为当今宗师、蕉门高足，其俳谐吟咏却没有继承老师您的衣钵，使门内弟子颇为困惑，不免招致同门侧目。”对于去来的这段话，芭蕉这样回答：“我知道你这些话的意思，但是如果天下的老师自己作茧自缚，那也就没有什么值得别人学习的了。其角在这一方面不循规蹈矩，也不跟从我的‘流行’之句……若知道什么是‘风雅之诚’，就知道所谓‘流行’也各有不同，只能相得益彰。”但是去来对老师的这段话还是没有理解，便进一步追问芭蕉，他说：纯洁的冰雪若长期堆积不动，必然生出污秽。如果其角一直恪守古格，那我则认为其角这把剑将变成菜刀。对于去来的这句话，芭蕉予以纠正，说：“你说话应该谨慎一些啊。其角虽然并不追随我今日的‘流行’之句，但他不会不知何为‘风流’。”由此可见芭蕉对其角是如何的信任，也可以看出，其角不追随芭蕉的“流行”之风，正是他了不起的地方。后来，去来和许六之间曾围绕其角的问题而展开了争论。许六为其角加以辩护，而去来则坚持认为：“论其角的才气，远在我之上；若论其角的俳谐，则在我的脚下。”这些话都很有意思。

在去来的另一部著作《旅寝论》中，也同样提到了类似的问题，论述的是俳谐与和歌之间的关系问题，这与“不易、流行”论也许没有直接的关系，对此我在后文中将详加论述，但因为多少与现在的论题有关，所以先顺便简单介绍一下。在《旅寝论》中，去来写道：

古来和歌所写的名胜，也就是俳谐所写名胜，倘要权且将两者加以区分而论，可以说，和歌方法规则多有确定，歌题和所写名胜有限，不能超出规矩、法度之外，因而，和歌的名胜与和歌的歌题都是确定不变的，而俳谐则没有这样的限制，无论什么样的词，俳谐都可以使用。只是，和歌当中最美的题材与用词，俳谐却未必使用，**只是和歌所着眼者与俳谐所着眼者大异其趣**。例如，花是和歌的题材，而菜种则是俳谐的题材，但也不能说花不属于俳谐的题材；吉野山是和歌的名胜，如意山是俳谐的名胜，但也不能说吉野山不是俳谐的名胜。因而，吟咏花和吉野山，也并不是俳谐将和歌的题材权且借用过来，因为吉野山也是俳谐的题材范围。古人在和歌中不断描写着这些题材，俳谐继而行之。看上去两者似乎有所区分，深究下去方知这样的俳谐接近古风。

原来，这部《旅寝论》是著者去来在他的家乡一带长期旅行的时候，偶尔看到许六、李由合著的《篇突》一书，便写了这本书加以批驳。他对于许六的“不易、流行”论做了批评并提出了自己的见解，然而，这本书并没有提出值得我们注意的新鲜见解。他说“不易”和“流行”是“正风与变风之名也”；“若不知此‘不易’，便不知先师俳谐之根本，若不学此‘流行’，便落后于先师之‘变风’”。他认为，其角虽然是蕉门的高足，并且“博学多才”，但“他只是逞纵一己之好，长期不随先师的变风，而为同门人所诟病”。要言之，在去来看来，“不易、流行”的问题在任何时候都是作为俳谐的具体的表现样式问题来考虑的，而许六的观点则是：与其重视这种样式的区别，还不如更强调俳谐一以贯之的“血脉”，至于这个“血脉”的含义是什么，却语焉不详。根据《篇突》中的解释，“血脉”似乎就是指《万叶集》《古今集》中一脉相承的东西，是俳谐当中应该包含的，文学艺术中的普遍的历史本质。但是许六并没有把这个“血脉”等同于“不易”，而是将“不易”和“流行”仅仅看成是“形”的差别，正如人有男女之“形”的差别一样，在这一点上，他与去来的看法其立足点是大体相同的。许六和去来关于这个问题的争论，却在《俳谐问答青根峰》所收通信文章中达到了高潮。

在收于《俳谐问答青根峰》的《赠落柿舍去来书》一文中，许六对蕉门的某些弟子过度拘泥于“不易、流行”或“寂”之类，痛加批评。他说：“近年来，湖南①、京师②的弟子过于迷醉于‘不易、流行’二词，拘泥于‘寂’，却丧失了真正的俳谐。斟字酌句，刻意求

① 湖南：指日本琵琶湖（位于滋贺县）之南的地区。
② 京师：指日本京都。

‘寂’，不是真正的俳谐。”然后又说了一段更加尖锐的话：

某些湖南的作者，既没有好的构思，也没有写出作品，却大喊什么“不易之句”“流行之句”。和歌本来不分体，所谓和歌十体，在定家、西行之前，是不存在的，和歌创作有了积累后，才呈现出“十体”来。在和歌评判者眼中，每首和歌都归属某一体，并且刻意吟咏出某一体的和歌，这岂不可笑至极吗？“不易、流行”之说也是人为杜撰出来的，在“不易、流行”之类的规定还不存在的时候，俳谐世界中就没有秀逸之句吗？

对于那些将“不易、流行”做表面的、形式上的解释的人，这些话可谓当头棒喝。

对此，去来在《答许子问难辩》当中，再次就“寂”、“枝折”以及“不易、流行”的问题，详细阐述了自己的见解，关于“寂”以及“枝折”的问题，我在后文中还将做详细分析，这里暂且从略，现在只就“不易、流行”的问题来看一下许六和去来之间的论争，从今天的美学立场来看，许多地方是很有意思的。去来说：

我认为，若追随当时之风，只要平日有心，构思与作句，其实不分先后。创作时感兴到来，构思自然就有。苦思冥想者，首先想的是构思。有了构思，就是作句。作句时有新风、古风之别。古风的因素被反复清除，为的是合于新风。新风终于显出，句作遂告成。故而所谓“流行”，或许是构思在后，句作为先。这也是我平日的创作体会。

这就是去来对“流行”这个概念的理解。他又说：

另一方面，“不易”之句一旦掌握，就不会改变。所以不能像

"流行"之句那样，在构思"流行"之句时，有时会想出"不易"之句，所谓"不易"，就是一旦心有所得，便不再改变。因而不像"流行"之句那样，要仔细潜心琢磨、不可丢弃、一生不离。在思考"流行"之句时，或会得到"不易"之句，也要照样写出。这正如旧染之风，并不一定加以摆脱。

这里所说的"旧染之风"，用今天的话来说，大体就是"定型"的意思。他还说：

退一步想，雅兄入俳谐之道既久，必有旧染之风，创作的时候或许会受其干扰。排除之或接受之，对于新风的吟咏并非无关吧。心有所想、口必有所言。若雅兄没有想到这个问题，那么雅兄也许本来就没有旧染之风。或者说，纵使有过，也是一旦抛弃，便不再沾染吧。但是，能做到这一点的，不是凡人，对于普通人而言，就很难说了。

去来在这里对"不易"这个概念的说明，似乎还不太透彻。我认为，这里所指的，似乎是俳谐本身应有的"姿"（样式），即俳谐作为一种艺术在本质上被规定的样式（作为样式概念的"不易"，去来的看法到后来多少有一些变化，详见后文分析）。不过，去来在这个问题上缺乏精确的分析，而只是对"不易"和"流行"的表面特征加以描述，例如，在上述文章中，他还写道："奉纳、祝贺、追悼、贤人、义士之类的题材，一定要写成'不易'之句，而即题、风咏，或者与其他门派的酬唱，或者故意追新而学习新风等，皆宜写成'流行'之句。"他对"不易、流行"的论述方法由此可见一斑。而这样的看法恐怕是许六所排斥的，这又当别论。如果我们对去来的意思加以仔细琢磨，可以看出比起"不易"来，他更强调的是"流行"，在其论述中也包含着某些正确而且深刻的见解。他主张抛弃"旧染之风"，而努力“合于新风”，不仅仅是对乃师芭蕉数度改变风格、不断探索新风的仿效与追随，而且也表明他已经意识到，必须在牢牢把握俳谐艺术本质的基础上，尽可能追求新趣味，呈现出新的美，这是俳谐作为一种特殊艺术样式的最为本质的东西。

关于“寂”的内容，后文还将详细讨论，这里我只是要说：俳谐既然以“寂”为审美宗旨，就必须有新的艺术表现。而且不单单是“新”，还要像清澈的流水那样，不断地变化流动。这对于保持俳谐之美是至关重要的。更进一步说，不仅仅要有清冽的流动之趣，还要有“寂”，就是要与寂然、永恒、古旧、苍老之“寂”结合起来，才能达成一种美之融合的特殊境界。这种特殊的融合，就是要将自然的永恒之古，与个体精神的不断更新，置于一种相辅相成的关系之中。我认为，对“不易、流行”的深刻内涵，需要从这样的角度、做这样的解释。因而，“不易、流行”的概念从根本上说，对于我们理解作为俳谐之特殊美感的“寂”的内容，具有极为重要的价值。把这一概念作为问题提出的芭蕉本人，对这种特殊的美自然是有深刻体会的，对于这种根本的、深刻的关系也具有一种直观性的洞察。不过对这个概念，他本人并没有试图尝试做出解释和说明。而且，在蕉门弟子对这一概念的种种解释中，正如我们上文所大体评述的那样，他们只是从俳谐样式或者从风体的角度，来思考“不易、流行”之间的关系。对于实际从事创作的人们来说，两者之间的关系可能会是他们关心的焦点。然而，可惜的是，仅仅把问题局限在这个范围内，还是很肤浅的。

去来的俳论中最引人注目之点，当属他的关于“不易、流行”的样式论或“风体”论，关于这个问题，我已经在“幽玄”概念的研究中做了大体考察（请参见拙著《幽玄与物哀》）。在中世歌学中，对和歌的风体问题有大量的讨论，但是在这些歌学书中，“风体”概念本身只是被粗略地理解为和歌样式。而在去来的俳论中，因受到与许六论战的激发，他对“风体”的概念做了更为精细的考察，这一点也是值得我们注意的。

如上所述，许六在给去来的书信中，认为歌体作为一种划分的结果，是在和歌创作实践中自然形成的。他批评一些人“不去好好读定家、西行以来的和歌”。对这样的批评，去来回答说：

我的想法与我雅兄所言有所不同。“体”与“风”不是一回事。首先，流行者谓之“风”，“十体”谓之“体”。“体”贯通古今而不被舍弃，“风”随时而变有舍有弃。正如“万叶风”“古今风”“新古今风”一样，又有“国风”和“个人风”之区别。“流行”是一时之风，故曰“一时流行”，而“不易”则是古今不变，无可取舍，故称之为“体”。“体”自有一体而无“风”。“风”由时而定；“不易”笼罩万体，又有一己之“风”，故其“风”不随时而变。不随时而变，便能贯通古今，故曰“千岁不易”，而这也不能不谓之“风”。

吟咏和歌，要想到是吟咏何种“风”。后鸟羽天皇曾说：“生于今世而吟咏古歌者，是西行法师。”《古今和歌集》序言中也说：“小野小町之歌，属古代衣通姬之流。”这些话都是从“风”的角度而言的。西行、小町那样的人，不学古人则不能如此。也许有一些天才人物，不学而能吧。

“体”，无论怎样的“体”，原本就不是随意虚构出来的东西。听说在歌合、贺歌、初会等场合的和歌中，有人一开始就下决心吟咏出什么“正风体”，《六百番歌合》中，显昭只是吟咏一种体，所以多被判为“负”。

这段文字不但有一些语义不清的地方，而且从与许六论争这一语境来看，举出和歌中的西行和小町的例子，似乎还不足以对许六的观点加以反驳。但是他把“不易”“流行”与“风”、与“体”加以细致区分，可以说是饶有兴味的。现在我试着将去来的思考，以我自己的理解发挥一下，似乎可以得出下面的看法，那就是：所谓“风”，完全是由历史的和个人的因素来决定的，作为样式具有极为具体的、可变的特点；与此相反，所谓“体”，是从这种可变的因素当中抽象出来的，超时间的、固定的、指向一定方向的。例如在和歌中，有“幽玄体”“有心体”“事可然体”“有一节体”等，都是从艺术表现上的种种特征抽象出来，作为众多和歌当中的共通的特征，这似乎就是去来所谓的“体”。按我的理解，以这种抽象的、表面上的概念范畴为标本、依据，来创作和歌，是与真正的诗歌创作态度相悖的。因而，以这种理智的态度作歌的显昭法师在《六百番赛歌会》中的许多作品被判为“负”。与此相反，“风”则不是理智的、抽象的东西，是由平日或者某一个时期追慕某人的歌风并加以吟咏，便自然形成了近似于那种“风”的和歌。他所举的西行和小町的例子，要说明的大概就是这个意思（可是即便如此，从逻辑上看，这些例子还不足以驳斥许六关于“风是吟咏的自然结果”这样一种论断）。接下来是“不易”这个概念，在去来的眼里，“不易”仍然指的是一种独特的“风”，它与“体”是不同的东西，至少“风”不像“体”那样抽象和概念化，“风”是具体的、美的样式。而且“风”也和“体”一样，是“古今不变，无可取舍”的，所以在某种意义上说，它具有超时间的、超历史的、超个人的一种稳定性。但是“不易”与种种“体”又有所不同，它是贯通于各种体，由俳谐本身的本质的条件所规定的样式（“风”）。它不是“体”那样的抽象范畴，而是带有极为稀薄的个性化、历史化、普遍性的性质。

我想，这恐怕就是去来想说的意思。不过在这里，“不易、流行”的不变性、可变性只是一个程度上的问题，实际上是不能将它们的差别和对立加以绝对化的。而且也容易招致一种偏向，即较之“不易”，有时候则更偏重于强调“流行”的价值。如果在这个时候，对“不易、流行”从价值观的立场加以强调的话，就有必要把“体”与“不易”中超时间的稳定性作为本质上的差异加以考虑，即前者是**理智意义**上的稳定性，后者是**审美的**乃至**艺术意义**上的稳定性。“不易”之句从逻辑上来看，尽管是某时代、某人创造的艺术样式，它也具有适用于所有时代、所有人，亦即“千载不易”的稳定性，因而具有高度的艺术价值。但它的形成，无论如何都是个性的、具体的，所以“不能不称之为‘风’”。而这个“风”，又具有横亘古今之价值。假如从这个角度来看的话，去来的“不易”的概念，就与“体”“风”区别开来了。正如我在《幽玄与物哀》中详细论述的那样，这一区别也就暗示了由样式概念向价值概念的内容上的转化。不过，对去来来说，这种样式概念和价值概念的区别并不是有明确意识的，而且他所说的“不易”，似乎更接近于一个单纯的样式概念。

在我上文所引述的许六的书信最后，有“在‘不易、流行’之类的规定还不存在的时候，俳谐世界中没有秀逸之句吗？”这样一句话，对这句表意不很清晰的话，去来这样回答：

我认为，这一高论，语义含混。想来，大概说的是“不易、流行”两种品类尚未划分之前，“秀逸之句”似乎不该有。

以我愚见，说的是在“不易、流行”提出之前，应该没有秀逸之句。俳谐连歌是和歌之一体，分上下两句，和泉式部就有这样的歌句。有关古籍中也载有平忠盛、源赖朝的类似作品。他们都体现了当时的时代之风。即便从神代开始看，有句方有“风”，无句则无“风”。无“风”则不能称俳谐。故“不易、流行”存在之前，则没有俳谐，岂止是没有“秀逸之句”？！“不易、流行”并非他物，**只是“风”之名而已**。其可变化者叫做“一时流行”，不可变者叫做“不易”。

又，在《俳谐问答青根峰》所收《再呈落柿舍书》中，许六再次以此回应去来，并且又谈到了“不易、流行”以及“风”与“体”的问题。他指出：芭蕉说过“千岁不易”之体、“一时流行”之体，但没有提过“风”的问题，认为“‘风’动而枝叶动，‘体’有根而贯古今”。但其中的看法已经没有什么值得我们讨论的东西了。

以上我对蕉门的俳论做了大体考察，并试图从中抽出几个值得注意的主要的美学问题加以讨论，由此我们可以看到，在蕉门俳论当中，“虚实”论和“不易、流行”论是两个焦点、两个根本问题。对这两个根本问题的理解，支考一派的想法与去来一派的想法判然有别、存在着系统上的差异，各自朝着完全不同的思路加以发挥。然而尽管如此，从其美学体系上看，蕉门俳论是一个整体，这两个问题也有着更深层的关联、相互补充，形成了表述俳谐艺术本质的独特概念。从概念方法角度来看，要把握作为俳谐独特审美理想的“寂”的本质，就必须了解这些问题在俳论史上是如何展开的，对它们所包含的诸多启示加以充分考虑，否则就难以达到目的。正如我在本书序论中所说的那样，在研究“寂”这一美学范畴的过程中，对俳论中出现的相关美学问题的探讨，是这一研究的必要前提和准备，也是对俳谐本身艺术特质的一般性考察。

四　俳谐的艺术本质与“风雅”概念

我曾在另外一部关于“幽玄”研究的著作中，从美学的角度研究歌学，进而考察和歌艺术的一般性格。现在，在以俳谐为对象的“寂”的研究中，我也想采用同样的研究方法。在考察俳谐的艺术特性时，使用我在歌学研究中的方法，仍从下述的审美意识的三个视点来观察俳谐的艺术性格，只是为了观察的方便，我把原来的三个视点的顺序稍加改变。

第一，从审美意识之活动形式的**创作与接受**的关系来看俳谐，那么我们马上就可以直觉地感受到俳谐作为一种艺术的非常显著的特色。不过，在这里我想首先指出的是，所谓俳谐，不单单是指十七字音的发句或俳句，也应该把“俳谐连歌”或称“连俳”包括在内。明治时期，西洋文学思潮或者艺术观念输入我国的时候，许多人据此对我国固有的文学加以批判反省，对于把发句（俳句）看作一种文学样式，大家都毫不犹豫。至于连俳，人们一般认为，由于连俳缺乏严格意义上的文学或者诗的特性，因而便可以将它排斥在艺术范围之外。对于这个问题，过去我国文坛或俳坛都有哪些观点议论，我没有做详细的调查研究，只是在过去曾经读过的正冈子规的《芭蕉谈》当中，看到子规在这方面提出的明确主张。子规在评论芭蕉的时候，明确表明只看他的发句而不取他的连俳，在子规看来：“……发句是文学，而连俳不是文学，故不予讨论。虽说连俳也含有文学的因素，但更有非文学的因素。……连俳所注重的是变化，变化就是文学以外的因素，只是这种变化并不是遵循统一的、连贯的秩序，而是一种前后缺乏联系、忽起忽落的变化。例如，'歌仙行'将三十六首俳谐歌编排在一起，但两首之间只有同一首的上半句或者下半句有联系。……即上半句和下半句相联系是连俳的特质。比起感情的表达来，更依赖于知识的因素。比起发句来，芭蕉在连俳方面更为擅长，这是芭蕉的真实情况，这证明芭蕉只是一个博学多识的人而已。"(《獭祭书屋俳话》)

现在，我不打算对这个问题作美学上的评判，而且觉得也没有这种必要。我认为，在对这个问题得出最终答案之前，首先要对"艺术"或者"文学"本身究竟是什么，下一个确定的结论。作为一个美学研究者，不能只从这种确定不动的结论出发，而必须注重得出这个结论的过程，所以我不做最终的结论和判断，只是为了达成我的结论和判断而进行种种必要的反思，从而对相关问题加以探索和思考。假如把一般的人格统一性作为艺术的根本要义加以考虑，那么像"连俳"这样的文学样式，在子规那样的明治时期的文学先辈们看来，只是一种游戏，而不是一种严格意义上的文艺样式，这样的看法是可以理解的。尽管如此，我还是想在这里提出我自己的看法。我认为，若以西洋的思想为背景和基础，来思考艺术原理及其相关概念，那么对于东洋或者日本的艺术生活方式的解释而言，是很难契合的。如果我们能摆脱既有的西方理论思路与立场，去仔细考察东洋乃至日本人的艺术与生活，体会其中所包含的那种审美及艺术的深深的满足感，那么我们在研究美学问题的时候，就不会根据前者而抛弃后者，相反地，还会基于后者的理论反思，而对前者的理论原理加以修正和补充，从而对西洋传统美学和东洋古来的艺术现象之关系做总体思考。而我们对西洋的理论原理如何反省，决定了我们对其加以修正与补充的可能性。不过，这最终也难以保证不以西方的理论来否定东方的艺术。但至少可以说，我们在这一方面做出尝试和努力应该是值得的。

那么，“连俳”这种文学样式，果真如子规所言，是一种无统一、无秩序的东西吗？我在这里不想多加评判。我只是想说：从艺术的立场来看，在西方，即使作家个人的人格独立性完全不被认同，由集体创作而形成的民族史诗，正如黑格尔所强调的那样，也具有重大的艺术价值。正如对诗的起源问题有着精细研究的加米亚等人所主张的那样，假如所有的诗歌的原始形式都表现了集团性的社会性质，那么像我国的“连俳”这样的东西，至少在这一点上看仍然保留了“诗作”的原始形式，是在某些方面保留着突出特色的一种特殊的历史现象和艺术现象。像这样的一种集体性创作形式的高度发达，从艺术的角度来看，也应该加以尊重。这种主张和想法在西洋也是普遍得到认可的。凡学过德国浪漫主义文学史的人，对此也都非常熟悉（在早期浪漫主义中，不仅仅是“Syn-dichten”①，而且也提倡“Syn-philosophieren”②）。我认为，在许多方面，日本的艺术思想和艺术观在根本上包含着与西方浪漫主义相通的许多因素，而“连俳”这样一种创作样式，在某种意义上可以说体现了浪漫派所提倡的所谓共同诗作之理想。

与此同时，我们在这里还要指出浪漫派艺术观的另一个观点，即他们在诗歌创作或者是一般的艺术创作中，不太重视与作家自身相脱离的残留于客观世界的外在的东西，而是更注重作为艺术作品之根基的、作家自身的精神因素，以为这样一种艺术形态（或者包含着这样一种精神的内在的“艺术”）具有更大的价值。我认为这一点对于我们思考“连俳”具有极其重要的参考价值。因为子规所指责的无统一、无秩序、缺乏个性与人格独立性的“连俳”，其实只是把经过整

① Syn-dichten：德文，意为“共同创作”“集体创作”。
② Syn-philosophieren：德文，意为“集体思考”“共同探讨”。

理笔录的“歌仙一卷”[①]作为客观性作品来看待时，所得出的一种看法。假如把这种作品作为各个诗人的共同诗作加以分解，然后再加以考察，那么就会发现，其中发句的作者不必说，就是那些唱和接续的人，也都在与他人的不即不离的关系中发挥着自己的审美情趣，通过唱和而将自己的人格精神贯注于集体性的艺术活动中，从而进行艺术创作。倘若把“连俳”的艺术特色集中在这一点上来加以观察，那么事后经笔录整理出来的“歌仙一卷”作为一个整体来看，它并不是一个完整的艺术作品，只是一个共同诗作的整理笔录，或者只是不同的艺术作品的简略化的辑录而已。据说芭蕉曾经说过：“俳谐就是桌上的东西，飘到书桌底下就成为废纸一张。”对于这句话，许六在《篇突》当中理解为：“唱和的时候要一气呵成。”这是指俳谐要经常着眼于推陈出新。如果我们从上述的意义上加以理解，则这两句话似乎更有深意。我曾在一篇西洋短篇小说中读到了一个故事，说一个艺术家每当艺术创作的冲动袭来时就投入写作，而一旦作品完成，却并不示人，而是直接将作品销毁，以便独自享受创作与欣赏的乐趣。日本的和歌和俳句就其原本性质而言，与其说是提供客观性的作品，毋宁说是把重点置于自我创作过程的陶醉。（即便在“撰集”中或者“歌合”的场合，作品的客观性看起来似乎更为彰显也罢。）

如果从这个角度加以考察，我认为把“连俳”作为日本独特的一种艺术形式，视为文艺作品的一种，也未尝不可。对这种非常特殊的，多少有点另类的文艺样式，作为俳谐来看，不仅具有“共同诗作”的外在形式，更包含着在座的每个人内在的创作过程。这一点是需要我们更加关注的。因为在“连俳”相互酬唱的过程中，一个人听了别人的上一句，就会在内心里仔细地加以玩味，既要一定程度地摆脱上一句的既定思路，又要承续上一句所具有芬芳气息这样一种微妙

① 歌仙一卷：将三十六首和歌编为一卷。

的联系，从而创作出下一句。这一点正体现了审美意识的两个侧面，那就是接受与创作，并把这两者置于一种密切的内在联系中。本来日本的诗歌体制特别短小，因而才特别重视余情、余韵。从西洋的艺术理论来看，这种余情和余韵作为心理学联想的产物，是在接受者的心中所激起的一种精神现象。而在我们今天所说的连俳的场合，可以说，对这种余情余韵的体味，某种意义上是在接受的同时又参与着创作，这样来理解似乎更为恰当。从这个角度看，在一首发句的接受与欣赏中，也常常蕴含着创造意识的激发。作为一种美学现象，我们需要加以注意的是连俳如何将"创作与接受"两者在精神上加以特殊的结合。

第二，从构成审美意识主要精神作用的"直观"与"感动"的关系来看，虽然多少有些例外，但一般而论，俳谐的艺术性常常把直观的因素作为根本条件。当然，所谓直观，从官能的、感觉的直观，到官能之上的种种层面的、知性的直观，具有各种阶段上的不同表现。而且，关于具体艺术作品中的直观，在我们讨论直观与感动的关系时，也有必要对其整体构造的各个层面加以区分，不能一概而论。在此，我只是在俳谐的直接的艺术表现的外层来看待直观问题，认为比起感动的、抒情的因素来，俳谐值得注意的特色是特别强调客观性的直观因素。俳谐就是要在自然界和人世间所有的现象当中，见出其间的种种联系以及各自的特殊情绪与氛围，并把这些作为主要的素材。在它的艺术表现的层面，大都是游离于主体感情或自我感情，而常常带有客观性的倾向。从审美内容的构成性来看，情趣和氛围本身虽属于感情的因素，但我认为，俳谐之所以能够将这种感情的因素近乎无限地、自由地加以客观化，就是根源于这种特殊的直观倾向。

我们确认了俳谐的这一根本特色，还要在表现的层面上认识到，同样是俳谐，也有主观倾向与客观倾向，或者主观抒情与客观表述之间的差别。芭蕉有一首凭吊俳人一笑的著名俳句，曰："我的哭声，伴着秋风，撼动了坟冢。”同样，芭蕉也有一首凭吊俳人岚兰的俳句，曰：“秋风悲鸣，吹折了，桑木拐杖。”同样是表现悲伤感情的俳句，前者是非常直接的主观表达，后者却是稍微间接的客观表达。作为俳句来说，恐怕像前者的表现方法是少见的个例。依我看来，这首《撼动了坟冢》俳句，以区区十七个字的篇幅，强烈而又鲜明地表达了极其悲伤的感情，在其他的俳句中似乎找不到类似的例子。这是一种艺术技巧上的问题，从表现的真实性这一点来看，不免带有有意为之的夸张的痕迹。在外在的文字上加以极端化的直接表现，而将间接的、客观的余裕之心包含于其中，因而使得这首俳句所表现的悲伤痛苦显得过于直截了当，与俳谐通常的表现方法并不符合。然而，正如芭蕉自己所说的那样，名人就是敢玩危险游戏的人。这首俳句似乎也确实是在俳句的表现上做了一个危险的游戏。

从根本倾向上来说，俳谐的艺术性与其说来自普遍所认为的那种狭义的“美”，毋宁说更依赖于广义上的“真”，这一点应该是不言而喻的。不仅限于俳谐，在一切的艺术形式，特别是文学中，“美”与“真”都有着最为密切的关系。由于思考方法的不同，一些人以为一切艺术的目的不在于“美”而在于“真”，特别是到了近代，这种艺术观每每被提出并加以强调。布瓦洛就说过一句有名的话：“Rien n’est beau que le vrai.”① 艺术与科学所追求的并不是同一意义上的真理。艺术的最终目的在于“美”还是在于“真”，常常只是一个单纯的概念名堂问题。从总体上来看，俳谐往往是以一种冷静、直观乃至谛观的态度，对所有的现象世界真实体验做最为忠实的表现。因而，倘若要考虑到俳谐的独特之美，就必须冷静、直接地捕捉现象，在直观的、真实的基础上创作，才能拥有其价值。“寂”这种美的形态，在这种意义上就与真实性之“深”有了最密切的关系。可以想象，捕捉到这

① Rien n’est beau que le vrai：法文，意为“唯真为美”。

种"深",就需要有一种与此相适应的、独自的精神姿态。《去来抄》中有一句话说:"蕉门俳谐情景相融,其他门流只是故弄机巧。"说的也是尊重真实性的意思。俳人白雄在《寂栞》中也有类似的话,他说:"俳谐之正心在于正风,正风就是不故弄机巧,而得自然之实情。以正确表现万物为宗旨,适应万物就叫'真实'。……我以前曾倡导'兴',但毕竟还是芭蕉翁看得更透彻,他在俳谐中倡导真实无妄的正风。"(见《俳谐丛书》)

俳谐作为艺术,除了这些根本性质以外,还具有其他种种具体的特色,在这里不遑一一论述。我只是想从上述的俳谐的根本特性中,指出俳谐表现中的"观照性"这一与其他诗歌样式所不同的特点。以我的看法,俳句表现的"观照性",在很多情况下可以比较明确地区分为两个层面,这两个层面都与上述的俳谐的根本特性以及下文将要谈到的俳谐的艺术本质有着必然的联系,在这里我们暂且把这个问题限定在"诗意表现的观照性"这一点上。在普通的诗意表现中,例如在和歌这样的诗歌样式中,我们可以从一首和歌所表现的"内容"的具象性或者观照性,去体察作者的创作心胸。在读这首和歌的同时,我们可以直接地、瞬间地在我们的意识当中,通过观照对此加以把握。(当然,这只是从原理上而言,实际上在具体的情境下,对作者与接受者而言,或者就不同的接受者而言,未必都具有内容观照的同一性,对此我们暂且不论。)例如我们读"皑皑朝雾中,明石海湾朦朦胧,海岛似行舟"这样一首和歌的时候,尽管"明石海湾"的实景我们不曾亲眼看过,但是我们可以凭直觉的想象观照,使这首和歌所表现的内容直接地浮现于脑海中,这就是一般意义上诗意表现的"观照性"。在这种情况下,如果把"观照性"限定在狭义的视觉具象性这一层面上,那就会产生像莱辛曾做过的诗与画之关系的思考与议论,这与我们今天的话题没有直接的关系。在一般的、许多的诗意表现的场合,作为审美内容的特定的情景**直接**以诗句传达给我们的心灵，在这个意义上，诗意的“观照性”得以成立。

在俳句中，这种“观照性”往往会在两个层面上传达给我们。也就是说，我们读一首俳句，最初直接传达给我们的，很多情况下只是其客观性素材的具体事象的观照性。然后是第二个层面，这首俳句在我们内心反复回味，沉潜在我们的心中而形成一种鉴赏意识。在这个层面上，充分的、诗意的观照性，即作为特定的诗意情景或者审美内容的特定的观照性得以成立。实际上，以上所说的两个层面，或许没有明确的时间先后的关系，我们仅仅在假定的意义上将鉴赏意识划分为“**第一次素材的观照性**”的层面和“**第二次内容的观照性**”的层面。即便如此，实际上，由于俳句的样式和题材的性质，还有俳句鉴赏者的审美鉴赏能力的高下，也会有程度的差异。我把这一点看作俳谐艺术的一个特征，但并不是要把这一特征看作只是俳句才有的特有现象，在其他的诗歌形式（特别是像和歌这样的比较短小的诗歌形式）当中，多少都会不同程度地有所表现。不过，和歌和俳句除了诗形大小的区别之外，还由于其他种种理由，使得这种倾向在俳句中表现得特别突出，以至于我们不妨把它看成是俳句的一个典型特征。

可以举出一些实际的俳句作品来证明上述的观点，但是举出一些脍炙人口的有名作品反而很难说明问题，因为我们对那些名句已经形成了一种鉴赏的定势，故而很难清楚地意识到上述两个层面的分别。我想应该在名句之外的范围内举一个例子，这使我想起了曾几何时读过的一个名叫横斜的俳人写的一首俳句：“剪下头发来，供奉祠堂中，断发吹秋风。”这首俳句的巧拙问题又当别论，记得自己当时读这首俳句的时候，通过俳句的这几个词，直接浮现在我眼前的，就是在秋风萧瑟、荒凉寂寥的偏僻乡村的破旧祠堂中，挂着一缕缕令人毛骨悚然的、污脏的女人的断发。这种感觉恐怕是这首俳句的文字本身所传达出来的客观事象。对这首俳句的表现而言，可以说这只是单纯的素材因素，这就是我所说的“**第一次素材的观照性**”的层面。然而，当我们超越素材的层面，进一步去鉴赏这首俳句所表现的诗意或者俳句内容的时候，我们就到达了从整体上鉴赏这首俳句的诗情的层面。我们就会联想到那些愚昧而又纯朴的人们，出于种种理由向祠堂供奉断发，把剪下来的头发一缕缕地挂在那里，由此我们会联想到她们多样而又复杂的人生。尽管这种联想是朦胧、漠然乃至混沌的，但是我们仍然可以从心底浮现出那悲凉的秋风、自然的情趣与人生悲哀的融汇。于是，这首俳句所要表现的特殊的诗意情景，就作为“**第二次内容的观照性**”的层面而在我们的心中形成。这就是我所说的“**第二次内容的观照性**”层面。（在这里“观照性”这个词也许稍欠恰切，但在现在的美学术语当中，这个词也含有非视觉的、体验性的因素，并可以从广义上加以理解。）

以上我举的这个例子或许不够具有代表性，但我想说的意思，通过这个例子，大体上也可以得到明确表达。不同的俳句多少会有一些差异，但从美学的观点来看，这种倾向是值得注意的。芭蕉那首著名的俳句：“寒冷鱼铺里，咸盐的死鲷鱼，龇着一排白牙。”经反复阅读鉴赏，我们可以直接感受到其间所蕴含的一种诗味或者俳味。但如果从观照性的两个层面来看的话，在“第一次素材的观照性”层面上几乎没有什么“美”感可言，我们所感受到的无非就是那完全没有美感的、充满腥味的鱼铺。这一点正如我曾经说过的，俳谐在题材选择上，与和歌有所不同，对乍看上去丑恶肮脏的东西也不回避，因此，这首俳句写这样的题材也是很自然的。

对这种情形的形成加以详细考察，我认为可以得出如下的看法。

第一，俳句用极为严格限制的、少量的词语来充分地、直接地表达作者心中的诗意，自然感到困难，于是就势必要使用暗示的手法。因而对鉴赏者来说，俳句所写的素材只是一种“半素材”，有必要把这种素材某种程度地加上自己的体验，才能形成诗意内容。这种内在的接受过程就表现在上文所说的两种层面的分离中。俳句的表现性质不单是暗示性的，也将我们的接受体验向某种感觉性、真实性的核心加以集中聚焦。打个比方说，我们的心，通过作者给我们的作品这样一个“镜头”来调整其焦距，“镜头”要达到一种合适的状态，就需要一种内在的调节过程。而且这种暗示仅仅是对象的一部分的暗示，并不是一种整体想象，只是一种单纯的想象力的再现作用和联想作用，它还需要非常复杂、微妙的、内在的自我调节。例如下面一首俳句：“洗净剥好的大葱，白色中，透着寒光。”所表现的洗净剥好的白葱以及近于冰点的水与空气的寒冷感，在我们的心中形成了一种直观的、真实体验的核心，要反复数次才能对这首俳句有准确的体验。在这个过程当中，我所说的“第一次观照性”和“第二次观照性”之间当然就容易产生一种内在的距离。

第二，如上文所述，俳谐的艺术性表现为，在直接的表现中剔出“感动”的因子，强调客观性的直观。把一首俳谐中的情景作为艺术的乃至审美的内容加以整体表现，就不能明显表现出主观统驭的中心焦点。由于感情性的因素并不在表面上加以突显，我们在鉴赏中就会感到，俳句鉴赏很难像和歌鉴赏那样通过文字直接把握作家的艺术的自我并将感情移至所表现的中心焦点上去。同样是俳句，有的在题材和情景方面稍显老套之感，任何人都能直接感受到它的诗意内容；有的在题材与情景上并无陈旧老套。无论是哪种情况，正如上文所说，即便是较为明显地将气氛与情趣加以主观整合，也难带有特殊倾向性。像“夜间的鹿，戚戚唧唧，悲鸣声”或者“可怜啊，蜷缩在甲壳下的蟋蟀”这样的俳句，使用“悲鸣”“可怜”这样的主观性用词，这在俳句中是比较少见的。

第三，俳谐以直观的或者体验的真实性作为宗旨，其结果就势必会产生一种追新求奇的倾向，因而往往极容易走向对特殊的个人体验的表现。即便这种个人体验通过艺术表现的技巧而成为任何人都能理解的内容，但仍然因它的新奇性和特殊性，而很难原封不动地为一般人的接受意识所理解，这也是上文所说的俳谐特性的一个方面吧。服部土芳在其《三册子》中写过这样一段话：“有一首俳句这样写道：‘春风啊，在麦田中穿行的，流水声’，此乃景气之句。有俳书这样写道：‘景气’之句非常重要，连歌中有‘景气’之句。从前的俳人们都非常留意，一人只吟咏一两句。初学者看上去很容易模仿，实际并非那么容易。俳谐不像连歌那样机警，但是一般的景气之句容易变成陈腐之句，这是需要加以注意的。”这里所说的“景气”之句很容易变得陈腐，确实值得注意。在将客观场景如实地加以把握和表现、其创作宗旨主要在于“美”的情况下（例如以写景为主的和歌），还不能说容易变得陈腐，即便是相同的风景，和歌依靠其艺术表现方法，常常可以使其焕发出新鲜的美的生命，所以相同的“歌枕”才有许多歌人不厌其烦地加以描写。然而俳句的直接的目标，并不在于客观性的、美的情境的表现，而在于表现出对这种情境的体验的真实性。换言之，其表现内容，是以体验的、直观的真实性为基础的。在这样的俳句中，必须将新鲜的、特殊的美呈现出来，这就是俳句当中特别要避免陈腐和老套的原因。对这两者的不同，若不加以精细的分析论述，就难以得到彻底的说明。但我在这里只是要说明，景气之句容易变得陈腐，就是在这种意义上而言的。

从上述的审美意识构造的第二个层面来看，俳谐较之“感动”更注重“直观”，较之狭义的“美”，更注重“真”。从这个角度来看，俳谐的艺术本质与古典和歌相比较，在根本上具有明显的差异。我记得，俳人高滨虚子曾说过一句话：“和歌是吟咏烦恼的文学，俳句是表达悟性的文学。”这句话的具体含义不是很明确，而且说得多少有些夸张，并且将两者加以尖锐对立，但它至少说明了和歌主要是表现客观事象的主观反应，而俳句却往往是尽可能隐蔽感情反应，对事象体验的真实性本身冷静地加以把握，表现出一种谛观的态度。在这个意义上，虚子的这句话包含着值得倾听的价值。露川在其所著《合楔》当中写道："与天地共生，吟咏恒定之物，是为和歌；而俳谐则是吟咏变化之理。"他所说的"恒定之物"，可以理解为客观化的审美对象，"变化"可以理解为刹那间体验的真实性。这与我在上文中所说的意思是有共通之处的。但我在这里并非主张俳谐与和歌在这一点上存在本质区别。俳谐与和歌虽然形式不同，但既然同样是诗、是艺术，那就要有诗与艺术的自觉，就要像芭蕉所说的："寻定家之骨，循西行之筋，顺乐天之肠，入杜子之方寸。"若以此为艺术理想，那么上述的本质区别也就消失了，然而这个问题是"Sollen"① 的问题，我们在这里仅仅是基于历史的事实，来谈论和歌与俳谐在艺术性上的根本不同。

从审美意识的第三个层面，即从审美价值的整体构造的自然感与艺术感的关系上看，俳谐在艺术本质上还有一个重要的特色值得我们注意，当然从根本上说这个特色与我们在上文中、在其他层面上所指出的艺术特色具有不可分割的联系，是作为一个整体特色的组成部分。不过我在这里所要做的，是采用概念分析方法，从这一新的层面上对俳谐的艺术本质加以考察。

从审美内涵的自然感与艺术感之关系来分析具体的艺术构造，大体上相当于通常我们所说的形式与素材内容之间的关系，这两者的关系未必常常是相互包含的。在构成艺术作品的审美内涵中，素材主要相当于自然感的方面，这种角度对于我们的研究和分析来说具有便利性，所以在此我想以第三个层面为主，来解释艺术作品的形式与素材之间的关系。从这一角度来看，一般所谓的艺术，就是精神性的某种形式对自然性的某种素材加以处理的结果。既然俳谐是一种艺术，那么它也不可能游离于这个基本原则之外。可以说，各种艺术形式和各民族各时代具体的艺术样式的特殊性所表现出来的艺术样相，在上述

① Sollen：德文，意为"应该如此""理所当然"。

的根本原则的范围内，在相对的意义上，都存在着精神性的形式与自然性的素材之间的种种变化消长。在这个角度看，俳谐的艺术表现的特性与和歌相比较是非常显著的。要言之，使艺术得以形成的精神性，恰恰需要将自身融汇于自然性的素材中，让它在素材中自由驰骋，这一点作为俳谐艺术表现的特性，具有相当外在化的表现。不用说，这种精神性的形式之作用力，若不能对自然性的素材加以充分处理，而是将素材加以生硬的搬用，其结果会有本质不同。这不单是通常所认为的俳句的外在形式极端短小，不能使精神性的形式加以自由伸展（在我看来这种看法是一种因果关系的颠倒），并且与西方古典美学中所说的象征性与暗示性之类的单纯的艺术表现方法也有所不同。对俳谐而言，这并不是由于精神性表现形式受到限制而不得已产生出来的消极特性。在西洋美学与诗学当中，表现的不充分性可以通过余韵余情来强化审美效果，但即便如此，这种表现方法本身，说到底还是由于形式上的缺陷或者不充分性所造成的一种消极的处理方式。

然而在俳谐的场合，精神性的形式常常自动地让位于素材的充实性，这不单单是为了心理上的效果，毋宁说是在根本上“俳谐趣味”或者说“风雅精神”，已经事先广泛而又深刻地渗透于自然性的素材中，以一种无意识的方式，在自然与精神混沌不分的层面上使素材形成艺术作品。而在艺术作品的外层上看，精神性的东西却自动隐退，隐退到自然性的素材内部，在那里自由地发挥着潜在作用。这种独特的表现方法，对俳句而言不仅具有很好的艺术效果，其实也是不得不运用的方法。精神在素材内部自由地、自发地跃动，又呈现出积极主动的一面，在外在表现的消极性的同时，也获得了一种独特的内在表现的积极性。剥掉表现的外层，其内在的积极的一面就会显出。因此，我认为像俳谐这样的艺术样式，对外在的表现加以控制与限定，就是由这种艺术上的根本特性所产生的必然要求。如此看来，世界上无有其类的短小诗形，并不是由于它与生俱来的局限才在极为限定的条件下发挥其特殊的艺术性，即便从历史的及心理的角度来看，会出现这种因果倒置的现象。然而，事实是首先在本质上具备了上述的根本的艺术精神，然后才形成了极端短小的、拘谨的诗形，并自然地形成了“切字”等其他种种修辞方法。

例如，作为俳谐独特的表现形式，在“五七五”的音律结构中，有时看上去不过是单纯的名词罗列，或者仅仅是一个以名词结尾的句子而已，这可以说是和歌当中所没有的特殊的表现方法，最典型的例子就是芭蕉的俳句：“奈良七重，七堂伽蓝，八重樱”，或“梅子嫩菜，小碗，山药汁”，还有素堂的“眼睛青叶山，杜鹃，初鲣鱼”等之类，人所共知。还有一首并非是名人写的句子，就是一个名叫可全的俳人写的“髯奴，腰黑茶碗，男郎花”。明治年间的洒竹也有一首“东海道，五十三次，青岚”。此外，这样的句子不胜枚举。像这类作品，在某种意义上可以说是单纯地将素材加以罗列。当然，从音节格律上来说，它们都有既定的音节数，都有句读，因而都具备了俳谐的形式。在句法结构上，则有“分两句读”或“分三句读”不同读法。从“想象观照”的角度看，其表现的内容都是将物象罗列或列举出来，至于作为素材的物象如何经由作者的主观加以处理，单从外在的词汇上看，是看不出来的（物象的主观选择取舍所表现出来的“形式”问题在此又当别论）。这一点与我在上文中曾指出的俳谐在表现中将直接的主观感情因素加以割舍的倾向，具有明显的联系。当然，在这些俳句中，作为诗，不必说也是靠一定的氛围和情绪将物象统一在一起的，只是在外在的表现中并不加以显露。从消极的角度来看，这样的表现方法是因俳句字数的制约不得已而形成的。而在我看来，毋宁说这种表现方法是作为俳谐艺术的一种积极自由的方法而被使用的。

这种特殊的表现方法，我想可以用一幅绘画作品中的表现方法来加以比照。在绘画中，各个部分的物象看上去都是相互并立的，但是整体上又具有一种意识的统一性，是这种统一性将各部分的物象统驭起来，尽管各部分的物象都可以通过它本有的概念名称分别加以看待，但是在鉴赏者的心目中，仍然有可能把它看作是具有艺术性的（美的）统一性的作品。不过，实际上在我们面对一幅绘画作品的时候，我们对绘画中所表现的物象并不只是由概念（语言）来加以实质性的分解，在这一点上说，上述的比喻并不确切。但从根本上而言，我们对某种意义上的艺术统一性是完全可以预想的。至少是在解风雅、懂俳谐的人那里，这种根本的统一性无论何时都容易形成。所以俳句这样的非常特殊的、看上去并不符合艺术与诗的一般形式要求的表现方法，才具有可行性。在外观上，似乎是单纯的素材之罗列的俳句表现法，实际在根本上却暗含着一种特别强有力的艺术精神的作用。可以说，从西洋美学的立场上来看，俳句所使用的题材物象对于艺术作品的形成而言，并不是一种单纯的、原始的素材。换言之，即使在艺术作品的“外观”上，自然的素材与精神的审美作用，也具有密不可分的、混融的统一形态。我曾在《“幽玄”论》中谈到了日本艺术的根本精神，并使用了“艺术以前的艺术”这样一种特异的说法，这个说法也可以用于俳句。因为这种现象不仅仅是俳句才有，和歌以及其他艺术当中也都不同程度地存在着。对东方人乃至日本人而言，这是决定着“自然美”根本性格的一个要因。不过，在具体的艺术作品当中，最突出地体现这一特征的还是俳句，所以我们才在这里对这一点加以特别强调。

俳谐的这些基本特性，也使我们想起了与此相关的其他特点。例如，俳谐与其说直接求“美”，毋宁说首先更强调“真”，俳谐还不断地追求新奇，等等。这种种特点所产生的原因，从根本上看，都基于俳谐艺术表现中的形式与素材之间的独特关系。大体上说，在俳谐中，精神的表现形式是先行的，并非去追求适合于精神的素材，而是使精神的形式处于极为自由、融通的活动状态，使精神在素材的世界中自由地顺势而行。这样一来，素材的范围几乎不受到任何限制，可以变得极为广泛，这是古典和歌与俳谐之间的重要不同之处。关于和歌与俳谐素材领域的宽窄问题，一直以来，许多俳人们都有自觉认识。举一个例子，就是丈草在题为《诗歌俳谐辩》（见许六编《本朝文选》）一文中有这样一段话：

和歌之德，谁得其解？……以人体作比，和歌则如云之上人，峨冠博带，安坐车中而行……往住吉玉津岛，或吉野初濑游山，或偶往富士、朝间、须磨、明石逆旅。于海滨毡屋观海，直至黄昏。或于海底置罐子捕章鱼，观罐中游进小虾，渔夫屋内，不见坐垫。又在野山中四处漫游，踏入牛道、鹿道、猿道，不遑闻其道名……而俳谐之姿，则如披蓑衣、拄竹杖、穿草鞋，清早动身出行。无论都市乡间概不厌弃，四处行脚，或在闹市踏雪，或头顶草原烈日，或在山中小寺小食，或在土屋逗留，随遇而安、无处不笑。踏遍山山水水、从萨摩虾夷，到千岛之门背户，无所不至。天下之大，所游者广矣。

与此同时，另一方面，在这种无限制扩大的、广泛的题材领域中，特别值得指出的是集中体现俳趣的、作为自然素材之结晶的“俳题”或称“季题”。当然，“季题”之类，和歌当中其实也有，而需要我们注意的是“俳题”和“歌题”之间的区别。也就是说，在和歌中，所谓“歌题”，其数量是有限的，它们是适合于和歌之美所要求的那一类题材，是在漫长的历史传统中自然选择形成的。而在俳谐中，当然也含有对题材加以整理的意味，但不仅如此，在那些广泛的、无限制的素材世界中，自然产生出了一种整理与分类的要求。这与其说是“Sollen”（应当如此），毋宁说是对“Sein”（原本状态）的一种概括划分。不是在限制和选择意义上的整理，而是因无限扩大和增大而需要给予的整理。对此，我们只要看一看《俳谐岁时记》及《季语事典》之类辞书所收的大量条目，就会有直接的了解。

以上我们只是谈到了俳谐季题整理的动机，而若更进一步思考季题的问题，我们就会发现，季题是将广泛范围内的素材加以结晶、提炼的产物。正如上文所说到的，某种意义上，它是基于“素材世界”自身所包含的一种“内在的形式性”，或者说俳谐表现中所包含的“素材”对“形式”的优先权而形成的。在这个意义上说，歌题与俳题之间，在原理层面上并没有区别，只是后者可以包括前者，或者说后者是前者的扩大。无论在和歌还是在俳句中，都具有大量相同的与四季相关的、风花雪月之类的题材。从古典和歌的立场上来看，那些卑俗的物象是需要回避的；而在俳谐中，很多的自然物、节日风俗、食物种类等等，不仅仅是进入艺术作品后才得以形成的美的原始素材，而是在进入艺术品之前，在所谓“风雅之种”的“俳眼”看来，无论这些东西是否写进俳谐，它们在某种意义上都具有内在的艺术价值。

服部土芳在《三册子》中引用了芭蕉关于《盐鲷》的一段话，土芳说：“关于这首俳谐，芭蕉师自己曾说过：‘这是自然而然吟咏出来的，并没有劳心费力，因而不足自赞；我还有一首俳谐——“镰仓出产的，活蹦乱跳的，鲣鱼”，却是我费心费力作出来的，别人有所不知。’”所谓“不足自赞”，是芭蕉的谦辞，但以他的“俳眼”发现这类题材，这一点才是最为重要的。当然，对一首俳句的“姿情”、格调加以锤炼，是俳人艺术创作的重要环节。至少从芭蕉的俳谐精神来看，从那种无限广泛的素材世界的混沌中，寻找出具有特殊的俳谐趣味的结晶物，以此在行住坐卧中养成一种精练的风雅精神或俳谐眼光，这是更为重要的事情。在这个意义上，与素材世界无限制的广泛性同样重要的，是在俳谐的创作主体方面，其特殊的艺术感觉不单单体现在斟字造句当中，而应该扩大到一般的精神态度乃至日常的生活行为中，并使其成为一种自然而然的行为，这是我们特别需要注意的。其角在《花实集》当中这样说道："以俳谐为文，俳谐文也；以俳谐立身，俳谐人也。"我们曾经在上文当中引用过这段话，其中最后一句尤其值得我们回味。《俳谐十论》中也说："俳谐即是见于目前，挂在嘴边，行于身体。"

有一本题为《俳家奇人谈》的书，记载了以言行怪异而著称的惟然和尚的逸事，其中有云："……和尚闭门索居既久，有人问：'今宵谁家有俳谐？请荐之。'和尚笑曰：'我日出而起，日落而息，吃茶啖饭，行住坐卧，皆是俳谐。舍此之外，俳谐何处觅？'此僧诚乃人我两忘之隐者也。"即使我们不举这样的例子，正风之祖芭蕉翁的生涯本身更是众所周知，也足可证明这一点。想来，"风雅"这一概念往往被用作"俳谐"的同义词，其深意也正在于此吧。

鉴于此，以下我将尝试对"风雅"这个概念做一考察。

"风雅"这个词，来源于《诗经》中的"风雅颂"，本来是指《诗经》中的国风及小雅、大雅，后来也把"颂"包含在内，指代《诗经》中的全部诗篇，再将含义加以扩大，一般的文章诗歌之道也以"风雅"称之。《文选・序》有云："诗者，盖志之所之也……故风雅之道，粲然可视。"这里的"风雅"，就是在广义上使用的。《诗序》有云："是以一国之事，系一人之本，谓之风；言天下之事，形四方之风，谓之雅。雅者，正也。言王政之所由废兴也。"然后又解释道：所谓"风"，就是"讽"，就是"教"，"以风动之""以教化之"等等。在中国，作为诗的本质，更重视其道德教化的意味。"风雅"这一概念，在狭义上转而代指一般诗歌，其中心意思仍是强调作为人的精神文化之产物的诗文之道及艺术表现形式的精神价值。随便举出一个例子，如杜甫有一首诗云："未及前贤更勿疑，递相祖述复先谁。别裁伪体亲风雅，转益多师是汝师。"（见《岩波文库・杜诗卷三》）这里所谓的"伪体"指的是杨炯、王勃、卢照邻、骆宾王四人；所谓"风雅”指的是《诗经》之诗，或者是中国人心目中的正统之诗。露伴学人在《幽秘记》当中，也将明代有名学者方孝孺的《谈诗》五首中的一首作了翻译，曰：“举世皆宗李杜诗，不知李杜更宗谁。能探风雅无穷意，始是乾坤绝妙诗。”这里的“风雅”也大体是上述的意味，或者比上述的意味更宽泛一些。

与“风雅”的概念相类似的，还有一个“风流”。根据辞书上的解释，所谓“风流”就是“风声品流之略”。《剪灯新话·牡丹灯记》有注云：“风声品流，能擅一世，谓之风流。”另一方面，这个概念也可以单纯解释为文雅、潇洒或者风雅的意思，又可以解释为先人之遗风余泽、风流余韵的意思。前者可以举出的例子是《晋书·乐广传》“天下风流者，以王、乐为称首”一句。该书《王献传》还有“风流为一时之冠”的说法。《唐诗选》中李颀的诗也有“风流三接令公香”（意为令公喜欢熏香，其座处三日有余香）这样的诗句；后者可以举出的例子有《后汉书·王畅传》“士女沾教化，黔首仰风流”，还有杜甫吟咏王维之弟王缙的一首诗：“未绝风流相国能。”这里的“风流”与广义上的“风雅”同义，同样是指一般诗歌。“风流”在日本古书中的例子，可见于《古今集·真名序》“虽风流如野宰相，轻情如在纳言”。此后，《风雅和歌集序》有“为救此颓风……适合风雅者，鸠集而成编”。在日本后世文献的用例中，无论“风雅”还是“风流”，其含义都在逐渐扩大，不仅指一般的诗歌，也指一般的艺术，甚至指一般的审美趣味，转而又被用作“美”的代名词。（故而有辞书在解释“风流”一词的时候，也指出它的华美、奢华的意味。）

总之，在上述的场合，大体看来，“风雅”“风流”等概念无论是在中国，还是在日本模仿中国而加以使用的场合，都从指称诗歌文章，进而扩大到指称艺术乃至一般的审美趣味。其核心即便不局限于道德教化的层面，至少也具有以精神文化为中心的倾向。就审美意识而言，则常常带有对艺术感的审美因素加以强调的倾向。据我的推察，到了日本的近世，特别是连歌发展到俳谐的时候，“风雅”的概念也向俳谐的中心点移动，并由此产生了极为特殊的用例，使这一概念在含义上发生了本质的变化。概括说来，这个变化主要体现为三点：第一，“风雅”及“风流”的概念，特别强调审美意识的自然感的审美因素；第二，与此相并行的，就是在俳谐中，“风雅”的概念特别强调审美活动中主体的精神态度乃至生活态度；第三，与上述两点相联系，一方面“风雅”一词特指俳谐这种特殊的艺术样式，从而在狭义上加以限定，同时“风流”这一概念又包括了比“风雅”更为自由、广泛的意义。至此，我们也就有可能把这两个概念加以区别使用。

以下，我想就此略作说明。

首先，先对第一点加以说明。在此我想起了“风月”这个词。查《大言海》对“风月”这个词的解释，第一个意思是清风明月，指的是自然界的风物；第二个意思是吟风嘲月、乐于风流，风流、风雅；第三个意思就是指诗歌文墨等韵事。对于第二点的解释可以举出《南史·徐勉传》当中的一句话：“勉正色答云：今夕止可谈风月，不宜及公事。”《怀风藻·序》有：“阅古人之遗迹，享风月之旧游。”对第三点的解释可以举出《十训抄》当中的一句话：“人即使擅长歌舞管弦，有风月之才，而缺乏实际才干，仍会被轻蔑之。”最后这段用例当中的“风月之才”这个词的意思也就是“风月之情”，在日本被广泛使用，其含义最终被包括在了“风雅”“风流”的概念中。在俳谐中，“风雅”“风流”的概念特别强调我们所说的自然感的审美因素，最明显的例子可以举出支考在《续五论》中的一句话：“花月风流，风雅之体也。”或者服部土芳《三册子》中的一句话：“先师曰：乾坤之变，风雅之种也。”芭蕉在许多文章中使用的“风雅”这一概念也可以直接证明这一点。具体用例我一时找不出，但正如众所周知的那样，芭蕉在许多文章中常常使用的“风”，就是上述那种“风月之情”

的“风”，与《诗经》当中“风”的意思完全不同。他在《笈之小文》中自称为“风罗坊”，来比喻他的旅途漂泊，其中写道：“十月之初，天空阴晴无定，身如风中之叶，颇不宁静。”并写出了“游子乃我名，时雨过后早启程”的俳句，然后动身旅行。《更科纪行》中有云：“秋风吹透我心，阴云乱我方寸。”《奥州小道》中有云：“为行云流风所催促，漂泊不止。”《幻住庵记》中有云：“彷徨无觅处，风云乱我心，花鸟劳我情。”《月见赋》中又云：“浮世之外，自做风狂。”此外，翻阅《本朝文选》当中所收集的芭蕉以外的人所写的文章，有一篇佚名作者的《杂说》一文，谈到了诸俳人的优劣得失，其中有云：“……其角失之于作，支考失之于理。……史邦、木导失之于风雅之露，千那、李由失之于风月之情过剩。”《本朝文选》中还收录了一个名叫万子的人所写的《爱梅说》一文，其中有云：“梅喜花之风雅，我爱其风雅之雅。”也就是把梅看作是代表风雅精神的花，此处的“风雅”有自然美的意味。

第二，“风雅”乃至“风流”的概念从狭义的艺术概念（诗文之道），向一般的自然感情的范围扩大，较之艺术美的因素更偏重于自然美。与此同时，在第二点，即精神主体方面，亦即在狭义的艺术创作立场或俳谐创作的立场上来说，遣词造句这样一种具体的行为未必就属于“风雅”“风流”。比这些更重要的，毋宁说是自然的风物、四季的推移，以及对与此相关的人生中的各种现象采取一种持续静观的态度，摆脱俗念，以俳眼视之，修炼“风雅之诚”，也就是芭蕉所说的“风云乱我心，花鸟劳我情”那样的与大自然息息相关的心情，这是最为重要的。至此，“风雅”的真髓就成为一种至高至深的、精进于“道”的精神状态。进而言之，它必须成为支配着创作主体的全部生活态度的一种特殊的生活方式。芭蕉向西行学习，不断地漂泊旅行，就是这一生活方式的一种实践。在这个意义上，最明确地表现出“风雅”概念的变化乃至发展的，就是芭蕉在《笈之小文》当中所写的、每每被人引用的那段话。芭蕉说：

……他们皆追求风雅，顺应造化，以四时为友。所见者无处不是花，所思者无处不是月。若不把寻常之物视为花，则若夷狄；若心中无花，则类鸟兽。故应出夷狄而离鸟兽，顺造化而归于造化。

在这一段文字上面，还有一段我们曾经引用过的话：“西行之于和歌，宗祇之于连歌，雪舟之于绘画，利休之于茶道，虽各有所能，其贯道者，一也。”在我看来，这里所说的“风雅”已经暗含着“俳谐之道”这样一种狭义上的意味了（后文还要详细论及芭蕉在狭义上对“风雅”的使用）。这里引用的芭蕉的这段文章可以表明，随着俳谐的发展，“风雅”这一概念的含义也偏重于自然感。顺便说一下，这里所引用的芭蕉这段话中“所见者无处不是花”这句话的意思，由于解释方法的不同而有种种理解。志田义秀先生在《俳文学的考察》一书中，认为这句话的意思是：“无论是看待人世现象还是自然现象，都是同样的心情。”“到达风雅极致的人，看待人世如同看待自然。”如此解释却也可以进一步佐证我的论旨。不过我认为，芭蕉这段文章所要说的，主要还是风雅人的眼与心常常只面对花鸟风月，而远离人间俗事。如此解释，同样可以证明我的论旨。服部土芳在《三册子·赤册子》中写道：“先师曾有教诲曰：‘高悟归俗’，又说：‘现在我们要做的事情，就是责于风雅之诚，使风雅之诚归于俳谐之中。’献身于俳谐之道者，要以风雅之心看待外物……”支考在《续五论》中也说：“心之所在有风雅，方可谓风雅之人。”由此可以明确看出“风雅”这个概念的重心之所在了。

第三，随着风雅意味的这种变化，先前几乎是完全同义的“风雅”和“风流”两个词也开始趋于分化。“风雅”作为一个狭义的概念，专指俳谐之道；“风流”则在广义上指对美的获得。这一点是不能忽视的。(当然，很多俳书对这两个词的使用依然存在着不少的混乱。)看看芭蕉自身对“风雅”这一概念的使用，就会知道在很多的场合下，“风雅”指的就是俳谐之道。以上所引用的《笈之小文》当中的那段有名的文章，其“风雅”就是在这个意义上使用的。在《笈之小文》中还有一句话：“若得遇风雅之人，则欣喜无限。”这里的“风雅”虽然不一定就是指俳谐，但芭蕉在《别许六辞》一文中有一段话，显然是在狭义上使用“风雅”一词。这篇文章写的是芭蕉与许六的对谈，其中有云：

许六秉性好画，喜爱风雅。我问：缘何好画？他回答：为风雅而好之。我又问：缘何爱风雅？他答回：为画而爱之。所学者二，而用者一也。诚然，孔子曰：“君子耻多能。”此人兼善二而用为一，实可感可佩。论画，他是我的老师；论风雅，他是我弟子。师之画，精神透彻，笔端神妙，其幽远所至，为我所不能见。而我之风雅，却如夏炉冬扇，不合时宜，众人不取。

芭蕉在这里所使用的“风雅”一词，虽然也可以做广义的解释，但我还是觉得它是作为俳谐的同义词使用的。芭蕉在《僧专吟饯别之词》一文中，有“此僧常好风雅”一句，这里的“风雅”，我认为也是特指俳谐；在《栖去之辞》一文中，有“风雅已成往事，闭口而不咏句也，然而风情满怀，万物闪动于眼前，皆是风雅之魔心”之句，其“风雅”一词仍然指的是俳谐。此外，元禄七年，在芭蕉致曲水的一封信中，有一段有名的文字，论述了俳谐的三个等级，其中有云：“世间风雅之道，可分为三等。”这篇文章专论俳谐，“风雅”所指称的当然也是俳谐。当然，除此之外，芭蕉所说的“风雅”有时也可以做广义的解释，例如在《月见赋》当中，他写道：“我朝紫式部居石山写源氏之事。唐国苏居士居西湖之畔，吟越女之态，皆留风雅之名。”此外，《虚栗·跋》中的“风雅”也是这个用法。芭蕉将“风流”与“风雅”有意识地加以区别使用的例子，虽然我们一时还找不到，但他在《初怀纸详注》中评论枳风的俳句“雪村划船去看柳”时说：“此乃雄浑**风流**之句。”又，“风流之本啊，乡间插秧歌”中的“风流”，较之上述的“风雅”，其意味显然更加宽泛。

假如“风雅”一词习惯上是指“俳谐”的话，那么，广义上的“风流”一词便很容易与“风雅”相区分了。支考在《续五论》所说的“花月风流，风雅之体也”这句话，也明显地意识到了两者之间的区别。支考在《葛之松原》中也有“一句风雅，得之风流”的说法，也明确将这两个词加以区别使用（在《续五论》当中，与“本情”相对的“风雅”概念特指俳谐趣味，对此我们在上文中已有所论述，为避免重复，此处不再赘引）。

以上，我们对“风雅”这一概念及其在俳谐和俳论当中的演变作了概观。这种演变与我对俳谐艺术本质的考察有着必然的内在联系。我在这里特别对这个概念加以辨析，意图不外是对已有的论述加以进一步的强化补充。

五 “寂”的一般意味与特殊意味

以上，我们站在美学的立场上，对俳谐及俳论中的“寂”的问题做了背景性的概观，现在，我们将对“寂”这一概念本身做直接的考察。

正如我在对“幽玄”与“物哀”的研究中所做的那样，在“寂”的研究中，也要将它作为一个审美范畴，从美学的立场上对其本质内涵加以研究。不过，这种研究还是要先从这个概念的一般语义的探讨开始，这对“寂”的研究而言尤为必要，因为这个概念不仅内涵极为复杂深奥，而且单纯从语言学的角度来看，其语源关系也特别复杂。为方便起见，我打算把“寂”在俳谐与茶道等特殊艺术领域中的内涵嬗变及其用例的分析，放到全书最后去讲，在此，先探讨它原本的语言学上的含义。普通的辞书将这两个方面放在一起去讲，是迫不得已的事情。而一直以来那些对日本审美诸概念加以分析研究的著述，对这两方面的区分也十分不清楚，我认为这是需要特别加以反省的。

我曾经对“幽玄”和“物哀”做过考察研究，现在又来研究“寂”，但是我并不认为我国国民从古代以来就使用的种种审美性的宾词，就由这几个概念全部囊括了，而且也没有将这几个审美宾词直接作为“美的概念”加以美学上的研究。仅仅将这几个概念收集起来加以解释，其结果是只有语言上的意义，而缺乏美学上的意义。在我看来，审美性的宾词并不直接等于审美范畴。作为审美范畴，在美学的立场上加以研究的，不仅仅是语言问题。它必须以特定的艺术领域作为历史背景，既要探讨它在语言学上的自然发生的过程，还要考察它在一般艺术领域作为广义的"美"或者特殊的"美"的概括，如何演变为一个特定艺术领域中的中心概念或理想概念，如何发挥它对艺术创作的指导功能，这样，我们才能将它作为一个美学范畴加以研究。对于"幽玄"与"物哀"那两个概念如何体现于相关艺术领域、如何发挥它的审美指导功能，我已经在相关著作中做过明确系统的研究，现在面对"寂"这个概念，也可以用同样的思路加以研究，对此，我在上文和接下来的论述中，将逐渐充分地加以展开。

在这些审美范畴的研究中，常常需要不断地从普通的语言问题出发，考察它们在日常生活中的一般语义。然而，对我们来说，更重要的，是要将这些概念分别置于艺术世界中，考察它们作为一种艺术术语，是怎样被变形、被特殊化的。因而，当把它们作为审美范畴加以考察、加以解释的时候，某一概念的终极含义与这个概念作为普通词语使用时的一般含义，有时候多少会有一些偏离，这也是很自然的事情。在西洋，例如德语中的 Erhabene①或 Humor②之类的词语，就有这样的情况。俳谐与茶道，无论是作为一种艺术，还是作为一种趣味生活方式，都具有自己独特的性格，正因为如此，"寂"或"侘"这样的审美概念，也有着非常独特的审美内涵。其特殊性是任何人都可以想象到的。

关于"寂"或"侘"的概念，我认为，在上述的一般语义与俳谐

---

① Erhabene：德文，意为"崇高"。
② Humor：德文，意为"幽默"。

茶道中的特殊语义之间，有一种分析性意义与综合性意义的差别。因而，对这两个概念特别是“寂”而言，在其语源或接近于语源的元初词义中，就已经有了多义性。在语音上也有同音或类似的词，而含义上却颇为不同，甚至让人感觉简直是另外一个词。这些都是我们在对“寂”这个概念加以考察时所必须特别加以注意的。对“寂”的不同语义加以考察，就会发现那些在某种程度上各自独立的要素，到了俳谐和茶道中，作为一个特殊概念，在审美意义上又被综合统一起来了。这种情形，在“幽玄”和“物哀”中是不曾有过的。在这种情况下，其元初的词义到后来便被转化、被扩大或者被限定，与原初词义有本质不同的词义便由同音词而被保持，又由特殊的审美意识将它作为一种完整的概念加以综合。

现在，我们尝试以《大言海》为根据加以考察。从《大言海》中可以看出，以“寂”为词根的三个词，即“さび”“さびる”“さぶ”，从词源上可以分为两个，一是“荒ぶ”（さぶ），二是“然帯ぶ”（おさぶ）。而从“荒”的词源中，又分化出了种种不同的意味。

首先，关于“荒ぶ”，《大言海》的解释是：“活用虽有不同，但与‘冷む’相通，有‘不楽’（さぶしき）之意。《万叶集》卷二第三九，长歌，有‘心不乐暮し’（うらさびし）一语，意为‘煞风景’，后世的‘さびれる’（衰微）是该词的变形。”并且举出了《万叶集》和《玉叶集》中的和歌为例[①]，其中的“荒ぶ”都是“荒凉”的意思。这个“荒ぶ”被活用为形容词的时候，就是“さぶし”（不楽）。《大言海》接着解释：“在此基础上转意，就是‘寂寥’（さびし），进而再转意，则有‘寒し’（さぶし）。”当表现“不楽”这样一种主观感情时，

① 《万叶集》中的例歌原文是：“さざなみの国津御神のうらさびて荒れたる都見れば悲しも”；《玉叶集》的例歌，原文是：“夕づく日色さびまさる草の下にあるともなく弱る虫に音”。其中与“荒ぶ”相关的词分别是“うらさびて”和“さびまさる”。此处涉及词源，故照录原文，下同。

《大言海》举出了《万叶集》中的两首例歌。[①]《大言海》对使用“淋”字作词干的“淋びし”的解释是：“静寂、冷清（与热闹相反）……寂寥、寂寞。”并举出了《源氏物语》中的一句话，还有西行的一首和歌为例。[②]这似乎是对主观性的“不楽”相对而言的客观性意味的解释。

“さび”“さびる”“さぶ”还具有分别使用汉字“宿”“老”“古”“旧”作词干的“陈旧”“古老”“饱经沧桑”之类的意思。对此，《大言海》举出了伊势大辅的和歌和《平家物语》中的句子为例[③]，并补充说明：“这也是茶道中的‘闲寂’（さび）之意。”《大言海》对这个意义上的动词“さびる”的解释是：① 古旧而带意趣，古色古香、古雅；② 幽静而有情趣……闲寂，并援引了《倭训栞》中的一句话：“寂（さび），训为‘宿’字，所谓寂寥猿声是也。”在这个意义上的“さび”（寂）的基础上，形成了一系列熟语，如“さび浪人”、“宿搗鸟”（さびつきげ）“さび鲇”“さび衣”等。俳谐中的“さび”（闲寂），则举出了芭蕉的《古池》为例，此外还有歌谣、故事、尺八等用来形容音声的“寂”。

以上《大言海》的解释从语言学的角度看大致是正确的。即便语源上相同，但“不楽”“寂寥”之类的语义与“宿”“老”“古”之类的语义，其间是有本质区别的。以“荒ぶ”为基础，还派生出了“錆

① 《万叶集》中的两首例歌是：“樱花今ぞ盛りと人は言へど我は佐夫之も君としあらねば”；“さざなもの滋贺津の児等行く路の川瀬の路を見れば不冷しも”。其中与“不楽”之意相关的词分别是“佐夫之も”（さぶしも）和“不冷しも”（さぶしも）。

② 《源氏物语》中的话是：“さびしく荒廢れたらむ葎の門”；西行法师的和歌是：“松風の音あはれたる山里にさびしさ添ふるひぐらしの声。”其中与“淋びし”相关的词分别是“さびしく”和“さびしさ”。

③ 伊势大辅的和歌是：“塵つもり床の枕もさびにけり恋する人の寐る夜なければ”；《平家物语》中的句子是“岩に苔むしてさびたるところなれば住まほしくぞおぼしめす”。其中的相关词均是“さび”。

ぶ"这个动词，这个词是金属表面生锈的意思，尽管和其他含义有根本上的关联，但作为一个表现具体现象的词，它与上述几个相关概念之间还是有着明显的不同。特别是"錆び"与"寂び"之间，简直就像两个不相干的词。

其次，从上述的"荒ぶ"派生出来的词，还有在意义上虽然似乎完全不相及，但发音却相同的"さぶ"。根据辞书《大言海》上的解释，其中的一个"さぶ"是"然带ぶ"的约音。这个同音异义词，从用法上看，与上述的"さび""さびる"等词，在含义上有着必然的本质关联。例如，"神さび""翁さび""秋さび"等名词或动词，如今，这些词往往写作"神寂び""秋寂び"而被使用。查阅辞书，与此类似、被看作是约音的词，还有"都び"（みやび）"鄙び"（ひなび），分别是"都带び""鄙带び"的约音。这个意义上的"さぶ"，例如"翁さぶ""をとめさぶ"之类，都是与其他的词组合为一个熟语，意思是"带有……样子"。例如，"翁さぶ"意即"带有老翁的样子"，"少女さぶ"意即"带有少女的样子"。"うまびどさぶ"（美人さぶ）也是一样。《万叶集》中的"人说真像个美人"①"船出难波湾，看见神秘的伊驹高岭，生起了云烟"②。分别使用了"うまびどさぶ""神さぶ"两个词。"秋さび"的用例虽然没有举出，但以此类推，其用法也是同样的，可见这些词中的"さび"这一词素，原本都是从"然带ぶ"中派生出来的。"をとめさぶ"的用例则见于《万叶集》中的一首长歌③，"をとめさび"的用例也见于《万叶集》④。

---

① 原文："宇真人佐备て言はむかも。"

② 原文："なにはとを漕ぎ出てみれば神佐夫流伊駒高嶺に雲ぞなびく。"

③ 原文："处女等が遠等咩佐備する唐玉を袂に巻かし白妙の袖振りかざし。"其中的"遠等咩佐備"换作假名即"をとめさぶ"。

④ 原文："ますらをの遠刀古佐備すと剑太刀腰にとりはき……"其中的"遠刀古佐備"换作假名即"をとめさび"。

我对于语源本来没有专门的研究，但我还是认为，从这些用例似乎可以证明，这个意义上的“さび”“さぶ”都是“然带ぶ”的约音。语源的问题暂且不论，见于《万叶集》的古语“をとめさび”“をとこさび”“うまびとさび”之类的词，后世都不再使用了，而相比之下，“翁さび”“神さび”“秋さび”等词，在后世却较多地被人使用，这却是一个明显的事实。我觉得，将前后两者联系起来看，它们之间的联系并不是偶然的。在后者的用法中，“さび”“さぶ”这样的词，与上文中所说的“寂びし”，或者带有“老”“宿”意味的“さび”“さぶ”，其意义内涵是一脉相通的。《千载集》有一首和歌曰：“今天早上，白菊花上覆白霜，看上去像一个老翁。”① 这里的“翁さび”（像一个老翁）从语言学的角度看显然是从“然带ぶ”中派生出来的，但从这个词所表现的感情乃至所传达的氛围来看，它与表示“古老”“寂然”等意味的“さび”，无论如何是相通的。这一点恐怕任何人都能感受到。关于“神さぶ”这个词，《大言海》是这样解释的：“① 古老、尊贵、神圣……；② 饱经岁月；③ 老到。”然后，作为释义②的例句，举出了《源氏物语·朝颜》中一段话：“饱经岁月沧桑”（かみさびにける年月），《源氏物语·若菜下》中的一段话：“琵琶技巧已经颇为高超，常年坚持练习（かみさびにたる手づたひ年月），听上去清幽优美”；又引《荣华物语》一句话：“阴阳师们清朗、威严，都是一些饱经世故沧桑（神かみさびし）的人。”作为第③义的例文，引用了《万叶集》“长在石头上的神杉，苍劲枯老（神佐備て）”，还有《宇津保物语》中的“看上去是一个年迈的（かみさびたる）老者”等。②和③本是两个不同的词，因同音并且用法也相类似，两个词的意义看上去自然就交汇在了一起了。至于“秋さび”这个词则是近世以来的用语，“秋”与“さびる”组合，就是“像秋

① 原文：“今朝見ればさながら霜をいただきて翁さび行く白菊の花。”

天一样寂寥”的意思，那么，两个词在根本上就合二为一了。

以上以《大言海》的释义为中心，简单地介绍了俳谐以外的“寂”的用例，此外本来不必再多说了。但这里还要从另一个方面再添一蛇足，那就是和歌方面的用例。在和歌判词中，在形容歌姿的时候，也常常使用“寂”这个词。在歌学中，这个词或许含有特殊的审美意味，因而严格来说，它不是一个普通的用词，不过这里只是顺便提一下，以便为后文的论述做参考。例如，在《御裳濯川歌合》中，有一组和歌，左歌是“九月残月月影深，裾之原上无鹿踪”；右歌是“赏月时曾定姻缘，故乡人今宵泪湿袖”。俊成卿对“左”歌的判词是：“《裾之原》一首，心深，姿寂（さびたり）。”另一组歌，左歌是“秋夜萤火虫，隐约远飞去”；右歌是“秋风凄厉中，山间松树挺”。俊成卿的判词是：“左右两首，歌姿皆寂，用词听之有趣。”又，在《慈照院殿御自歌合》中，有一组歌，左歌是“佐保川深，三笠山高，对神灵起誓”；右歌是“从神代留存下的，住吉老松，树梢仍在经受风吹”。俊成的判词是：“右歌云‘树梢仍在经受风吹’，高耸、寂寥（さびて）、摇曳之状，栩栩如生。”这样的例子，此外还可以找到若干。

其次是与“さび”（寂）相近似的“わび”（侘）。它主要作为茶道的一个特殊概念而被使用的。在俳谐中也时常可以看到。根据《大言海》的解释，“わび”是“うらうぶ”（心侘）之略。“侘”字，《离骚注》中的解释是：“侘，立也，傺住也，言忧思失意，住而不能前也。”具体又做了这样的解释：“① 失志、绝望、落魄，悲观度日，束手无策，窘迫、烦忧；② 悲伤、茫然、沮丧；③ 寂寞、无助，无聊度日；④ 忧心忡忡，困惑、痛苦思念；⑤ 零落、无奈；⑥ 困难、为难；⑦ **离群索居、远离尘嚣**。”[①] 其中，①～⑥是一般语义，其语义实则大同小异，并没有特别值得我们注意的。最后的第⑦则是从以上含

① ①～⑦均附带例句，略而不译。

义中转化引申出来的特殊意味。关于名词形的“わび”，《大言海》的解释是：“① 痛苦、烦忧；② 以闲居为乐，转指闲居的处所。③ **雅致、朴素、寂、闲寂**”共有三种含义。其中第③种含义，则引用了芭蕉的一段话来做说明：“梅花之侘、樱花之兴，应时而开，也令人有新异之感。”这里，第②③条涵义是从基本义中引申出来的特殊用法，而第③条，作为客观的美的宾词，与“寂”的涵义几乎一致。

以上，我们对“寂”与“侘”在语言学上的类缘关系，及其在俳谐、茶道中的特殊意义与运用，做了大体的概观，这是我们进一步研究审美范畴“寂”及其内涵的必要准备。在以上所介绍的辞书的释义中，有一些已经涉及了审美范畴的问题，但反过来看，俳人、茶人在其文章中所使用的这些词未必都具有特定的审美内涵，有时候只是在极为通常的意义上使用的。我们要知道，对该词所使用的不同场合加以严格区分是相当困难的。这两个概念所含有审美判断的意味，在俳谐和茶道这一特殊的艺术与趣味生活的领域，大体上又可以分为两种情况。第一，“寂”与“侘”是在狭义上使用的，是对客观审美对象的审美性格加以规定的概念；第二，在广义上使用，把重点置于主观的精神领域，是俳谐与茶道趣味的主导概念，或者说是艺术生活中的一种理想概念。在第一种情况下，这两个概念的含义由俳谐、茶道的特殊趣味或审美意识而被赋予，它们与俳谐、茶道的关系就仿佛如影随形，但其核心含义还是接近于普通语义。而在第二种场合中，这两个概念无论在深度还是广度上都有发展，综合了这个不同侧面的意义要素，而不能加以分解，由此而形成了微妙不可言说的含义。

先说第一种情况。芭蕉的文集中，在第一意义上使用的“寂”与“侘”并不多见。据我管见所及，在《田舍句合》的第十九番中有两首俳句，左：“晚秋阵雨在我晾衣服的地方，画出了一棵瘦松的图案”；右：“蜗牛的空壳，都快变成了风筝了”。对这两首俳句，芭蕉的判词是：“《和歌三体》有言：秋冬之歌细硬而枯干，《晚秋阵雨瘦松》一首，**寂**也；《蜗牛空壳》一首，亦**寂**也。然而硬要论高下优劣，则以右为上。"上文已经说过，《大言海》中在解释"侘"的特殊用法的时候，举出了芭蕉的"梅花之侘、樱花之兴"一句，这句话出自《续之原句合》的结尾处的一段文字，但这不能直接作为"寂"的用例。芭蕉那首有名的"寂静啊，渗入岩石的蝉声"所表现的情景，在《奥州小道》中做了如下的描写："岩石层叠而为山，松柏历经岁月，土石饱经风雨，长满青苔的岩石上建有一个小院落，门扉紧闭，悄然无声。沿着溪岸，爬上岩石，参拜佛阁，渐见佳景，心地**寂寞**而澄明。"这样的描写与体验，与上述那首"寂静啊，渗入岩石的蝉声"所表现出来的审美情趣，都是对"寂"概念的很好的说明。同样地，在《奥州小道》中有一段记述深夜参拜气比明神的文字："神社前面寂静无声，月光从松树间洒落下来，仿佛在眼前铺上了一层白砂糖。"这里的"寂静无声"（神さびて）并非特指俳谐的意味。除上述的外，还没有见到特别值得注意的例子。至于作为形容词的"さびし"的用例，则见于芭蕉的《嵯峨日记》中的一段文字："今日别无他人，依然寂寞（さびし），乃信笔乱写一段：'居丧者以悲为主，饮酒者以乐为主，忧愁而居者以愁为主，徒然而居者以徒然为主；西行上人有云：'无寂寞者无忧'……余曾写有一首俳谐，曰：'布谷鸟啊，你的啼叫，令我倍加寂寥（さびし）。'此乃我独居某寺时所吟咏也。"这里的"さびし"所形容的乃是一种心情。

在支考的各种俳论著作中，屡屡使用"风雅之寂"（風雅のさび）这个词组。这个意义上的"寂"则属于我上文中所区分的第二种意义，指的是一种广而深的审美内涵。不过，"寂"这个词在支考等其他俳人的著作中，也是每每在狭义即上述的第一种意义上，作为对客观对象的审美性格加以规定的一般性概念加以使用。例如，在《俳谐十论》中，支考写道："……中品以上的人，口中常念雪月之'寂'，身上常染风花之色。"在《本朝文选》所收支考的《陈情表》中有一

段话说:“芭蕉翁说过:俳谐有三品,言寂寞之情者,以女色、美食之乐为‘寂’者。”这里使用的“寂”的意思与辞书上所说的那种一般意义很接近,但从俳谐的角度看,这种意义上的用法多少有点特殊。此外,还有许多相关的议论,如“‘寂’(さびしみ)与‘可笑’(おかしみ)乃俳谐之风骨”;“‘可笑’乃俳谐之名,‘寂’(さびしき)为俳谐之实”;“若听不懂‘可笑’之语,眼看不到姿情之‘寂’(さびしさ),则……”等等,在这些句子中,“さびし”(寂し)作为一个形容词名词化的概念,可以说已经接近了其严格意义上的“寂”的概念了。

曲斋在《贞享式海印录》一书中,对“霜天旅宿中,裹着蚊帐御寒”(如行)和“漂泊者如古人夜晚放飞的风筝”(芭蕉翁)这一组连歌做了评论,说:“比起身穿绸缎睡衣、做一夜美梦,莫如躲在蚊帐中御寒;又,古人旅途劳顿,深知夜晚风筝之‘寂’,故如此唱和也。”对另一组连歌——“晚秋阵雨连绵,寒冷有所不堪,借钱搭草庵”(举白)和“给暖炉添柴禾,以续先人之‘侘’”(芭蕉翁),曲斋评论道:“留守草庵中,晚秋阵雨常落,而以‘寂’为乐,遂有此句也;下句接过‘草庵’,写火盆添柴,续古人之‘侘’,以寄托己心。……又,一个‘柴’字,使晚秋阵雨中之草庵更添其‘寂’。”这里,“寂”这个词使用了两次。前者写以“寂”为乐,其含义较宽泛;后者写晚秋阵雨之“寂”,在对象上有特别的限定,含义较狭。此外,该书对“风雅,乃是面目清癯的秋天”(北枝)和“抖抖衣袖上的霜,带着一缕菊花香”(十丈)这组连歌评论道:“山路上菊花,因霜而瘦,故以**风雅之寂**唱和之。”对另一组连歌——“买的面饼放在那里,都干枯了,多可惜呀”(芭蕉)和“还有那干皱了的大萝卜呀”(桐叶)——评论道:“看到常来的茶店中作招牌用的饼干枯了,店里的大萝卜也干皱了,于是见出‘寂’。”可以看出这里的“寂”含有广义和狭义两种含义。

从美学的立场来看，类似的饶有趣味的例子，还有支考的《十论为辩抄》中对芭蕉的俳句《盐鲷》所做的评论，并且与其角的“猿喉露白齿，枯声啸峰月”做比较，比较的部分在此不提，只引用他对芭蕉的评论。支考写道：

即便是“十知”全能的高手，也不可能写出芭蕉这首俳谐中的最后五个音节。在此，初学者与名人口里说出来的似乎没有什么不同，但意蕴上却相差万里。无论是其角还是我本人，即便是以“盐鲷”为题来构思，我们走过鱼棚，对于盐鲷所能产生的“寂”，也不过是盛鱼的简陋木器的木头香味、联想到梅花的风情，或者想起女人出嫁的一些微妙细节。先师芭蕉在那时候对海边的狂风完全不在意，却写出了卖干货的鱼棚中的那种“寂”（さびしさ）之味。在当时的俳谐作者各显其能的时候，先师却看到只有孩童才有兴趣加以注意的鱼棚，体现出其特有的“夏炉冬扇”的“寂”之趣味，如此，怎能不成为悠游自在的道人呢？怎能不成为俳谐之道的祖师呢？

这里的“寂”（さび）和“寂”（さびしさ）具有广义和狭义两方面的意义。此外，据我管见所及，一个名叫“也有”的俳人写的《薄衣》一文中，有“将世间使用鲷鱼之奢侈，变为欣赏奈良茶田乐之寂”这样的话，还有“卢同以夜锅煎茶，作为雨夜之寂”诸如此类的说法。这些“寂”都是以俳谐和茶道为特殊背景的，同时，从表面上的直接的意思来看，又都是对特定对象的形容。

接下来我们再来看“寂”运用于俳谐等特殊领域时的语义，即上述的第二种语义。与上述的第一种意义相比，其意义更加广泛，也更加复杂，并与日常的一般意义相游离，最终发展为俳谐与茶道这样的特殊艺术领域中的审美概念、美学基准乃至美学理想。但在达到这种极致与高度之前，还要经历种种阶段。具体考察起来，在“寂”的第二语义的范围内，其含义也有大小、宽窄和深浅之别。众所周知，特别是在对俳谐做艺术理论反省的时候，上述的最高的、统括性意味的“寂”与表示俳句中个别具体作品的特殊之美的“寂”，常常是与“枝折”“位”“细柔”等概念一同使用的。而“寂”发展为一种理念的时候，就每每作为一种最高统括性概念而被使用，难以对此加以理论上的分析了。事实上，在古来的俳论书中，则完全看不到试图对此加以分析的例子，如果说有类似的尝试的话，实际上也只是对个别作品的“寂”而言的，而不是在审美的终极意义上而言的，故而没有充分展开和充分扩大。以前我国的美学研究不发达，这也是无可奈何的事。有鉴于此，我在这里只是将“寂”这一特殊概念的第二种语义加以总括性探讨，并尝试从文献资料中寻求相应的用例来加以分析。

首先看支考的《续五论》中的用例。这个例子上文曾经引用过，那就是芭蕉的“金色屏风上的古松啊，也在冬眠”，对这首俳谐，支考做了如下的评论：“……金色屏风的暖意就是事物的‘本情’。可以说，那首《古松》就是付出二十年辛苦努力的风雅之寂。”这句话说明：要体会俳谐中的“寂”的趣味，换言之，要对“寂”这一美学范畴有所体悟且有所发明，就要使“寂”成为俳谐创作中的独特的审美意识。在该书的《华实论》中还有一段话：

自己对女色美食念念于心，口里却称“风雅之寂”。……风雅，本是寂（さびしき）之谓也。……心中一定要明白：居于享乐，则难以体味寂（さびしき）；居于寂（さびしき），则容易感知享乐。什么是“风雅之寂”呢？有人说年轻则无寂，这样说，是因为他们不知道俳谐出自于心。

这里无疑是在继续解释“风雅之寂”，并在广义上将它作为俳谐艺术的独特趣味。

然后，我们看看向井去来的《去来抄》，当野明问道：“俳谐连句中的所谓‘寂’是什么？”去来答曰：

“寂”指的是俳谐连句的一种色调，并非指“闲寂”之句。例如，老将身披盔甲上战场，或者身穿绫罗绸缎赴宴，但他的老者之风是处处可以显示的，“寂”无论是在热闹的句子，还是在寂静的句子中都存在。兹举一首俳谐为例：“白首老夫妻，樱花树下两相依，亲密无间隙。”先师在评论此句时说：“‘寂色’（さび色）浓郁，尤为可喜。”

这段话是对作为俳谐之特殊审美概念的“寂”做了直接的、较为具体的说明，这在蕉门俳论中是最为值得注意的。对此，我想有必要指出下列几点。第一，去来在这里将“寂”看作是俳谐的一种色调，作为概念不无狭窄之嫌；第二，这里暗示出，“寂”的概念并不像一般所理解的“寂静”之意，而是由俳谐自身的趣味所决定的、被特殊化了的审美内涵；第三，为了说明“寂”在俳谐中独特的审美内涵，而以老者做比喻，并举出了《樱花树下》为例。由此可以看出，他所强调的是辞书中所举出的“寂”的“宿”“老”“古”的含义，试图由此说明“寂”在俳谐中的特殊审美内涵，但同时，他所指出的实际上只不过是“寂”的一般语义而已。当然，也可以说，去来所说的不只是“宿”“老”的涵义，他也指出了“老”的特殊的表现方式（例如老将身披盔甲上战场，或者身穿绫罗绸缎赴宴时，或者一对老夫妻在烂漫的樱花树下两相依偎时的情景），并力图以此对“寂”做出了比喻性的解释。

以上我们注意到，作为俳谐独特的审美概念，“寂”在《去来抄》中的语义使用较为狭窄，这是因为在《去来抄》中，“寂”是与其他的类似概念，如“位”“枝折”“细柔”并列使用的。在该书的同一个段落，也可以看到对这些同类概念的说明。例如：

野明问："所谓句之'位'是什么？"

我答曰：

兹举一句加以说明"夏夜门难寻，唯见卯花攀墙根，断处应是门"。先师对此评论说："句之位的处理，非同寻常。"我认为，此句只能说"位"非同寻常，而不能说"位"有多高。归根到底，所谓"句位"，在于位格要高。在一首俳谐中，陷于说理，或者比附，或者两物对照，一般都属于下位。

野明问："俳谐连句的'枝折''细柔'是何意？"

我答曰：

所谓"枝折"指的不是那种哀怜之句，"细柔"也不是指纤细柔弱之句。"枝折"指的是句之"姿"，"细柔"指的是句之"心"。此处仍以例句加以说明："暗夜无喧嚣，余吾湖上静悄悄，群鸟入睡否？"先师评价说："此句细柔。"又如："秋日冷凄凄，十团子吹成小圆粒，风刀何凌厉！"先师评价说："此句枝折。"

总体说来，"寂""位""枝折""细柔"，在言语文章中只能是以心传心，都很难清楚说明，在此只举出先师的具体评语，可由此加以揣摩。

由此可见，去来对"寂"的含义的解释是较为狭窄的。

莺笠在《芭蕉叶舟》中有如下一段话：

俳谐中，有赋比兴之论，《古今集序》中最早提出"和歌六义"之说。芭蕉翁对此不取。所谓"六义"是就汉诗而言，与俳谐之道不相符。假如一定要有"义"，那么勉强说来，是否可以把"馨""匂"（におい）"寂""枝折"四者作为俳谐四义呢？实际上恐怕连这个也不需要。正如我曾说过的，芭蕉翁之道是大道，与天地共大，岂能为“六义”之类的小论所束缚？俳谐以寓言吐纳万物，将人间寓于花鸟，将花鸟寓于人间，有情、非情者互寓，心寄托于大无，去理而求玄，而又并非无关乎人之教诫。此道深长、此事微妙，口舌难表……

又，该书还写道：“句以‘寂’为佳，但过于‘寂’，则如见骸骨，失去皮肉。”

这里顺便提一下，对于上文提到的向井去来提出的“寂、枝折、细柔、位”四个概念，《日本俳书大系·四》卷末附录了荻原井泉水先生写的《通说》，荻原认为：“所谓‘寂’，就是人观察自然的所取的一种姿态；所谓‘位’，就是由作者心境的转换所造成的品位；所谓‘细柔’，就是在处理对象的时候所具有的至纯性；所谓‘枝折’，就是情感活动中的潜入性。”可以说这是颇得要领的解释。

不过，我们所说的“寂”这一概念，一方面是如上所说的，是俳谐世界中的范畴之一（即芭蕉所说的“四义”之一），但另一方面，它又是一个将俳谐中其他审美范畴都统括起来的、具有深广内涵的理念，并常常以“风雅之寂”“俳谐之寂”这样的词组加以表示，这一点是我们所不能忘记的。而且，从美学范畴这一角度看，我们所要着眼的，主要是“寂”这一概念如何发展为俳谐的理念，并以此为问题来展开探讨。

对许六和野坡关于俳谐的论争，从局外人的立场上作出了评论的三宅啸山，在《雅文消息》一书中，对芭蕉著名的《古池》做过评论，他写道：“此句外表佳美、内涵微妙，富丽而具风情，又含**寂**之味。……此句以寂（寂寞）为体。”这里，他把“寂”作为俳谐的一种“体”来看待，涵义较为狭窄。但他接着以自己的体验为基础，对《古池》的审美内涵做了较为具体的解读。从这些文字中，也可以看出他是把“寂”作为俳谐整体的、最高的审美趣味来看待的。从美学的立场上来说，这是饶有趣味的，虽然较长，还是应该引述如下：

大凡古来俳句，皆以双关语、说理、节奏等为主，自从芭蕉翁出世，才使俳谐成为可以与汉诗、和歌相提并论的艺术。他的句作成就最高，其作品没有双关、不合拍子、外表不华丽，也不勉强使用俳言，却自自然然，意味隽永。他在江户深川闲居的地方有一个古池，时至春天，徘徊于池畔的青蛙，从岸上跳入水中，发出清冽的水声。作者不写梅、桃、樱依次开放，不写柳叶日见其长，不写蕨草、鼓草从杂草中蹿出，只写在悠闲、寂静的草庵中，听得青蛙扑通入水的声响。这简直难以言喻，写得春色满满，细致入微，恰如其分。天地造化无私，独感出神入化之妙，岂能不有此吟！我从古选本中看到对此句的品评，全是臻于妙境、不可言状。将此句与王维辋川的五绝及其他名篇，如《鹿柴》《竹里馆》，或者是“木末芙蓉花，山中发红萼，涧户寂无人，纷纷开且落”；“人闲桂花落，夜静春山空，月出惊山鸟，时鸣春涧中”等作品相比照，更可体会出个中滋味。

许六在《赠落柿舍去来书》(见《俳谐问答青根峰》)中，在谈到俳谐的特殊趣味时，连用了“寂枝折”(さびしをり)。他写道：

我在与同门讨论俳谐问题时，不曾说过遣词造句可以没有“寂”。但感到一首俳谐没有“枝折”，就干脆不写了，那岂不是刻舟求剑、胶柱鼓瑟吗？一首俳谐看上去虽然粗糙，但也可以自然具备“寂枝折”，也可以有“物哀”之句。

我就要四十二岁了，血气尚未衰退，还能作出华丽之句来。随着年龄的增长，即便不是刻意追求，也会自然吟咏出“寂枝折”之句来。推敲用词、刻意追求什么“寂枝折”，那不是真正的俳谐。

这里所说的随着年龄增长，即便不是刻意追求，也会自然吟咏出“寂枝折”之句，是值得注意的观点。对这种看法，向井去来在《答许子问难辩》中予以回应，他说：

“寂枝折”是风雅之关键，须臾不可忘记。然而，一般作者，不可能句句都有“寂”，这一点只有先师能做到。像我等作者，现在为什么要厌弃“寂枝折”之句呢？应该把这个作为不懈的追求才对，可以说聊胜于无吧。厌弃之，岂不是太过分吗？雅兄说出这种话来，我不能缄默不语。壮年人的作品表面看上去并无“寂柔”，岂不更好吗？先师曾说过：初学者要有“寂”与“枝折”并不容易，难以吟出新意。

“寂”“枝折”并不是有意为之的言辞与技法，“寂”句与“寂的”（さびしき）句，并不相同。所谓“枝折”也不是有意为之的“哀怜”，“枝折”之句与“哀”之句也是不同的。“枝折”是植根于内而显现于外的东西，用言语难以分辨清楚。倘要勉强说清，那么可以说，“寂”体现于句之“色”，而“枝折”体现于句的余情。

此后，去来又说过这样一段话：

看看先师的俳谐，既有严肃之作品，也有亲切之作；既有狂狷之作，也有写实之作；既有轻松之作，也有苦心之作；既有“哀”之作，也有本色不加修饰之作。纵有千姿万态，无“寂”、无“枝折”者却很罕见。

由此可见，在这里，“寂枝折”这一概念已经被大大地拓展了。去来把“寂枝折”作为俳圣芭蕉所有作品中的根本趣味，认为无论其构思用词如何不同，它都是体现于芭蕉的千姿百态的作品中的共通的、根本的审美性格。针对许六关于老年与“寂枝折”有必然关系的说法，去来回答说：“蕉门弟子成千上万，若以年龄而论，有不少人岁数超过了先师。但我到现在还没听说有一人已自然得到了‘寂’与‘枝折’。”在这里，去来将“寂枝折”作为至高无上的境界，同时也暗示出，“寂”中的“宿”“老”等具体的意味，是无法涵盖“寂枝折”的整体意味的。

此后，到了与谢芜村的时代，在众多的俳论书中，“寂”（さび）的概念仍然屡屡使用，但没有特别值得注意的观点了。只有建部凉袋的《南北新话》中，关于“寂”（さびしみ）论有下列一段话：“俳谐中没有‘寂’之姿，就如同烹调中没有香料。不过，人们常常把‘寂味’（さびしみ）理解为‘闲寂’。‘闲寂’中并非没有‘寂味’。若把‘寂’看作寻常之‘寂’，则‘寂味’不仅在俳谐中，在笑言、漫谈中，又何处不在？”（见《俳书大系·十》）这种看法是值得注意的。此外，认为狭义的“闲寂”并不是俳谐精髓，并在某种意义上强调俳谐中滑稽趣味之重要性的，还有素外的《俳谐根源集》和兴清的《俳谐歌论》。

以上我们考察了俳谐方面作为特殊概念的“寂”的用例，同时，也有必要将茶道中的特殊概念“侘”在一般语义之外的特殊语义加以简单的考察，以便作为一个参照。

一个名叫白露的人在其《俳论》一书中有这样一段话：

茶道……至宗旦而复兴。那时宗旦认为，从前的饮茶大都是在社会下层，而非在富有之家，茶具难以齐备。……总之茶道必须发扬光大。为了普度众生，要让茶炉常沸。茶道毋需华贵稀奇的器具，只在休闲时将茶采摘来，也毋需中国产的珍贵茶壶。茶碗不用井户熊川的，而使用乐烧即可；茶勺不使用象牙，而用竹篦即可。一切都俭朴平易，这就叫作“侘”。

在这里，所谓“侘”似乎指的只是单纯物质意义上的朴素节俭的意思，是一种很狭义的理解。同样的理解还见于《嬉游笑览》卷一《木条格子墙》一节所引用的《茶话指月集》所载千利休的逸事（在那里，“寂”与“侘”似乎完全是同义词）。

千宗易（利休）对于“侘”有自己的理解。鵙屋宗安负责茶事的时候，想在露地的院墙处安一个破旧的木格子，认为这样有“寂”的趣味。宗易却说：我们已经有了“寂”，却特意再安一个木格子，想想从远处的山寺把那旧木格子运来，还要花费人工运费。假如我们有“侘”之心，还不如再把自己的家屋弄得朴素些，装上简单的门，或者用松树板子拼接简单的家屋。要说特意在那里安装一个木格子才显出“寂”之趣味，那么他的茶道是怎样的，那就可想而知了。

利休的弟子南坊，曾著有一部有名的《南方录》，将其师的茶道秘事加以记载。在该书中，他把茶道的基本精神用一个概念加以表现，那就是“寂”或者“侘”。明显可以看出，他所使用的两个概念与上述的狭窄的、浅层的用法不一样。

绍鸥曾说过：“《新古今和歌集》中有定家朝臣的一首和歌：

放眼望去
看不见鲜花，也没有红叶
唯有海滨茅屋秋日黄昏。①

侘茶的心情，就像这首和歌所描写的那样。”又说：“这里所说的鲜花、红叶，可以用来比喻书院台子，对着那鲜花、红叶仔细凝望，就会出现‘无一物’的境界，仿佛看到海边的茅屋。不知鲜花、红叶的

① 原文：“见渡せば紅葉もなかりけり浦のとまや秋の夕暮。”

人，从一开始就不会喜欢海滨茅屋。只有凝神观照，才会看出海滨茅屋的寂之美，这就是茶道的本心。”

又，宗易也发现一首和歌，经常把两首抄写在一起。这首也是出自《新古今和歌集》，作者是家隆——

人只待春花
不知道到去看那
山里的春草[①]

把两首和歌合在一起读，会相得益彰。世间俗人，只知道关心这座山、那座山上的树林花朵何时开放，朝夕在外面寻花问草，只知欣赏眼睛所见之花草，却不知鲜花红叶就在心中。山间或海滨的茅屋都是寂之地，去年一年的鲜花红叶，都埋在了雪下，看上去空无一物的山里，与清冷的海滨，其意境都是一样的，而且都是“无一物”的场所，自然能够催发人的感兴。在那里有着生动入微的自然生机，白雪的下面，正在酝酿春天的阳气，青青的小草芽，三三两两地，会不知不觉地从雪间钻出来，不假任何外力，就必至此。这就是真理所在。从歌道的角度来看，上述这两首和歌还有许多具体阐发的余地。只是绍鸥、利休将这两首歌用于茶道，我是牢记于心、念念不忘的。（见《茶道全集》卷九）

南坊在这里传达了利休的一句话，认为茶道的“侘”最终就是“佛心发露”。他写道：

“侘”的本意就是清静无垢的佛世界，拂去甬道、草庵的尘芥，主人、客人倾心交谈，规矩尺寸法度可以不讲。生火、烧水、喝茶，

---

① 原文：“花をのみ待つらん人に山里の雪間の草の春を見せばや。”

此外别无他事。这就是佛心发露之所。……狭小房间中举行的茶道要以佛法修行得道为第一。以房屋气派、饭菜丰盛为乐，乃是俗世之事。只要屋不漏雨、食可饱腹即可。此乃佛教与茶道之本意。打水、劈柴、烧水、沏茶、供佛、施与众人，亦以自饮。插花、焚香，皆是学习佛祖之行迹。

如此强调茶道与佛教的关系，足可看出茶道的根本精神之所在了。

还有，千宗室在《宗旦的侘茶》一文中，对“侘”这个词做了如下的解释：

所谓“侘”，作为一种风尚，不是那些在生存竞争中失败的遁世者、与社会格格不入的隐逸者们离群索居的避难所，而是为了涵养一种优雅闲静的心境，而崇尚清寂。所谓心广体胖的心境，自然就有了“侘”的风体。……闲静的心情就是从容不迫，心地舒畅开朗，这是一种豁达、宽阔、明亮的心胸，而不是闷闷不乐的情绪，一直保持爽爽朗朗的精神状态，就是优美之心。茶道中的“侘”指的就是这种心情。

这里对茶道精神的“侘”的解释似乎是非常消极①的，但也不失为一种值得参考的解释。

想来，对茶道的“侘”与俳谐中的“寂”的内容加以分析考察就会发现，在其复杂的内容构成中，不同的论者对其侧重点与强调的方式多少有所差异，但发展为一种终极理念的时候，两者大体上指的是同一种境界。服部土芳在《三册子》中在最后指出：“所谓‘侘’者，

① 此处的“消极”疑为作者笔误或印刷错误，似应为“积极”。

至极也，理尽含其中。”就是指此而言。古来关于茶道的各种文献中，“侘”“寂”这两个词不仅随处可见，而且作者在很多时候都试图对此做出直接的解释。而在俳论方面，虽然“寂”这个词常常使用，但除了去来与野明两人之间的问答（而且问答也很简略）之外，我们看不到有人尝试对其“寂”的内涵做出更具体一点的阐释。与此相反，在古来的茶道名人所流传下来的遗言、书简中，相关的阐释却可以看到不少，这确实不能不令人感到奇怪。当然，茶道中对“侘”“寂”的解释更为狭义，或者是出于更特定的视角，所以解释起来也较为容易些，对此我们必须加以注意。前人对“侘”“寂”的内涵所做的直接解释，我们在后文中还要进一步加以参考和引用，在这里暂先割爱。我们对“寂”及“侘”的用例的考察，也到此结束。

接下来我们要着手的，是接续以上几章的内容，对俳论中的根本问题及俳谐的艺术特性，还有“寂”“侘”的一般含义及作为审美概念的特殊含义、结合各种用例加以探讨，而以上的考察则为我们下一步的研究提供了材料与基础。

六　作为审美范畴的“寂”（一）

当我们把“寂”和“侘”作为一个审美范畴加以考察的时候，就会发现，正如“幽玄”和“物哀”一样，其内容是复杂多义、模糊朦胧、难以捕捉的。对此加以阐释的时候，也很容易陷入主观性解释的危险。当然，一般而论，在审美概念的解释中，不得已会加入解释者的主观体验，但即便如此，从事理论研究的人要尽可能根据各种客观事实，将自己的印象和体验加以省察、规范和调整，并按照一定的宗旨与方针展开考察与解释，这样一来，方法论就显得特别重要了。在以上各章中，为了对俳谐的根本问题加以论述，我不厌其烦地做了许多迂回繁琐的考辨与说明，引用了许多俳论当中的材料。同样地，以下几章对“寂”的审美内容加以考察，也将遵循一定的方法。那么，这个“方法”究竟是怎样的呢?

我想，在对“寂”和“侘”的审美意味加以阐发的时候，我们首先要考虑的是它的表层语义。“寂”与“侘”这两个词作为审美概念或审美范畴，归根到底是合二为一的。因而，为方便起见，我们基本上把这两个词看作是同义概念，并在上文中通过辞书的引证，对其基本语义做了具体查考。可以看出，“寂”这个词至少含有三个层面上的含义。简言之：

第一，“寂”就是“寂寥”的意思；

第二，“寂”是“宿”“老”“古”的意思；

第三，是“然带”（见后文）的意思。

为了论述的方便，我按照顺序分别称之为“寂”概念的第一语义、第二语义、第三语义。

根据辞书上的解释，其中的第三语义与俳谐、茶道当中的“寂”，从词源上来说完全是两个不同的词，这是一个语言学上的问题。但是，在我们把“寂”作为一个美学概念进行考察的时候，也必须将第三语义纳入考察范围并做出解释。

从上文所引用的各种用例来看，这三个基本语义以及各自派生出来的种种含义，虽有模糊不清的一面，但从根本上说，都包含在了这个概念最终的审美内涵中。为此，我们在对这个概念整体的审美内涵加以解释时，所使用的方法就是暂且将这三个层面上的含义分别加以探讨，对它们在审美的意义上如何被逐渐纯化的问题，加以分析。与此同时，在对这一纯化过程加以探索和梳理的时候，还必须指出，对一个特殊的艺术领域产生本质影响的思想背景，是如何或明或暗地与审美意味的形成发生着关联的。以上我们在对俳论的主要美学问题或者俳谐的艺术本质加以考察时，也是这样做的（此外，现在我们考察“寂”这一概念，对上文中略而未提的关于茶道的相关文献，也应该拿来作为参考）。这样，从这三个基本语义出发，对“寂”的审美内涵的诸要素加以分析之后，我们就要进一步将所有要素与俳谐、茶道的特殊审美理念加以最终的综合统一，站在美学的立场上，考察它们作为一种特殊的“审美范畴”逐渐形成的过程，这就是我们对这个概念加以研究的最终的归结，也就是我们在这里所要采取的研究“方法”。当然，在以下的论述中，我不知道我能在多大程度上实践这种方法，但无论如何，任何学术问题的研究最终都要立足自觉的方法论立场。特别是在很容易流于

Schöngeisterei[①] 和 Schönrednerei[②] 的时候，更有这种必要。

首先，我们来看“寂”的第一语义，即“寂寥”。与这个意味相近的有“孤寂”“孤高”“闲寂”“空寂”“寂静”“空虚”等意思，再稍加引申，就有了单纯、淡泊、清静、朴素、清贫等意思。这些意思多少都有着相互的关联，因此可以联系在一起加以考察。作为一个审美范畴，“寂”当中包含着的这些具有微妙差异的含义，大体上又可以分为两种情形，一种是在客观的或感觉性的语义中，带有某种程度的积极意味，另一种情况则带有一种消极性。这种审美因素并不是由这个词自身体现出来的，而是在俳谐或茶道的修炼中形成的，是由主观的态度、倾向或者某种“心理构造”所体现的。以上两种情况，是“寂”这一概念的基本义向审美意味加以引申和发展的结果。这种观察视角，对于我们考察“寂”的第一、第二和第三语义的形成，都同样适用。

在以上我们所列举的、以“寂寥”的意味为中心的种种相关意味中，“孤寂”“孤高”“孤独”这样的意味，都与古来天才诗人及艺术家们的精神世界有着相生相伴的密切关系。无论东方还是西方，浪漫的诗人都喜欢吟诗作赋，同时又追求一种隐逸的生活取向。但是我们不能把这种倾向本身直接看作是一种审美意识。西行曾说过，没有“寂”就没有趣味可言。学习西行的松尾芭蕉在《嵯峨日记》当中也写道：“没有比离群索居更有趣的事情了。”他还写了一首俳谐：“布谷鸟啊，你的啼叫，令我倍加寂寥。”这种心情和表达，实际上已经超越了寂寞无聊这样的消极性，相反，却朝着一种特殊的审美意识加以积极地提升，并乐在其中。西行或者芭蕉那样的心情，以及他们所表达的“寂寞”或“寂寥”本身的意味，从一般的审美

---

① Schöngeisterei：德文，意为“唯美”“唯美主义”。

② Schönrednerei：德文，意为“修辞”。

观点来看，似乎都带有某些消极性的东西。芭蕉本人是否是天才的、孤独的诗人，他在这里是否表达了一种特殊的审美心境，抑或仅仅是表达内心的寂寞孤独之情，对此我们在此不遑详论。但我们可以援引芭蕉本人的文章对此加以推察。他在《幻住庵记》中写道："……虽说如此，并非一味沉溺于闲寂，隐遁于山野，只是像一个有点小病的人，身心慵懒，厌离俗世。"在《闲居箴》中他又说："一慵懒之翁，平日不想与人来往，于是闭门索居，静心安神。只是在月夜雪晨，仍愿有亲友来访。"这些话恐怕是他的最真实、最率真的表白吧。在茶道当中，珠光也提倡"谨敬清寂"，利休则提倡"和敬清寂"。"清寂"这个词古来一直被使用，它是在"寂"之上附带一种审美的趣味、一种审美的心境，所以才有了"清寂"一词。总之，我在这里所说的"寂"这个概念的第一语义，无论是在"寂"的本来的意义上，还是在它引申、派生的意义上，无论是在俳谐，还是在茶道上，都生发出了许多审美的意味。不过，在这个方面，作为形容词的"寂"（さびしい）和"侘"（わびしい）由原本的形容词的意义而演变出审美的意味，则属于我们所区别的第二语义或者第二个层面的问题了。

与第二语义相对，"寂"的第一语义"寂寥"，稍加转化后就变成了一种特殊的感性状态，而成为"寂静""空寂"这样的对客观对象加以感受和体验的词。而"单纯""朴素""淡泊""清静"之类的感性化、具象化意味（当然，这些意味都与作为形容词的"寂"的语义稍有游离）的词，已经某种程度地带有审美意义了。"寂寥"原本的意思，特别是它的词根"荒"以及带有主观意味的"不楽"等，与"单纯""朴素""淡泊""清静"似乎都没有什么必然性的关联，但是我们在这里不是去追究它们在语言学或逻辑学上的联系，而只是论述其审美意味上的关联性。从这个立场来说，"寂寞""热闹""丰富"等形容词，其反义就是"寂寥"。在"单纯""清静"的意义上，"寂寥"

具备了一种审美感觉的条件。当然，由“寂寥”转化、派生出来的那些感性意味的词，在上文中只是列举而已。我要做的，至少是从这个侧面、将相关涵义纳入“寂”的第一语义中，并在这个侧面来确认“寂”这一概念成为一个审美概念的可能性。通过这种可能性，“寂”获得了一种特殊的审美内涵，这在茶道中有着特别显著的体现。从基于茶道趣味的茶室风格的建筑样式、小庭院、草庵、装饰，到茶具的种种色彩造型等外观的东西，都表现出浓重的感受性的意味，这是众所周知的。我们在有关辞书中也可以查到，茶道中常用的“侘”这个词，其基本的语义中已经包含了“贫”的意思。

在此，我们顺便将上文中一直略而未提的茶道文献中的所见的“寂”，做一简单的介绍，以便作为参考。

首先，我们看看《松平不昧传》所收录的《茶道心得五条》中的第一条，其中有云：“茶道无论如何应以清纯洁净为本。”（见《茶道全集·一·古今茶说集》）这句话虽然简单，但是却从感性方面说出了“寂”所包含的积极的审美意味。《怡溪和尚茶说》（出处不明）中有云：“凡茶道，皆不可追求场面华美、诸种茶具的完好，应以清静淡泊、物外之幽趣为本义。”这里所谓的“物外之幽趣”与我们的论题无关，但前一句却是对“寂”概念的很好的说明。另外，茶道中著名人物石州公的《秘事五条》对“侘”这一概念也有说明，他写道：

没有外人来，只有身边侍从者、志同道合者集于一室，谈古论今，雪天中互问寒暖，以求慰藉，此间有风雅趣味在。本人喜爱茶道，由来已久，似也不可说未臻于极致。我所思所想者，无非炭斗水瓢之事。在荒芜寂寥的民家土屋中，造就了“侘”之风姿，类似于颜渊的一箪食、一瓢饮，自然而形成“侘”，可谓与生俱来之“侘”，是刻意追求者所不能及。然而宗易也使用炭斗、坐垫，但不免过于考究，丝毫不得茶道之体，是为不伦不类。茶道贵在自然朴素，着眼于风雅，于月夜雪朝，观照天地，何待于美器珍皿而成？

这段文字已经对“侘”复杂的精神内容有了相当的阐发了，特别是他指出瓢等茶具应朴素自然，很好地说明了“侘”和“寂”的一个侧面，是饶有趣味的。还有，川上不白也传述过曾拥立表千家四世的名叫如心斋的人关于茶道的一段话，他说：“茶之心以淡味为宜，正如水滴，圆而不滞不流，无处不居。淡之味，惟有以心感之。”

在以上所提到的茶道文献中，也有人试图对“侘”的概念内容作进一步的具体说明，一方面他们从所谓“茶禅一味”的立场出发加以解释，另一方面又从道德修养的立场给“侘”这一概念注入了种种精神修炼的意味。这些说明与解释都属于我们在上文当中所区分的“寂”的第二语义。无论他们怎样将“侘”或“寂”的概念朝着精神方面加以引申，但毕竟还局限在宗教的乃至道德的范围，从美学的立场上说还是十分不够的。从茶道发展史上来看，古来的茶道名人和大师们，为了防止伴随着茶的流行而产生的茶具、设施等方面的奢侈、豪华倾向，而常常强调朴素单纯。这种对朴素单纯的强调未必都仅仅出于道学的意图，在趣味问题、美的问题上，提倡单纯、朴素、淡泊、清静等感性的或者直觉的东西，并把这些带进“侘”这一概念中，这本身也就带有了一种审美的、积极的意义。

我们特别需要注意的一点，就是这种感性的、审美的意义在极其有限的程度上，与作为审美价值的“侘”“风雅”与道学立场上的朴素节俭这几种因素，只是暂时达成了一种偶然的一致而已。这种单纯朴素的意味进一步向前发展，就变成了贫寒、穷乏之类的意思。而在贫寒、穷乏本身当中是不可能见出积极的审美意味的。但尽管如此，我们为了把它看成是一种审美的因素，而以他律的、宗教道德的立场强调一种精神性，那就能够说明它具有审美价值吗？如果不能，我们就需要借助美学原理来重新加以解释。这一点绝不是我本人的一种假想和设定。当我们把眼光转到俳谐方面，就会发现在俳谐所描写的贫寒穷乏的境地中，实际上也附带着一种积极的审美意义。例如“给火炉添茶，亦有侘之心”；又如“霜天旅寝中、裹着蚊帐御寒凉”之类。在这个意义上来说明“寂”或“侘”当中所含有的审美成分，还属于一个崭新的话题。与上述的作为感性意味的单纯、朴素、淡泊、清静等因素一样，“寂”或“侘”自身的积极的审美意味并不是从一开始就具备了的。

这样的情形不只限于俳谐方面，在《清严禅师茶事十六条》这本书当中我们可以看到下面一段话，说从前有一位“侘”茶道人，从达官贵人到一般平民百姓，都慕名来访，这并非是因为道人的茶道手艺高超，也不是因为他那里有什么好茶，是因为这个道人内心非常清雅。“此人乃至‘侘’之人，所居之处‘侘’，所目视者‘侘’，凡事皆‘侘’，故众人慕名而至。”又说，从前在粟田有一位名叫善次的人，他是一个彻底的“侘”者，一天到晚只以饮茶为乐，到头来只剩了一口生锈的小锅，此外身无长物。这里所提到的“侘”的概念，带有浓厚的安身立命的宗教色彩。无论是在茶道还是俳谐当中，从根本上说，“寂”或者“侘”都与一种“悟”的境界结合在一起，但是即便如此，我们也不能把“寂”“侘”的审美意味与宗教乃至道德的意味混为一谈。换言之，就是不能把作为审美态度的“寂”“侘”，与体现大彻大悟的宗教心境这两者混同起来。

在茶道方面，古来就有“茶禅一味”这个词，但是在这个立场上所说的“寂”或“侘”的概念带有宗教的悟道精神，也带有孔子所赞赏的颜回的那种道德上的知足。从美学的角度来看，仅仅如此，还不能对“寂”和“侘”做出充分的说明。以下，我们从宗教和道德的角度对茶道中的“侘”这一概念稍加检讨。

在茶道方面，《宗旦遗书·茶禅同一味》或称《茶禅录》，是一部解释茶与禅关系的有名的书，该书大量引用佛典语录，从茶道的各个方面来阐述“茶禅一味”的道理。根据作者的说法，关于茶与禅的关系，从一休禅师开始就强调：“点茶印照禅意，为众生观自己心法而成茶道。”又说：“把玩奇货珍宝，嗜好酒食，建造茶室，玩赏庭院树石，皆违背茶道原意……点茶全凭禅法，功夫在于了解自性。”这就完全把茶道看作禅道修行的一种途径了，也就从根本上否定了茶道审美的乃至艺术上的意义。该书的《茶意之事》一章对这种主张做了更彻底的发挥，作者写道：

茶意即是禅意，故禅意之外无茶意，不知禅味便不知茶味。然而世俗以为，所谓茶意，要立一个“趣”字。……趣到之处，由善业恶业之因，而生有情之物，所谓“六趣”之妄论，盖指此也。故佛法将“动心”列为第一破戒，不动心者乃禅定之要，凡事立“趣”而行，是为禅茶所极厌恶。……凡有趣者，皆执着于物，皆动心，皆思虑作为。以“侘”动心，故生“奢”；以器物动心，故生“法”；以风雅动心，故生“好”；以自然动心，故生“创意”；以“足”动心，故生“不足”之念，以禅道动心，故生“邪法”。

在这里，作者对于“立趣”做了全面否定，在这种情况下，审美意识的存在也就完全失去了余地。

该书还对“侘”本身做了说明：

夫“侘”者，即是有所不足，一切随我意……狮子吼菩萨问曰：“少欲，知足，有何差别？”佛言：“少欲者不求不取，知足者，得少不悔恨。”“侘”字之意，由字训观之，即是身处不自由而不生不自由之念，有所不足而不起不足之想，不如意而不抱不如意之感，如此则谓之“侘”……故知“侘”者，不生悭贪，不生毁禁，不生嗔恚，不生懈怠，不生动乱，不生愚痴。又，从来悭贪者变为布施，毁禁者变为持戒，嗔恚者变为忍辱，懈怠者变为精进，动乱者变为禅定，愚痴者变为智慧。此谓六波罗蜜，能持菩萨之行，成就菩萨之名。“波罗蜜”者，乃梵语，可译为“到彼岸”，即为“悟道”之意。一个“侘”字，六度行用，如何不可成为尊信受持之茶法戒度乎?

这段文字较长，但因为这是对“茶禅一味”的典型的解释，故在此加以引述。不味公也说过这样的话：“……是以茶皆为不足之具，故立茶道。作为人，不知足者不谓人也……以茶道之意，亦可以修身齐家，茶道为知足而做也。”这段话也是对茶道典型的道学解释。

这种佛教的乃至儒教的悟道心境，与俳谐、茶道当中审美的精神态度，在根本上也是有共通之点的，但是，我们不能把宗教立场上的说明直接看作是对“寂”“侘”的审美内涵的充分解释，因而，即便是在茶道当中，也有人反对把茶道的概念与佛教禅学结合起来加以言说。野崎兔园在《茶道之大意辨蒙》当中有这样的话：“有人声称，以茶事参禅，得其妙味，历代先贤由此而入禅门。然利休之后，能得此妙者，闻所未闻。”又说：“参禅在于悟，而只在口头上声称去大德寺参禅，标榜悟得茶道之味，而实际却有悖古风，把茶汤作为下饭之物，岂不可叹！”可谓一针见血。

站在“茶禅一味”的立场上，或者从普通的茶道的本意来说，诸侯、大名那样的豪华奢侈的茶道都是应该受到排斥的；而站在艺术和“趣味”生活的立场上看，豪华奢侈的茶道也有不应否定的一面。下面，我们引用《清严禅师茶事十六条》中的一段文字，不知是否能说明这个问题，但我认为它将有助于我们对这个问题的理解。《清严禅师茶事十六条》中试图对茶汤加以分类，在做出分类之前，作者先讲了第一条，其中说：“若做茶汤者是大名或者类似大名的达官贵人，只要进入茶道，便是侘道人。若所作所为有似侘道之人，虽各有身份作为，又何错之有？”又在《达官贵人之茶汤》一节中写道：“……此乃‘寂’之体，看似学习山居闲居者，而设茶汤坐席，而修茶室，砌草屋，立原木柱……因乃达官贵人，设施追求华美，房屋梁柱、庭园草木乃至石壁院墙，均极尽豪华，不似山中闲居，虽无张扬，但观之眩目。然而，作为游慰之事，当该如此，又有何妨？”这种看法表现了对趣味生活的理解和宽容，不过，这本书毕竟是把“无名茶”作为“侘”的最高境界，即便如此，却也仍然表示了对“游慰之事”的认可，这样的话出自一位禅师之口是很有意思的。（顺便说一下，在《贞丈杂记》一书中，对所谓“大名茶”曾予以口诛笔伐。）

如上所说，悟道的境界和知足的心境就是不以贫苦为苦，并从中超脱，寻得安心立命之地，得风花雪月之心，但仅仅如此，不免消极。即便也有一些积极的意味，但在一般的日常生活中，这也只能说明一种平和的、安闲的心理状态，而不能说明集中于某种特殊对象和特殊氛围的、积极的审美意识。假如“寂”或者“侘”这一概念的重心不在其积极的审美价值，那么这些概念在俳谐和茶道当中的价值与意义也就很值得怀疑了。我们没有必要为了将这个词语中所包含的审美内容加以纯化和提炼，而特别将它们纳入艺术的或者审美的视野中。不过，茶道之类还不能看作是一种纯粹的艺术。在茶道中，除了美、艺术以及趣味这样的美学问题之外，还有很多复杂的要素（道德的、修养的、社会的）。不过尽管如此，我们仍然将茶道作为趣味生活的一种特异形式来看待，对其中的“寂”或“侘”的内涵也就应该纳入美学范围加以考察。

“寂”的第一语义所包含的审美意义的消极方面——“寂寥”“寂寞”，进一步引申出“贫寒”“贫乏”这样的意思，这与俳谐和茶道中所体现出的积极的审美意味究竟有什么样关系呢？与俳谐中的其他概念，例如“枝折”“细柔”一样，它们都包含着“弱小”“贫弱”“无助”之类的意思，同时又与某种积极的审美价值相结合或相融合。但尽管如此，这些概念与西洋美学中的“Grazie”① 或“das Niedliche”② 一样，都不能纳入审美的范畴。在“幽玄”和“物哀”中，这些意味也同样不能获得审美的积极价值。也就是说，“弱小”“无助”之类的意义，无论在任何关系中，客观上都不具备审美的条件，它们本身只具有美的消极性。但由于体验者的主观意识或者特殊倾向与方式的不同，也可以转化为一种积极的审美经验。在滑稽美学中，往往把“可爱”（das Niedliche）“可笑”（das Drollige）“朴素滑稽”（das Naiv=Komische）与“幽默”放在一起，对其间的异同加以考察，撮其大意，就是“可怜”是“弱小”与“美”的结合，“可笑”是“可怜”与“滑稽”的结合，或者说“可笑”当中也有“滑稽”，由此而具有了“美”的性质。在“朴素滑稽”中，对象通过滑稽性而拥有其价值，而在“幽默”当中，对象不仅具有滑稽性，也具有审美意义。

我们可以将滑稽美学中的这种思路应用到“寂”的研究中来。我认为上述的“寂”的概念中所包含的诸要素，与“幽默”概念所包含的诸要素具有相同的构造。也就是说，“寂”“贫乏”“无助”之类的词，作为对某种对象之特征的描述，都属于一种消极性的因素，但这些消极性的因素，却可以通过我们的主观作为，而成为一种积极的有意义的审美因素。“寂”与“幽默”作为审美范畴，其间有何理论上的关联，在后文中我们还将有所论述，这里只是先要强调指出：“幽默”是“寂”这一概念中的一个重要的因素。我认为，在茶道的所谓“侘茶”中，“侘”的语义通过“贫寒”“狭小”“穷乏”“不自由”等不同侧面，而具有了审美的意义；同样的，在俳谐中，不仅在狭义的“寂”“枝折”“细柔”等概念上，即便是在题材上，其朴素、平俗或者粗野之类的意味，也都包含在广义的“寂”这个概念当中，并在审

① Grazie：德文，意为“优雅”。
② das Niedliche：德文，意为“可爱”。

美的意义上获得肯定。从这一点上说，上述的滑稽美学中的所谓“幽默”这一概念与“寂”“侘”之间的类比，就不仅仅是形式上有关联了，实际上，“寂”“侘”也与“滑稽”中的一些根本性的东西相关联。关于“滑稽”与“俳谐”之间的本质联系，我曾在以上章节中有所提及。总体而言，芭蕉的俳论比较偏重于狭义上的“闲寂”“枯淡”，从芭蕉本人的个性来看，他的俳谐创作也专以“闲寂”趣味为主。但在芭蕉以后，在更宽泛的意义上思考俳谐本质的时候，则往往强调“寂”与“可笑”之间的调和，这一点我们没有理由予以忽略。在支考等人的理论思考中，这一点表现得较为突出。支考曾经说过：“‘寂’与‘可笑’乃俳谐之风骨。”这句话就很能体现他的观点。这里说的“可笑”，就是在俳谐中所集中表现出的一种洒脱的心情，而绝不是那种卑俗低劣的滑稽意味，这一点是不言而喻的。

接下来，我们还必须在主观心理感觉或心理状态的层面上，对这个问题继续加以探讨，我认为在探讨这个问题的同时，也要把上文中已提到的作为蕉门俳论重要美学问题之一的“虚实”论一并加以考虑。综观蕉门俳论的整个体系，“虚实”论主要是在支考一派的俳论当中被大力提倡，同时，支考等人不但提倡“寂”，对“可笑”也予以强调。相反，许六、去来等一派却以“不易、流行”等问题为中心，而对这个方面似乎有所忽略（相反，在支考那里，“不易、流行”的问题似乎不太被重视）。这种现象或许是偶然的。在我看来，支考一派对蕉风有所继承，同时又在理论上有所发挥，并以此阐述俳谐的一般的本质特征。与此相对，许六、去来一派，只把芭蕉本人的俳谐及其俳论当中的理论问题作为思考对象。我这个看法是否确当又当别论，无论如何我都认为，在俳谐的艺术理念当中，要考察“寂”的复杂内涵，就必须把它与“虚实”论的考察联系在一起。不过，由于支考的文章带有浓厚的玄学色彩，显得非常晦涩难懂，我在对他的“虚实”论的含义加以揣摩的时候，也深深感到了一头雾水的苦恼。不过在这里，我们未必要拘泥于支考的文字表述，不妨从我们的立场上对支考的有关论述稍微自由地加以解释。

我认为，“虚”与“实”之间的对立，带有作为心理态度的“观念论”和“实在论”这两种不同的倾向。从这一角度看，对于俳谐中的“虚实”论可以作为一种“反讽的观念论”（Ironischer Idealismus）加以思考。所谓“观念论”，就是仅仅把外在事物看成是我们的心灵的主观反映、看作是一种心像；而“实在论”则与此相反，是把外在事物原封不动地看作是一种客观实在。所谓“反讽的观念论”，从理论上说，归根到底也属于“观念论”的范畴，但就其实际的精神态度或思维方法而言，则飘忽于上述的“虚”与“实”的意味之间。我在这里所说的“反讽”，也就是所谓的“浪漫的反讽”。对于这个概念，试图把“反讽”赋予美学依据的索凯尔曾做过简要说明。他认为，所谓“反讽”就是一边飘游于所有事物之上，一边又否定所有事物的艺术家的眼光。这种“反讽”的立场，就是要否定外在事物的实在性，否定对这种实在性加以肯定的朴素态度，而只把它作为一种单纯的观念和心像来看待。这种“观念论”的态度从更高的自我意识的立场上会再次被否定，在这个意义上，人的精神就在“虚”与“实”，即“观念论”和“实在论”之间飘忽游移。

现在，我们权且从这个立场上来考虑“寂”。站在把现实世界视为虚幻之影的精神立场上说，从“寂寥”的语义当中派生出来的“寂”，其全部消极的审美因素，例如“孤寂”“挫折”“贫寒”“缺乏”“粗野”“狭小”等，就有可能摆脱一切的“不乐”、痛苦的感受，使心境获得一种“不感性”（Impassibilité），从而使得人的心理对这些消极性的东西感受不到其消极性，这一点是容易想象的。然而，仅仅如此，还不能视一切为“空”，对于所有的不自由、所有的贫困，也难以取一种无关心、无感觉的佛教式的悟道心境，难以由此而形成一种特殊的审美意识。而在“反讽的观念论”的立场上说，不仅可以获得对于现实对象做出感性反映的自我超克，而且也能够拥有不被一切实在的对象所束缚的潇洒的、**自由**的感情，并以此投射到本来具有消极性格的诸种对象和境况中。利普斯将此称为“美的实在性”。在这个意义上，审美客体就有可能自行成立，并自行享受。正如索凯尔所言，无论对任何事物，自我都要确保终极的自由性。这种态度就好比把自己的影子映照在某一特定的外物中，并加以自我欣赏。在由“观念性”而否定“实在性”的同时，又反过来由“实在性”否定“观念性”，这就是美学意义上的“观念论”立场。把现实视为空无，而在其上追求更高的实在，是宗教的解脱之道。而“反讽”的立场，则是把现实视为虚空，又把主观视为虚空，结果便在虚与实之间飘忽游移。这种逻辑上的矛盾悖论，也就在其特有的立场上获得了一种主观上的代偿，那就是享受到了自我的**自由性**。

《荫凉轩日录》文正元年闰二月七日条，记载了下列一段轶事，可以作为我们今天所说的一种审美的“反讽”态度的一个例子。说的是细川氏的家臣中有一个名叫麻的人，因故被没收了领地，但他没有因此而感到苦恼，而是甘守清贫、悠然度日，终日吃一种名为“思给纳”（スギナ）的食物。亲戚朋友们见之都笑话他。他却作了一首和歌，云：“我乃‘侘’之家，全靠‘思给纳’，春夏秋冬不怕啥。”主人岩栖院听了这首歌，深受感动，就把领地返还了他。对此，《荫凉轩日录》的作者评论说：“此乃一时风流事也，是可谓真俗之龟鉴也。”这首歌中的所谓“思给纳”既是一种野草的名字，也有“过日子”“风雅之名”的意思。似这样站在审美“反讽”的观念论的角度，我们就可以理解在上文中所提到、作为消极的审美价值的诸种因素在“寂”或“侘”的概念当中会获得一种积极意义。

在支考等人的俳论中，屡屡出现“得虚实之自在”或“游于虚实之间”这样的话，这与我们所说的“反讽的观念论”在意味上是否有所类似，我不敢断言，但至少可以在“反讽的观念论”的立场上，对这些话的意思做出大致正确的理解。如上所说，西洋美学中的“滑稽”和“幽默”的概念，其解释虽然因人而异，但这两个概念当中所具有的审美的消极性被置于我们意识当中的某种 Constellation[①]的时候，便获得了一种积极的审美意义。这样看来，在上述的“寂”或“侘”中所包含的审美反讽意味，伴随着审美的消极因素的积极转化，就产生了某种类似于喜剧的、幽默的气氛和感觉，这样说也未必是牵强附会吧。作为俳谐之本质的“寂”与“可笑”，也正是在这个层面上才获得一种深意。至少从俳谐的一般本质来看，蕉风以前的所谓贞门、檀林派的那种卑俗露骨的滑稽又另当别论，蕉风俳谐趣味的“寂”，常常透露出一种洒脱的精神态度，其中也含有某种意义的“可笑”的意味。正冈子规在《岁晚闲话》中，曾对芭蕉的《过冬》这一俳句作出评论，说芭蕉的“倚靠在这房柱上，度过了一冬天啊”这首俳句真是“真人气象，实乃乾坤之寂声”。子规的这句话过于简略，但无论如何他指出了芭蕉的一种特殊的心境，说出了这首俳句最本质的一面，那就是以“寂”实现自我超克，同时又安住于“寂”，并享受之。以我之见，这首俳句以区区十七个字音，却不回避所谓“俗谈平话”的语言表达，体现出了一种淡远、潇洒的情趣，并从中流露出一种微妙的“可笑”之意。此外，“古老池塘啊，一只蛙蓦然跳入，池水的声音”；“秋日黄昏，一只鸟，栖息于枯枝”；“布谷鸟啊，你的啼叫，令我倍加寂寥”这些俳句中，在题材上都具有浓厚的“寂”的气氛色调，而在整体的艺术表现的内涵上，却又常常带着一种淡淡的、可笑的意味。或者说，在这些俳句中，在由“寂”的概念所表现的审美内涵中，也带上了“可笑”这一审美要素。或者更确切地说，这些俳句中所具有的审美内涵，在使用“寂”来表示的时候，都可以得到集中体现。

---

① Constellation：英文，意为“星座”。

与芭蕉比较起来，其角的俳谐在高雅性方面略逊一筹，但另一方面，他似乎更多了一些豁达自在、潇潇洒洒的东西。无论从蕉风俳谐的角度对他做出怎样的评价，在这里我们都不能不承认，他以其独特的方法，从广义上对俳谐之美做了开拓。对此，有一个名叫建部凉袋的人在其《俳仙窟》中，以稍显夸张的故事明确表明了这一点。其中有云："……其角敞开衣襟，扬眉曰：'俳谐就要写得有趣，就是要让人喜欢。一定要作出佳句来，为此可以不睡。以前我给先师芭蕉翁拾柴禾的时候，就想到一定要作出'寂'之句来，故而有时有悖先师教诲，作句时言行不一，就想出了这样一句：'清晨，隔壁咳嗽声，杜鹃鸟啼鸣。'听起来好像说的是青楼公子的可笑事。从前我还随便作过一首：'秋日天空，掠过了尾上的杉树。'也终究不能称作秀逸之句……"《俳仙窟》就是把从前的著名俳人都集中起来，让他们各自做一通洋洋自得的发言。在以上我们引用的其角的那句话前面，还有芭蕉的一段话："……俳谐者，质也。质、文皆盛时，则如我之野逸也……此道尚'寂'，少年喧哗之声不得入耳，何况使丝竹之声乱耳者，则难以与花月为友。"其角和芭蕉两人的言论分别强调了作为"俳谐之风骨"的"可笑"与"寂"两个方面。

对支考俳论当中的"虚实"概念，我们在上文中已经做过分析，在此不想再加追究。一般而言，俳论当中的"虚实"概念至少可以分为三个方面的意思。

第一，就是在"游玩"与"认真"相对立的意义上稍加转换，便产生了"可笑"与"寂"的对立，也就是席勒所说的"生"是"Ernst"① 的，"艺术"是"Heiter"② 的。对此，支考曾说过："心知世情之变，耳听笑玩之言，可谓俳谐自在人也。""'寂静''可笑'乃

① Ernst：德文，意为"严肃的""庄严的"。
② Heiter：德文，意为"生动活泼的""明朗的"。

有俳谐之心者所推崇。”又说：“所谓俳谐之道，比起自由自在游于虚实之间，更须远离世间之俗俚，方可通达风雅之道理。”在支考的俳论当中，此种意义上的“虚实”常常和另外意义上的“虚实”混同使用，以致造成了很多歧义和含混。在茶道方面，“虚实”概念是怎样运用的？此前我没有做过详细研究，偶尔看到的《宗关公自笔案词之写》中的一段话，仍属于我所说的第一语义，该文收于《茶道全集》第一卷，其内容是石州公写给一位名叫松庵的人的信，其中有如下一段话：“茶道乃人生之慰藉，不为世间俗理所囿，皆为**虚成之事**，须知**外立其虚，内充其实**。如此，茶道则立。若一味沉溺于趣味，茶道则走入歧途。……以上并非讲道理，只论由虚而入实，其‘实’者，人人心中皆有之也。”

其次，是“虚实”的第二语义。在假象与实在相对立的意义上，所谓“虚”主要是指艺术的表现和审美对象的假定性、非现实性；“实”则与“虚”相对，指现实生活的立场（实践与道德的立场）。当然，从广义上说，这些意味也可以包含在第一语义当中，但第一语义与第二语义之间未必总是一致的。就俳谐而言，相对于支考的多义而又含糊的“虚实”论，露川所主张的“居于实，而游于虚”恐怕就是这个意义上的“虚实”。所谓“虚实在于皮膜之间”等等说法，实际上指的是感觉的“假象”与观念的（知识的）“实在”之间的关系。

关于“虚实”的第三语义，正如我在上文中所说的，它是基于一种审美“反讽”的观念论立场来考虑“虚实”关系的，在这个意义上，自我在本质上要不断飘游于世界的“假象”与“实在”之间，游走于“否定”与“肯定”之间。从审美的反讽立场上说，认识论立场上的“观念”与“实在”，或“假象”与“实在”的对立，其关系要倒转过来，即“假象”成为“实在”，而“实在”则成为“假象”。对于深入“风雅”之道，并在其间见出安身立命之境地的人们而言，充满穷苦、困乏的现实世界是“虚”，而在其安身立命的境界中，那种自由自在之心，又将自我投射到客观中，于是这种境界也就变成了“实”。由此也可以说，是将丑恶的现实世界自由地加以抹杀，达到一种“所见者无不是花，所思者无不是月”那样的境界。然而，这种安身立命的精神世界又与大彻大悟的宗教意味的解脱有所不同。归根到底，仍然是有着难以摆脱的空虚和深深的寂寞，因此又不得不通过风雅之道，而在虚实之间游移。芭蕉是一个典型的将一生“系于此道”的人，但即便如此，他还是在《幻住庵记》写道：“乐天破五脏之神，老杜诗苦太瘦生，其间贤愚文质，虽不尽同，然皆生于虚幻之世间。”对于这个问题，支考和露川一样，不是采用通常的思考方法，而是站在自己的立场上，固执地坚持“居于虚，而行于实”，于是，此“虚实”论也就具备了我所说的“虚实”的第三语义。

七　作为审美范畴的“寂”（二）

接下来，我们要对“寂”这一概念的第二语义，即“宿”、“老”、“古”等意义要素加以探讨，看看它们是如何在审美的意义上发展和转化的。

上一章对“寂”这一概念的第一语义“寂寥”进行考察的时候，我们权且划分出两个方面的问题。一个是“寂寥”在某种意义上表现为感性的方面，而使其自身在某种程度上接近于审美的意味；另一个是，“寂寥”虽然具有消极性，但可以经由某种主观的特殊态度而获得积极的审美意义。在“寂”的第二语义的分析中，这样的区分大致也可以使用。不过，鉴于第二语义在根本上不同于第一语义，所以严格地说，我们还是不能沿用这种区分方法加以考察。

我们有必要考虑到，如果把“寂”的第一语义“寂寥”作为一种抽象的东西加以看待，那么，在**空间**的角度上看，它本质上就具有了**收缩**的意味，作为感性意味的转化乃至变异的“单纯”“朴素”、“淡泊”等意味，作为一种视觉上的感受，都可以归结为空间的范畴。而我们现在要讨论的“寂”的第二语义，即“宿”“老”“古”等，却是与**时间**的因素联系在一起的。不仅如此，“寂”的第二语义“宿”“老”“古”等，与上述的第一语义的“寂寥”在空间意义上的收缩、削减恰恰相反，明显具有一种**增进**的或**积淀**的意味。要言之，

“寂”的第二语义“宿”“老”“古”，与时间上的积淀密切关联。

然而时间性是一种内在的感觉，其积淀的结果最终会在外部显现出来。而要显现出来，就必然有赖于空间上的对象。不仅如此，“宿”“老”“古”等所体现的时间上的积淀性，还需要对象在外部显示出某种程度的磨灭和衰朽。这样一来，“寂”的第一语义“寂寥”与第二语义“宿”“老”“古”之间就有了必然的内在联系。把第二语义的“宿”“老”“古”通过感性的、直观的对象显现出来，必然会成为第一语义“寂寥”所要考察的问题，而其审美的价值也必然带有消极的取向。也就是说，第二语义作为感性而显现的时候，其自身含有某些积极的审美价值，而其中又含有消极的一面，但它又可以将消极的一面向积极的一面加以转化，这就使得它与第一语义相区别，而归为第二语义的问题。最能说明这个问题的例子，大概就是金属器物的生锈现象，或者是植物在自然环境下的枯朽现象了。

此外我们还必须要注意到，“寂”的第二语义“宿”“老”“古”等，即便通过意义转化而接近于积极的审美意味，但它与“寂”的第一语义的单纯、清静、淡泊等直接地接近于审美的范畴，也是有相当区别的。我们在辞书上可以查到“古”这个词，解释为“古旧”“雅致”，还有“古雅”乃至“高古”“苍古”等等意味，这些意味很大程度地属于审美范畴，或至少接近审美的范畴。不过，尽管如此，从逻辑上说，这些意思与我们上述的“寂”的第一语义并没有同一的关系。因为这里的“古雅”之类的审美意味并不像“寂”的第一语义那样具有单纯的、感觉的、形式的审美特性。面对眼前的一件陶器的形状与色彩，我们即使可以直接以“古雅”观照之、欣赏之，但其内容仍然非常错综复杂，决不能仅仅归为单纯的感觉性。从这一点来看，“寂”的第二语义的审美意味的转化也需要从以下两个不同的视点来加以考虑。第一，“寂”的“宿”“老”“古”的含义与俳谐、茶道这样的特殊的艺术背景无关，只是对我们的审美意识而言具有积极的价值；第二，产生于俳谐、茶道这样的特殊的艺术方式或独特的精神态度，使"寂"这一审美概念中带上了"宿""老""古"等特殊的审美内涵。

这里我们先就上述的第一种情况加以考察。由"寂"的第二语义所直接派生出来的一种审美意味，例如"古雅""高古"等等，并不单单是一种感性的形式之美，对于这一点，我们在上文中已作过说明。相对于"寂"的第一语义中所包含的单纯、清静、淡泊等感性的形式意义而言，毋宁说是它从一种精神的、内容的方面来显现其审美特征的。特别是它被当作审美宾词被实际使用的时候，就不单是"宿""老""古"的意思，而是从根本上具备了另外的意义要素，大多混杂着"寂"的第一语义中所包含的"寂静""闲寂"的意味。例如，我们可以在《大言海》中看到"寂"的解释："旧、陈旧、经年而古。"在《平家物语》当中则有："岩石青苔，寂之所生。"可见，庭院中的岩石青苔之类的一般的审美情趣，用"寂"这个词也就同样可以得到解释。在《大言海》中，所有作为审美性宾词而加以使用的"寂"，例如俳谐和茶道当中所谓的"寂"，都是从"旧、陈旧、经年而古"的角度加以解释的。不过这只是语言学上的解释法，作为审美概念的"寂"，若只从这一角度加以把握，毕竟还是片面的。上述《平家物语》中的那句话，显然属于"寂"的第一语义中的"寂静"，甚至可以说"寂静"是它的核心意味。

如果我们把这些混入的意义成分剔除出去，而单纯地从"寂"的第二语义"宿""老""古"来看，这些意味是与"新鲜""生动""未熟"等意味相对而言的，甚至可以说，是与"不安分""浅薄""卑俗"等意味相对而言的。然而，在这里，概念逻辑意义上的对立与审美意义上的对立还必须加以区分。从这些语义当中，并不能直接派生出属于"寂"的第二语义的审美意味。从普遍的审美意识，特别是西洋美学当中的审美观念来看，都把新鲜味和生动性作为美的根本条件，与此相对的则被视为美的消极价值，即丑的方面。不过，人类的审美意识并不是由这些单纯的逻辑道理来衡量的，那些活泼的生命表现固然能够给人以无限的美感，但与此同时，我们也可以从“宿”与“老”“古”的意味中，在属于“寂”的苍老、古雅的对象当中，感受到另外一种意义上的深刻的审美价值。这一点不单是东洋的审美趣味，在东西方，在任何场合下，具有审美价值的东西都是把一种纯然的精神价值向感性的方面加以投射和移入。在这个意义上，“寂”的第二语义“宿”“老”“古”就具备了普遍的审美价值。因而，在主观的方面，它就必然伴随着一种感情移入作用，或者一种生动有力的想象活动的作用，这一点是我们需要特别注意的。

我们从这一侧面来思考“寂”的问题时，有必要暂时离开“寂”的概念本身，而对“苍老”“古”的意味或性质及其与审美与艺术的关系加以简单的考察。在西洋美学当中，是难以将这些意味直接视为审美要素的，但是，在具体的艺术样式中，这些概念的重要意义在西方也是得到确认的。作为一般的艺术概念而言，在西方也有“古拙”（Archaique）这个词，指的是手法、技巧方面的古拙。在最近的美学研究中，学者们也对艺术样式问题从种种角度加以探讨。他们从艺术家的年龄和艺术样式的关系的角度，提出了老年艺术（Alterskunst）和老年作品（Alterswerke）之类的概念。例如布林克曼[①]在《老年巨匠的作品》中，对老年的艺术样式的一般特征作了考察。最近，弗兰克尔（Paul Frahkl）又出版了大作《艺术学体系》，其中也论述到了相同的问题，指出老年的作品中包含着一种“谛念”（Resignation），是以自我超越的睿智为根底的。而在古代日本，戏剧家世阿弥的艺术论中也使用过“阑位”“阑之心位”或者“艺劫”这样的词，他在《至花道》一书中，还特别设立了《关于“阑位”》一节，阐述的是能乐艺

---

① 未详。或是指 C. Brinkmann。

术中的那种老到圆熟的境地及其特色，具体的观点在此处不必加以详述，在这里我要说的是，世阿弥的这些论述与齐美尔从艺术哲学的立场对老年艺术的论述是相通的。上述西方美学家们对于“老龄”本身所带来的艺术精神的构造做了深刻观察，并在这个意义上强调“老年”这一特性。这一点，在我们思考俳谐与茶道当中的艺术精神的时候，也是具有启发性的。以下我们将对其理论要点略加评述。

歌德说过，所谓“老龄”就是从生理现象上表现出的逐渐的衰退。齐美尔认为，随着一个人走进老年，通往世界的种种道路都塞满了众多的体验、感觉和宿命的东西，相互之间又不断地纠缠、不断磨灭，这些都在广义上形成了老年现象。我们只不过是通过一根根丝线把自我同周围的事象联系起来，于是这些东西不断地增加充实度，其结果就是在其相互对立当中寻求中和，而其中的任何一个要素，对于我们的人生都不再具有决定的乃至支配的力量。我们存在的主观要素，使得我们从错综复杂的现象世界中日益退隐，这成为人生中唯一的一种决定力量。而规定老年艺术的也完全是一种特殊的主观性，它与青年的主观主义没有任何共通之处。因为青年的主观主义是对世界的一种激情反应，或者是完全不把世界放在眼里的那种无所顾忌的自我伸张。然而老年人的主观性却是在经历了人世沧桑之后，在接受了自我命运之后，从中脱离和退却。因而可以说，青年人的主观主义把自我看作绝对的**内容**，而老年人的主观性则是把自我视为绝对的**形式**。在伟大的天才的老年艺术家的创作中，这种主观性使得他们对外在事象失去了兴味，他们只是把自身、把作为艺术家的自身表现出来而已。对于他们来说，他们所经验的人生，即他们作为凡人所形成的自我，与种种物象一样都属于“现象”，而这些同样都是无意义的。至此，在他们的作品当中所表现出来的，是不失其主观性的、体现着他们全部天才乃至全部创造力的、更高的自我。一方面，他们全部的最终本质都融入了艺术家的立场中；另一方面，他们的艺术家的立场，又在其人生的主观性中完全变形。这样的一种矛盾统一性，我们可以在道纳太罗、提香、弗兰斯·哈尔斯、伦勃朗、歌德、贝多芬等人的晚年作品当中感受得到。在那里，对于单纯的艺术的东西，或者对于单纯主观的东西所具有的那种隔膜或游离的倾向完全消解了，正是这两极（艺术和主观）的合一才形成了一种纯粹的创造力。因而，对于具体物象，或者对于人物形象所具有的兴味，除非它们进入了主观和艺术（两者在此是合一的）范围内，否则对于它们是没有任何关心的。在这种境界中，在对世界的本质加以深深沉潜的同时，又能揭示客观存在的最终本质，这是老年艺术的一种不期而然的艺术效果，其中也必然带有某种可以称之为“神秘”的东西。在这种场合，如果要对所描写的典型人物的人格加以探求、把握，只有对其中被个性化了的**一般生命，即内在的普遍性**加以还原才有可能。在这种老年文艺所包含的神秘的深层中，没有人格经验的个别具象，而只是将上述的普遍性的东西最直接地加以展开。

齐美尔在其艺术哲学当中，强调老年特有的艺术主观性，认为某种人格的最终本质与艺术立场融合归一，便产生了一种对特殊的主观性的强调。与此同时，“对世界本质的深深的沉潜”和对人生的“内在的普遍性”的把握，也被作为一个特征加以论述。我认为，在这一点上，这种老年文艺比起绘画艺术，或者比起西洋风格的写实样式来，无论在其表现方法上，还是在其欣赏的态度上，都更多地去除了现象性的一面，而以“超克”为其本义。对于我国的俳谐和茶道这样的特殊艺术形式而言，这一特征似乎更为切合。

以上所说的是依托于艺术样式所表现出的“宿”“老”“古”的意味，现在我们要把“寂”这一概念置于更广泛的自然物当中，来考察其审美价值的意义。在这种情况下，如果我们不考虑对象当中有精神价值的投射和移入，那么对“寂”这个概念我们无论如何也不能予以说明。“寂”的第二语义即“宿”“老”“古”，首先意味着时间性的积淀。假定从我们周围的自然界当中去除生命或精神之类的现象投射，仅仅在纯粹严格的意义上来看客观的自然界，那么我们只会发现一个单单受机械法则所支配的世界。在那里，事物的形态及其形成、毁灭，只不过是原子的相互离合聚散而已，实际上完全不存在生命意义上的发生、成长、死亡这样一个过程。要言之，这只是一种单纯的时间的**变化**，而不是一种时间性的**积淀**。当然，关于时间的问题，从哲学的角度来看并非这么简单，但这里我们姑且不谈哲学问题，而只是在我们所谈问题的范围内来谈时间的**积淀性**。想来，在以时间的积淀为根本特征的事物中，无论如何也只限于生命和精神这两个世界。而其中单纯的“生命”可以说只是时间性的**外部的**积淀，而“精神”则相反，它是一种时间性的**内部的**积淀，为了使这种意义上的积淀成为可能，那就需要“统一”。而这个意义上的“统一”，也只有在有机的生命与精神生活的世界中才是可能的。对于我们而言，在用“寂”的第二义“宿”“老”“古”对客观的自然界的事物现象加以解释的时候，“宿”“老”“古”在根本上必然地会同某种形式的“生命”或“精神”相关联。

第一，当我们在对自然界的普通事物或现象进行静观和欣赏的时候，在很多场合下，所面对的大都是生物学上的东西，例如花鸟风月，其中的“风月”属于机械性的自然现象，而“花鸟”则属于生物学上的自然现象，而无论是风还是月，都属于天象或气象的范畴。当它们作为我们审美意识的对象、作为自然界的某种风景或景观被观照的时候，常常包含着丰富而又广泛的生命现象，更通过西方学者所谓的“拟人”和“有情化”的途径，使那些没有生命的东西具有了生命、具有了精神。这虽然只是人的一种幻觉与空想，但我们所观照的大自然中，到处都包含着丰富多样的生命现象，这就使得我们面对自然界，不知不觉地产生了一种“万物有灵”的思维取向，仿佛感到整个自然都是一个浑然的、巨大的生命体。《平家物语》当中所谓的

“岩石青苔，寂之所生”，以及庭院当中的老树、顽石给人的“苍寂”之感，使得“寂”的第二语义，即“宿”“老”“古”的审美意义由此而生。这种情况下的时间的积淀性现象，无论如何都需要通过上述的自然与精神的关系来加以说明。

第二，我们要谈到的不是上述意义上的自然物，而主要是将自然的物质进行加工而形成的广义上的器物（建筑物也包含在内）。尽管这些器物也与无情的自然物一样，同样是在机械的法则支配下生成、毁灭，但是它们又在某种意义上有着时间性的积淀，因而在“宿”“老”“古”的意味上与“寂”的概念相契合。由于这些器物的制作和加工都是通过人工来完成的，由此我们就能明确意识到人类生活历史上的时间的悠久性。当然，这些仅仅是知识上的问题，作为对象本身所具有的直观的审美性格，其古色古香之“寂”，则属于另外一种性质的问题。在这些器物当中，客观对象本身并不含有“生命”的因素，所以严格地说，我们在那里看不到时间的积淀性。在这个意义上，用“寂”的第二语义对此加以解释并不合适。如果硬要在这个意义上加以解释的话，那就好比我们面对一件旧衣或者一件生锈的金属器物，并不能从中看出任何积极的审美意味。然而，“寂”这一概念的第二语义对于茶道器具之类的器物而言却是适用的，并且也可以从中看出某种积极的审美意味来，这究竟是为什么呢？

我认为，由时间的积淀所造成的某种审美现象，当它作为对象被观照的时候，它与人类的生命就有了一种不可分割的深刻联系。这种特殊的联系常常将对象及其所处的背景一起被直观。也就是说，对象作为一个客观实体虽然属于一种无机的自然物，但是由于它渗透了人类的生命气息，也就构成了生命世界的一个组成部分，并在这个意义上被我们所关注、所观照。在某种被生命化了的事物中，只要时间性的积淀结果或价值被认可，那就意味着这些对象中存在着它与生命之间的互动关系。（当然，有些事物确实具有积极审美价值，其

"老""古"的因素在审美表现中有其限度，并且也需要有其他种种直观因素的参与，但在这里我们权且把这种种因素都暂时加以忽略，只以时间性的积淀这一点而论。）在构成生命气息这一意义上说，就是把生命的时间积淀之感转移到没有生命的对象中。在这种情况下，其对象未必是像器物那样的原本由人工制作加工而成的东西，即便它是在某种情景下的纯粹的自然物，只要它与我们的生活和生命具有某种特别的亲近性，我们同样也可以在某种程度上认为其中包含了人类生命的投射。例如，最靠近我们身边的某些器物、庇护着我们的住宅、住宅外的庭院、庭院外的大自然，按远近的顺序，我们的生命意识就由具体的事物、具体的主观立场，不同程度地在广阔的范围上加以扩大。这样，我们在上文当中所说的第一种情形（自然物、自然现象）就与我们现在所说的人工器物的情形，相互重合、相互结合在一起了。

以上，我们讲的只是时间性的变化，以及如何通过我们的想象作用将"宿""老""古"等"寂"所具有的审美意味，直观地赋予没有时间性积淀的纯粹的自然物，或者本来无生命的对象。但是，对于"寂"的意味如何附带着积极的审美价值，还有待于进一步阐明。要言之，仅仅靠生命感情的移入或者生命关系的类比，来说明对象当中的"宿""老""古"的感觉，还不能完全说明其审美意义。单纯的"古色苍然"之类的感受未必带有审美的意味。我认为，为了说明这种场合中特殊的审美意味，就要更进一步从"内在的时间积淀"这一角度、把精神与对象的关联作为根本，才有可能。而在精神与对象的关联这个问题上，我们最常使用的是"古雅"或"高古"这样的词。这些词当中的"雅"或"高"，其价值意味是从精神方面而来的，它们并不含有丝毫的外在感性的价值判断。同时，"宿""老""古"的意味在任何场合当中，都不是必然地包含着"雅"和"高"这样的价值意味。在人类生活中，生物学意义上的"生命"与精神意义上的

“生命”是融会在一起的。前者的重点在于考虑生命本身的价值，是青春的蓬勃、壮年的强有力，这些都属于积极的价值。与此相对，老年的生命现象，无论如何都意味着一种消极的价值。但是如果我们把着重点加以转移，而把老年的生命现象置于精神价值方面加以考虑的话，那么由生命的记忆而加以统合的自觉自为的生活，就由时间的积淀而形成了“古”，并在此积聚了全部的知识经验和丰富的人生体验，乃至教养和修炼上的通达境界，其结果，就是把这些完全纳入自我生命，并从中强调一种“主观性”的价值。正如齐美尔对老年艺术家所做的分析批评那样，其主观性特征归根到底都是由此而来的。还有歌德所说的“从现象中退隐”而产生的一种静谧、沉着，由此，一种高度积极的人的生活价值得到了确认。这一点无论在任何时代、任何民族、任何社会中都是难以否定的事实。

这种内在的精神意义上的人的生活价值，就是精神与肉体、内部生命与外部生命的高度融合。靠着这种融合，老年的外部生命或外在面貌，也自然地被延长、被彰显了，并且将其价值与感情，朝着具有时间积淀的广义的“生命”、朝着感性的直观现象，加以移入和投射。这样一来，由于同人的“生命”有了特别的关联，本来只在“生命”中才有其意义的时间性的积淀，亦即“宿”“老”“古”的意味，就广泛地扩展到了自然物与非生命的世界。由于同样的原因，伴随着“宿”“老”“古”这些意味的自觉的、精神性的、价值感情的无意识地移入，便促使“寂”的第二语义向审美意义的转化。于是，“高古”“古雅”之类的概念也就由此产生。不过，正如我们曾在上一章中所说，在实际的对象性的观照中，“寂”的第一语义，即“寂寥”“闲寂”等，其审美意义常常与空间感紧密联系在一起，这里无需再做重复的说明。需要指出的是，在我们的生活里，即便从老龄者的外观中，也常常可以发现一种“寂寥”的意味（正如“颜色憔悴”“形容枯槁”之类的词所形容的那样）。

以上我们是站在纯理论的立场，分别在“寂”概念的第一语义和第二语义上，来说明这两种语义向审美意味转化的依据与原理，在这个过程中，两方都不可忽视和偏颇。假若意识不到这一点，对“寂”这个包含着极其复杂、微妙内容的概念，我们就无法加以正确的阐明。例如《平家物语》中描写的“岩石青苔，**寂**之所生”那样的情景，藤原家隆的和歌所吟咏的“海岸青松，年年岁岁**寂**所生，松上有鹤鸣”的和歌，所表现的无疑都是“寂”的第一与第二语义相浑融的意境，但在根本上，不妨说还是以第二语义即“宿”“老”“古”为基调的。假如我们对“寂”所包含的审美内容做片面的理解，那就不仅会使“寂”这一概念狭隘化，还有可能使俳谐、茶道这样的特殊艺术形式中的“寂”所具有的审美意味遭到忽略。实际上，在以上的举例中，虽然表面上也使用了“寂”这个词，但从整体的审美意蕴上看，毋宁说与“幽玄”的审美范畴更为接近些。

至此，我们有必要变换一下角度对“寂”的第二语义继续加以考察，那就是从“宿”“老”“古”的一般的审美趣味的转化，到俳谐、茶道这一特殊领域为背景的美的转化。在前者的视角上，“宿”“老”“古”等本来的意义仅仅在生命及精神的世界中才有可能产生；换言之，我们假定时间的积淀是在某种封闭的、自给自足的世界当中发生的。由此，我们来思考“宿”“老”“古”的意味如何转化为一般的积极的审美意识。而从这一角度来思考“宿”“老”“古”的审美意味，可以有助于我们了解俳谐中**素材上的**“寂”之美。然而，俳谐本身作为一种艺术，在其独特的审美内涵中形成了一种理念，当这个审美理念以“寂”这一特别的概念加以表示的时候，仅仅从素材这个角度还不能充分彻底地阐明其审美内涵。在以往的“寂”的解释中，这一点一直是容易被忽略的。无论是在《古池》还是《菊香》这样的俳句作品中，仅仅以素材上的“古”，还不能充分理解其中包含的诗意内涵及其特有的“寂”。我们在上文中曾引用过向井去来的一句话："看先师的俳谐……纵有千姿万体，均不离'寂'与'枝折'。"也就是说，无论是用什么样的素材，要写出真正杰出的句作，就必须体现出一种"寂"之美。

当我们从这一立场对"宿""老""古"在俳谐和茶道中的特殊的审美转化加以考察的时候，首先有必要对从这一角度出发的、把纯粹的自然界与生命及精神的世界对立起来的做法加以深刻的反省。在纯粹的自然界中，我们只能思考时间的变化。而现在我们将"宿""老""古"原本的意味，置于生命与精神的世界中，作为一种时间积淀现象加以对象化的考察，大体上应该说是可行的吧。那么，我们说前者，即纯粹的、机械的物质自然界中只有单纯的时间变化，究竟是指什么而言呢？所谓自然科学，就是以这种变化为事实依据，由因果关系来加以说明的。然而，"变化"这个词的意味本身不是一个科学的问题，而是认识论或者哲学的问题。康德就由此而把时间和因果性作为认识本身的形式或者范畴加以把握。从逻辑上看，所谓"变化"是同一性和排他性的一种综合，同一事物在某种意义上持续保持其根本上的同一性，或者在某一点上成为"他"物，这就是所谓"变化"。这样一种逻辑关系被我们的思维所理解的时候，就是"时间的变化"。这种变化基于我们自身生命的体验，才有可能被我们的内心具体感受并予以理解。这样看来，大自然只有在与我们的体验相结合的时候才能显示出时间上的变化。如果大自然脱离了我们的体验，那么这一切的变化现象全都失去了意义。超出了这个限度，即超出了我们所能理解的"变化"这一限度，"大自然"就是被看作一种凝固不动的、超时间的、寂静的世界。因此，在这个意义上，不单是"宿""老""古"的意味，而且单纯的时间变化这一点，归根到底也仍然要以生命的自觉意识为依据才能成为可能。

在我看来，俳谐这样一种独特的文学样式，在深刻地把握自然的时间变化方面，在通过"生命"的体验对人生加以内在的敏锐把握方面，世界上的任何一个地方的任何一种文学样式都是无可比拟的。所谓“风雅之诚”，在这个意义上，就是一种迫近天地万物之实相的特殊的精神构造。俳谐的精髓，从根本上说，就是与绵绵不断的“生命”的流转相联系，就是对不断变化的自然加以凝视、加以表现。俳谐作为一种诗，那种最短小的外在形式，不回避“俗谈平话”的率直的表现方法，专注于生活与季节推移之间的紧密微妙之关系的题材取向，还有那些“呀”（や）、“咔哪”（かな）之类的感叹词，如此之类的特殊表现方法的使用，都可以从这个角度加以理解。《三册子》中曾引用芭蕉的一段话：“乾坤之变，风雅之种也。静者，不变之姿也，动者，变也。观其实，则变动不居；见其静，聆听之实也。飞花落叶，观之听之，无有止境，鲜活生动，来去无踪。”归根到底说的也是这样的意思。

然而，俳谐是一种艺术。作为艺术，只要以艺术表现作为自己的生命，俳谐就会在上述的本质属性中，某种程度上包含着难以摆脱的根本性矛盾。当然，从根本上说，这种矛盾不仅在俳谐中，在所有艺术当中都存在着。而运用自己独特的方式方法来解决和超越这一根本性矛盾，才能使这种艺术充分发挥其审美价值。就俳谐而论，其艺术形态与构造非常单纯，因而这种根本性的矛盾也体现得最为尖锐和鲜明。所谓根本性矛盾，就是生命体验的生动性、直接性与艺术表现的客观性、间接性之间的矛盾。一切艺术的真实性都必须立足于这种根本性矛盾的解决之上。费德勒[1]曾经论述过所谓“体验性的现实”与“艺术性的直观”之间的区别，但他却丝毫没有注意到这种矛盾性。一般而论，东方艺术对体验的内在性特别加以强调，在某些场合对这种矛盾性采取了暧昧、漠然的解决方式，但即便如此，还是深深意识到了艺术中的这一根本性矛盾的存在。那么，在俳谐中对这一根本矛

① 或是指德国哲学家 Konrad Fiedler（1841—1895）。

盾是如何解决的呢？其解决的方法，又如何使得它在艺术上发挥其独到的审美价值的呢？对于这个问题，我认为，一旦弄清了俳谐、茶道中独特的“寂”这一审美概念，那么对蕉门俳论中“不易、流行”这一核心范畴的根本意义，乃至对生命体验的生动性、直接性与艺术表现的客观性、间接性之间的矛盾的解决，都会迎刃而解。

我在上文中提到，在与一切生命的体验相隔绝的情况下，那种纯粹的自然在某种意义上就有可能具有了寂然不动、万古不易的实在性。当然，从哲学上来说，这个问题还有许多可以讨论的余地，但俳谐不是哲学，在这一点上，它有着自己明确的世界观。不过，我们可以想象到，俳谐也受到佛教思想、老庄思想很大的影响，俳谐所具有的“自然感情”或“世界感情”，会在千变万化的自然现象中看出万古不易和寂然不动的东西来（这或许有一点无限的虚无之类的意味），并多少有意识地朝这一方向发展。就俳谐艺术的本质而言，一方面它伴随着极易变化的生命流动并试图由此而把握自然之姿；另一方面它又有一种强烈的、形而上学的、万古不易、寂然不动的预感。俳谐使用极度单纯化的、精练的艺术手法（这种单纯化和精练化，使得俳谐把外在的表现手段看得极为消极），力图把握直观体验中的世界的真实性。然而，即便是最小限度，只要需要客观的表现手段，那么所谓“体验的现实”本身，归根到底就不是表现内容，而往往只不过是表现素材而已。尽管如此，俳谐是努力克服这种必然的限制，通过最大限度地表现体验的真实性乃至直接性（自然的生动性），而把自然的、形而上学的、超现实的“预感”或者类似于“投影”的东西，隐晦地加以暗示。举例来说，一种色彩，在其色调在高度饱和之后，就需要有另一种对比色来加以映照，才能使这种色调在我们看来更加鲜明突出。同样，俳谐也在追求其本有的艺术理想的时候，通过其天才俳人的无意识的创造作用，而把流动的、自然的、体验的真实性，和与此相对的超时间的、形而上学的不易性，或明或暗地加以对照。可以说，这是完全可行的。

本来，我们在这里是试图把俳谐审美创造体验中极微妙深奥的东西，从理论与概念的角度加以明确说明，在这种情况下，两者的对照就不能像色彩对比的那样单纯地将两种色彩并置在一起。万古不易、寂然不动的形而上学的东西，是以一种漠然的神秘的方式，隐含在那些杰出的俳句作品中的。它的作用就如同一个共鸣盘，使俳句中的生动的现实发出更大的声响，并加以烘托和暗示。同时它又像是将画面加以衬托的一种阴影。在这个意义上，我们从一切杰出的俳句中，都能感觉到在现实描写的背后有一个深邃的背景。假如我们只把这一问题作为“姿”（“姿”这个词非常暧昧，但我认为“姿”绝不等同于单纯的“形式”）的问题来看待，并以此来考察其深浅浓淡，那也必然会涉及蕉门俳论中“不易、流行”的问题。在这个问题上，向井去来等人的俳论，过分地将“不易、流行”局限于样式论问题的范围内加以理解。而服部土芳在《三册子》中说：“无论变化、流行如何，均须牢牢立足于‘诚’之姿。”这一说法就使得与“变化流行”相对的“不易”有了颇为深刻的含义。从这个角度看，蕉门俳人们莫衷一是“不易、流行”其所指究竟是什么又另当别论，但无论如何，“不易、流行”都是作为俳谐艺术中的一个根本问题而被提出来的。

总之，在俳谐的艺术表现中，我们常常能够感受到，在永远流动不息的生命体验的烛照下，隐含着万古不易、亘古不变的东西。我认为，将这两者的微妙关系最敏锐地加以把握，就是俳谐的“美”之所在，也是“寂”的根本意味之所在。

至此，“寂”的第二语义“宿”“老”“古”的意味，就超越了人类“生命”与“精神”立场上的价值感情移入的范围，通过一种形而上的实在性的预感，而向一个特定的方向即“审美的意味”转化。至于这个过程是如何具体实现的，尚不能做纯理论性的说明。因为这属于“责于风雅之诚”、达于俳谐之妙谛的艺术天才的创造秘密。不过，我们可以从这些天才俳人的杰出作品当中，去感受、体味、欣赏这个意义上的“寂。”对芭蕉的为数众多的名句加以仔细体味，我们便可以常常感受到其中的“不易、流行”的奥妙。换言之，就是在那鲜活的、流动的生命体验中，感受到一种如同深渊一般静谧的、苍古幽寂的东西。例如，“古老池塘啊，一只蛙蓦然跳入，池水的声音”；“闲寂啊，渗入岩石的，蝉声”；“秋日黄昏，一只鸟，栖于枯枝”；“黄昏，白茫茫的大海，一声鸭鸣”，这些俳句所表现的，就是随着春夏秋冬季节的变迁，“风雅”之魂通过那如同电光一般的、瞬间的、视觉与听觉的体验，而捕捉到了隐藏于背后的万古不易的自然之“古”。假若不以这个意义上的自然之“古”，亦即永远“不易”的古老“自然”为媒介的话，那么这种诗的体验的生动性就不会传达到我们的心中；反过来说，如果不以极其清新的体验的生动性为媒介的话，无论如何也不能传达出无穷无尽的大自然的那种无限的幽寂古老之感。

以上，我把俳谐艺术当中由自然现象所触发的生命体验的流动性，与人类对自然真实地加以把握和表现的必然要求相比照，从生命体验的“流行”与大自然的“不易”的相对关系中，论述了“寂”这种特殊的审美意识的发生。我还想指出的是，对俳谐艺术的取向而言，鉴于各自不同的角度立场，还需要在审美直观或审美表现中，克服自我对精神的执著性。对于这一点，西方美学中除了“幽默论”“浪漫的反讽论”之外，尚没有作为一个审美意识问题加以讨论。通常，我们的审美意识，不外是深深地沉潜于对象之中并加以静观。这样做当然无可厚非，在面对所谓“古典的美”或者特别是“das Schöne”的时候，体验美，与沉潜于美的对象并静观之，两者是完全一致的。和歌当中所谓的“吟咏”这个词，所要求的也就是这样一种心境吧。然而在狭义的“美”之外的其他类型的审美范畴中，这种价值体验本身即便整个过程都是静观性的，那我们的心理意识的过程也未必需要直接地沉潜于、埋头于特定对象。不过，现在我们对一般美学问题姑且不讨论，只就俳谐这一特定的审美样式而言，正如我们曾说过，俳谐作为一种艺术，倘若要捕捉生命体验的真实，往往并不需要一面沉潜于客观对象的感觉形态的美并凝视之，一面又时刻反省着主观情绪并加以表现，毋宁说，为了把握主观与客观相交融的瞬间体验的真实，就常常需要使专注于审美体验的自我，处于一种超越的状态。在这个意义上，就需要索凯尔所说的那种“飘游于一切之上”、拥有否定一切的那种“眼光”。我们说俳谐所直接表现的，与其说是“美”，不如说是“真”，原因也就在这里。一般而言，假如对审美对象的印象与体验过于强烈与丰富，反而写不出会心之作。即便像芭蕉那样的天才也是如此。芭蕉在游览吉野和松岛的美景时所写纪行文中所发的那些感叹，就充分表明了这一点。

在这个意义上，为了达到了俳谐中理想的“寂”的审美境界，其精神态度中的特殊的艺术直觉与艺术表现，本质上必须基于审美体验（没有变质为宗教之类的体验），另一方面（也许其中不免多少存在“悖论”）同时也要在某种意义上包含着对美的执着性的一种自我超克。即便对丑的东西，也要超越直接的感性判断。因为“丑”在世界上也是真实存在的，我们就要通过审美性的“爱”之心，对此加以静观，如果这种心境是“幽默”的，那么我们即便是对于美的事物，也需要超越直接的眷恋心，超越美丑的区别，迫近生命的真实，来表现自然与世界。可以认为，俳谐的“寂”的审美意味正是由此而形成。

正如以上所说，俳谐中意味复杂的“寂”这一概念，是由于俳谐本身的艺术表现手段的不充分，而偏重于以精神内涵的追求为主，其结果，便使得俳谐比起其他艺术来，更加带有宗教体验的倾向。在茶道中，要看出这种倾向稍有困难，但在茶道的“寂”或“侘”的理念中，都可以看到那种对“美”之执着的自我超克。举一个例子，泽庵禅师的《不动智神妙录》，作为茶道文献也很有名（本来这部书是禅师对柳生但马讲解“剑禅一致”之道理的，但与“茶禅一味”在道理上相通）。书中有这样一段话：

见到花红叶绿，便生凝赏之心，但不可久久盯住不放。慈圆有歌曰：“柴户有香花，眼睛不由盯住它，此心太可怕。”花儿无心而开，我心却被花儿所吸引，不可自拔，此乃遗憾之事。无论所见所闻，皆不可止于一处。此事最为要紧。

这似乎是很极端的说法，但所包含的道理是不可否定的。若从这一点加以强调的话，对高滨虚子所说的“和歌是烦恼的文学，俳谐是悟道的文学”那句话，就不能不予以首肯吧。

八　作为审美范畴的"寂"（三）

接下来，我将继续探讨"寂"的第三语义，即"然带"①，与作为美学范畴的"寂"有无内在关系，如有关系，是何关系。

根据辞书上的解释，"神寂"②"翁寂"③等词中的"寂"，都是从"然带"的意味中来的，与我们要说的"寂"在词源上没有任何关系，似应看作一个另外的词。我自然没有从语言学上说三道四的资格，因而我在这里要谈的问题也与语言学问题无关，只是两个概念的内涵在理论上的关联。不过，这里还是要稍稍涉及一下语言学上的问题。据我所知，在语言学的层面上看，在《万叶集》等文献中，带有"寂"意味的"然带"一词也较多地使用，有"少女寂""美人寂"等用例。但到了后世，这样的用例就逐渐不见了，而只是在一些具有特定含义的词汇，例如"神寂""翁寂"乃至"秋寂"之类的词中，还保留着原来的构词法，如果这个看法是成立的，那么对于我们现在要讨论的

---

① 然带，日语读作"さおぶ"（名词形为"さおび"），后世通常连读为"さぶ"，其名词形"さび"与"寂"同音并且意义上有相通性。"さぶ"或"さび"一般接在名词之后，意为"带有……性质""像……样子"，如"神寂""翁寂"等，带有主观描述、主观感受的性质。

② 神寂：意为"带有神性"。

③ 翁寂：意为像老人的样子，老成、老到。

问题，是颇有参考价值的。因为在后世所保留下来的相关词语及词构词法中，其意味内涵大体上与我们所说的“寂”的概念的第一语义乃至第二语义是相关联的。例如，看看《大言海》等辞书中对“神寂”这个词的解释，就可以证明这一点。

现在我们就脱离语言学，而把“寂”作为一个审美概念并考察其内涵。我认为，完全可以将“寂”的审美内涵与“然带”的内涵联系起来加以考察。也就是说，我们从“寂”的第一语义来考察其“寂寥”的审美内涵，从“寂”的第二语义来考察“宿”“老”“古”的审美内涵的时候，就会发现事物的“古”，在某种意义上指的是现象上的丰富性、充实性被逐渐磨灭，在第一语义所附带的空间意味、第二语义所附带的时间意味上，与审美意味产生了必然的关联。这一点，我们在上文曾经提到。但若要进一步具体来说，这种关系也是有限度的，“古”达到极端的状态，就会带来事物的枯朽废灭，也就完全破坏了该事物的本质，这样，作为审美意味的“寂”也就无所依附了。即便是具有“古雅”之美的“寂”，假如达到了枯朽废灭的状态，“寂”也就无从谈起了。正如《芭蕉叶舟》中所说：“句以‘寂’为上，‘寂’太过，则如见骸骨。”因此，作为“寂”存在的前提条件，就是经由“古”与“劫”的磨砺，事物本身的根本特性或曰本质却更加凸显出来。在这个意义上的所谓的“本质”，即事物的本然的属性。由此我们可以说，无论词源上有没有关联，在审美的意味上，“寂”与“然带”，其意味都有必然的联系。与此同时，我们在考察“然带”的审美意味的时候，也要将一般意味与审美意味这两者适当加以区分。

在一般意义上，我们没有必要论述得过于详细，因为“然带”在带有审美意味的场合，主要属于狭义的“美”的范围，尤其是与“古典的美”的性质相关。在美学立场上看，这是一个极为重要的问题，不过若从“寂”这个特殊审美范畴的角度来看，“然带”与这个问题似乎没有直接的关系。在西洋美学中，黑格尔的“美是感性的理性显现”这个定义非常有名，费肖尔也大体采用了黑格尔的观点，但在“理念”的解释上，费肖尔与黑格尔稍有不同。黑格尔认为，即便在个别具体的美的事物中，也表现出最高、绝对的“理念”，而费肖尔则认为，个别具体对象中的“理念”是在直接的感觉中显现的，并由此得以在终极的意义上洞察到最高的“理念”。

根据费肖尔的看法，作为美的直接根据的“理念”，不外是每个具体对象本身的知性的理念，亦即其自身的“本质”。因而，“美”在很多情况下具有一种“类型”化的倾向。从这个角度看，在《万叶集》出现的“贵人寂”“少女寂”之类的词，其意思是“贵人然”“少女然”（像贵人的样子、像少女的样子），指的是贵人或少女显示出了本然的姿态。在这里，“然带”就是其对象带有本然的性质，在这个意义上，就自然地强调了一种类型性。当然，所谓“本质”，有待于个性发展到一定程度才能具有。从理论上说，每个人作为人的个性的发现，都要通过“然带”，然而对人的个性的明确而自觉的认识，实际上是非常困难的，而且需要在人的精神与思维水平发展到一定高度才有可能。在我国古代，“然带”这个词所意味的“本质”，仅仅是指类型化的普遍的本质。这种一般意义上的“然带”，是形成“古典美”的重要条件。人类乃至一般的动物作为一种“本质”的自然存在，在外在感觉方面呈现出的旺盛的生命特征，正体现于从青年到壮年时期肉体上的最佳状态中。（因而古希腊的雕刻艺术也喜欢表现这种姿态，并以此呈现古典之美。）假如仅在这个意义上看待“然带”所包含的“本质”，那它还只不过是一般的审美条件而已；而在特定的意义上来看，这个条件与作为特殊之美的外在表现的“寂”，可以说是不相容的。毋宁说，“然带”所具有的类型化的普遍本质，是作为审美概念的“寂”的第一语义与第二语义形成的重要条件。

“然带”这个词所含有的某种意味，是作为特殊审美概念的“寂”得以形成的一个重要条件，这一点我们必须加以注意。这就是我们站在审美意味的特殊性的观点上对“然带”所做的解释。在“古典美”中，普遍的“本质”或“理念”是在对象的外在感觉的层面上积极呈现出来的，两者之间是和谐统一的。不过，我们也要考虑到一种特殊情况，就是由于对象种类的不同，由于某种意义上的消极关系，也可能存在与此相反的情形，即在事物的“本质”及其“外在感觉的呈现”之间，其“本质”的一方朝着我们的精神进一步倾斜。在这种情况下，“本质”的意义及其侧重点多少会有不同，而不单是“本质”与“外在感觉”的关系发生了变化。因而，“本质”乃至“理念”与“古典美”，其间的意义内涵也是有所差异的。

这里我们使用了“古典美”这个词，很自然地会想起黑格尔所说的“古典的艺术”向“浪漫的艺术”发展演变，以及精神与自然之间的关系变化的相关论述。我们现在所说的，与黑格尔所说的并不是同一个问题，因而在此不必对黑格尔的观点过多引述。但还是需要简单一提。黑格尔认为，在古希腊为代表的“古典艺术”中，其神性的“拟人主义”还有许多局限与缺陷，到了基督教产生之后的“浪漫艺术”的阶段，就变成了更加纯粹化、更加彻底的“拟人主义”。在他看来，在“古典艺术”中，本来对立的范畴，如“精神与自然”“普遍与特殊”“无限与有限”之类，仅仅是在外在的、妥协的意义上达成了调和与统一，从“精神”本身的立场上来看，神性与人性的关系尚不充分和彻底；而在基督教的“精神”与“自然”、“神”与“人”之间的关系中，通过“否定之否定”，“自然”与“人”才真正从“精神”的内部、从“神”当中产生出来。在这个意义上，两种艺术的根本精神是不同的……黑格尔的这种思考方法固然并不能直接运用于我们的研究，但在某种意义上，我们似乎可以把“然带”这个概念放在“古典”、放在“浪漫”的意义上加以思考。随着在“外在感觉”上完全充分展开并发挥其美感，事物的“本质”（生命）也随着时间的（“宿”“老”“古”）和空间的（“寂寥”）的作用，其“外在感觉”

上的饱满性与丰富性逐渐衰退、凋落，但这并不意味着审美意义的破坏，它却可以以此为契机，将本质性的重点朝着精神的方面移动，使我们再次感觉到内在“本质性”与外在“感觉性”在某种意义上的背离。在这种情况下，后者（感觉性）是对前者（本质性）的一种“否定”，同时另一方面，却通过“否定之否定”，进一步强调了本质性中所包含的某种价值与意义，并使其更加鲜明突出地呈现出来，于是两方面便形成了一种极其微妙的关系。我们固然不能在黑格尔“浪漫的”这一概念意义上来理解“然带”，但至少我们可以把“然带”看作是一个具有特殊意义的审美概念。要言之，在这样的关系中，虽然“然带”与“寂寥”“宿”“老”等在语源上没有关系，但它与“寂寥”“宿”“老”等语义一样，是“寂”这一审美概念得以形成的一个重要因素。

以上的黑格尔式的“否定之否定”的解释，或许失之于晦涩和抽象，现在我们再加以具体的、心理学上的说明。也就是说，某事物在外部感觉层面上的衰落，却以此为契机而具有了“古典”的意味，随着外部现象与“本质”的这种游离，其“本质”的一面就在直观上受到遮蔽。具体来说，早已丧失了浓绿期的那种青翠、看似岩石的一截古木，或者如枯木般老者的肢体，或者像生锈的金属器物，或者原本硬而冷、如今被青苔所遮蔽的岩石，这些现象中都带有上述的意味。（当然，从上文中所解释的“寂”的第二语义时所使用的“时间的积淀”这一角度而言，这些例子都不是时间感觉层面上的衰退凋落，而是一种发展和增进。不过，在这里我们是以事物的本质，即生命的积极的感性呈现为基准的，所以将外在感觉层面上的衰退看作是一种消极的方面，而从时间的积淀性的角度看，使事物发生变化并使之走向衰颓，却又是一种积极现象。）对我们的审美意识及精神构造而言，面对诸如此类的衰颓现象，我们并非不会感到美的否定即“丑”的状态，然而，由于我们特殊的精神构造，却每每能够在更深的层面上、更高的意义上感受到另外一种美。而我们通常所说的“寂”，实际上不外是一种能够感受这种特殊之美的精神态度。

在我看来，这种特殊的美，不单单是外在感觉层面上的非美的或者是接近于丑的性质，与它所包含的内在本质（生命乃至精神）之美形成了一种对比，从而使后者的价值更为彰显。只是从这一方面，还不能说明“寂”这种特殊之美的形成。美学家利普斯曾提出了所谓“Psychische Stauung”[①] 的学说（当然他不可能对“寂”这种特殊美做出说明），其具体论点不必详述，简言之，他认为心理能量遇到某种障碍而被阻塞，这种能量反而会更为增大，使得心理活动的过程更为活跃。这种学说作为一般原理，不光适用于审美现象的解释，对所有心理现象都是适用，但它却也不能用来说明“寂”之美的独特性质。

如上所说，从本质性的统一中分离出来的、外在感觉层面上的某些因素，却对我们直观事物的本质起到了某些遮蔽作用。但与此同时，由于这种分离作用的反作用，其他感觉性的因素或者层面，却又因此产生出了一种新的、与本质性更紧密相连的统一性，并且更加明确地呈现出来。这一点，对于“寂”这一特殊美的形成是必要的。举例来说，我们看到一棵古老的梅树，状如一块岩石，看上去它与一般植物的生命体征本质是不谐调的，但另一方面，我们却可以从中更深刻地体会出梅花在冬日严寒中流芳吐艳的高洁本质。这不单单是与感觉美、与形式美相对立的精神美、内涵美的彰显（在审美体验中，在任何情况下都不允许形式与内容的分裂），从感觉方面来说，“本质性”与“感觉性”在某种层面上分离的同时，却在另一种层面上达成了更高度的统一；从本质性的方面来说，这表明了本质之重心的更深刻、更内在的位移。换言之，这就是美的现象本身所具有的某种意义上的自我破坏与自我重建的结果。不必说，对于以深刻的精神性为其

---

① Psychische Stauung：德语，意为“移情”。

本质特征的“神”与“人”而言，这种情形的发生是最为理所当然的。表现在言语词汇上，也就自然地产生了“神寂”“翁寂”之类的词汇。审美的对象的性质与这种情形非常类似。有了这种特殊的审美意识，即便是面对自然物乃至于将自然物加工而成的器物，也都可以从中主观地感受到这种“美”。

“然带”在意义上的重心的移动，以神与自然、心与物的统一这一特定的世界观为背景，贯穿于具体事物中，并能够使我们深刻把握一切具体事物中都具有的形而上本质。在此，“寂”的第一语义“寂寥”、第二语义“宿”“老”“古”，与这第三语义“然带”（带有……性质），就有可能紧密联系在一起。也就是说，要表示出万古不易、寂然不动这一世界的最终本质，就不能不使用“然带”。《芭蕉花屋日记》记载了据说是芭蕉的一段遗言，芭蕉说：“结束此生前，我还要说句辞世的话……‘从来诸法，常示寂灭相’，这也是释尊此世之言，佛教真谛，除这句话外，别无其他。”以这种精神态度来观察世界、观照自然的时候，一切东西全都显出了“寂灭相”。这种“寂灭相”映照于心眼、付诸艺术表现，就成为“然带”这一特殊的感觉情调，并构成了产生“寂”之美的一个契机。这一点，应该是不难理解的吧。

“然带”在这种特殊意义上的审美意味，原本基于审美对象物的感觉性与本质性之间某种意义上的消极关系，而在一般的自然对象中，这样的消极关系在很多情况下是由“寂”的第一与第二语义所带来的，而我们现在所说的第三语义“然带”，也必然与前两者紧密地结合在一起。我们之所以能够从“神寂”“翁寂”“秋寂”等词中的“寂”字，一眼就看出它的两重意义，就是因为这一原因。然而从美学的立场上看，我们又必须在理论概念上把“然带”的意味与“寂”的第一、第二语义各自区分开来。因为第一、第二语义规定了感觉性的消极方向，而作为第三语义的“然带”又对这种消极性做了某种程度的限制。有了这样的区分，表现在俳谐艺术中的“然带”就有了自己的特殊审美意味，并成为俳谐特有的“美”得以成立的一个条件。

俳书《芭蕉叶舟》中有下面一段话：

句有亮光，则显华丽，此为高调之句；有弱光、有微温者，是为低调之句。……亮光、微温、华丽、光芒，此四者，句之病也，是本流派所厌弃者也。中人以上者若要长进，必先去其“光”，高手之句无“光”，亦无华丽。句应如清水，淡然无味。有垢之句，污而浊。香味清淡，似有似无，则幽雅可亲。

这段话将俳谐中的“寂”之美形成的消极条件，做了生动形象的比喻。这并非单纯厌弃“亮光”，而且对“弱光”“微温”等也看作是句之“病”。尽管这种说明过于简单，也不充分明确，但意思却很显而易见，就是要消除光亮、消除华丽，使感觉性的方面现出消极性，这样“寂”之美才能形成。所谓“香味清淡，似有似无”，恐怕是指在艺术表现上不要过于露骨、过于鲜明，同时，也要在内容上、在本质上，透出一定的“香味”来。在这种意义上说，不仅是俳谐创作，在所有省略、暗示、象征的艺术表现中，都需要某种程度地表现出这种“寂”。我认为，在俳谐的场合，不仅需要“香味清淡，似有似无”，还需要在更特殊的意义上有自己更独特的艺术表现，要努力表现出从“然带”这一特殊角度的“寂”之美。

本来，就俳谐连句而言，前句与付句之间，要保持一种不即不离的关系。《去来抄》主张“要以声气相通为佳”，指的是两句之间表面上似乎没有直接关系，实际上要在声气意味上保持内在的微妙关联。因而，在不断转换的唱和接续中，从单纯感性的角度看，那是一种直观的遮蔽；在表现与本质的统一性上看，则是一种自我破坏与自我重建。这就是俳谐特有的“寂”之美得以形成的依据。在俳谐中的独立的一句，即一首俳句中，这一点作为一种美学原则也同样是存在的。一首俳句要有一个完整的意义，在连句的情况下，对此不能过于强调，而在俳句中，字数几乎被压缩到了最小限度，在这种限制下要表达稍微复杂的思想感情，词义之间的逻辑上的关联势必就会显得过于省略乃至唐突，除此之外，当一首俳句写到两种事物的时候，就往往需要打破普通人的联想习惯而缺乏表面上的明确性，这一方面带来了句作的新鲜味，一方面也是基于俳句对一种特殊的“寂”之美的追求。那首“奈良七重七堂伽蓝八重樱”，在句法上看仅仅是名词的并列，有时候会显得很难懂。虽然在表现方法上稍显极端，但它还是有着内在句法，并且表现出了一个完整的并不太难弄懂的意思。此类乍看上去文字上缺乏联系的俳句，并不少见。例如“马寝，残梦月远，茶烟”，或者“十丸子，小粒，秋风”之类的俳句，尽管意思还比较明了，但对读者而言，上述的那种感觉多少还是会有的。

当然，并不是所有的俳句都故意追求这种表现方法。像《古池》《枯枝》那样的俳句，将眼前的情景生动鲜明地表现出来的作品绝不少见。可见，俳句中的“寂”未必只是从形式中表现出来的。换言之，正如作为俳句整体的艺术内涵的、特殊的“寂”之美，并不单单是从枯淡的趣味中流露出来、从内容（题材）中表现出来，同样，“寂”也并非仅仅来自独特的表现形式。这一点已经无需再次强调了。我们曾经引用过的建部凉袋的一句话：“将‘寂’仅仅理解为‘闲寂’者，不乏其人。实则‘寂’并非‘闲寂’。”这句话表意虽然不是很明了，但我们可以在现在这种意义上加以理解。只要我们确认感性对象中的感觉显现与本质性的内容意义之间存在一种“然带”的关系[①]，那么我们就能够以此来理解俳句的外在形式表现与思想内容之间的关

① “然带”的关系：似乎可以理解为人的感性与感觉赋予对象以本质性的意义与内容。

系。在这个关系中，俳句表现形式的特殊性促进了其艺术内涵的整体性的形成，这就是“寂”之美所起的一个作用。

上文我们说过，一首俳句由于题材的撷取、词语的搭配方法等的不同，就会产生某种程度的不透明性。除此之外，也有的俳句故意使用不加说明的故事典故，来矫正大量使用所谓“俗谈平话”所造成的卑俗趣味，结果也造成了另外一种表现上的不透明性。对用典而不加任何解释与说明，这对只有区区十七字的俳句而言当然是迫不得已的。但另一方面，即便对相关典故缺乏可靠的历史知识，那也并不太妨碍对作品情趣的欣赏，鉴于这种考虑，作者使用了相关的表现方法。例如有一首著名的俳句：“象泻呀，雨中西施，合欢花”，或者“在蜗牛角中，分开吧，须磨明石”。这样的俳句对于那些不知道苏东坡的西湖诗句、庄子的蜗牛角争斗的典故、《源氏物语》中须磨与明石的读者，在理解这些俳句的整体意境时，大体上也没有什么特别的妨碍。又由于读者的不同，象泻的雨景中突然出现了中国的西施，须磨与明石之间突然有了一个意想不到的蜗牛，这种外在表现上的不透明性，反而如同隔着花玻璃看光亮，或者看到用硫黄熏染的银器一样，有一种特别的韵味。

这样看来，我们在这里所讨论的作为“寂”之美构成因素的“然带”，又多了一个思考依据，我们可以以此为出发点来考察蕉门俳谐中的另一个美学问题了。我们已经从“寂”的第一语义“寂寥”“孤寂”出发，考察了古来俳论中的**虚实思想**及其根本意义；接着，我们从“寂”的第二语义即“宿”“老”“古”的特殊审美转化出发，考察了“不易、流行”论的根本意义。现在，当我们又从“寂”的第三语义“然带”出发，考察“然带”与“寂”的审美内涵之关系的时候，不能不令我们想起支考等人的俳论中所论述的“本情”与“风雅”的关系问题。

所谓“本情”，意思就是事物的本然之心，从“物心一如”“天人相即”的俳谐的世界观上看，在我们所说的“然带”的意味深处所内含着的事物的本然之相，亦即所谓的“本质”，实际上明显带有一种客观观念论的意味。在《三册子》中，服部土芳转述芭蕉师的一句话，“松的事情，要向松学习；竹的事情，要向竹学习”，认为“不出自事物本身的自然之情，就不是物我合一的真诚之情”。“本情”思想的根源无疑就来源于此。支考的《续五论》对此则做了详尽的阐述。他曾以芭蕉的“金色屏风上的古松啊，也在冬眠”这首俳句为例，说明芭蕉以其独特的表现方法（将金色屏风与古松、过冬搭配在一起），很好地发挥了事物的“本情”（“金色”本是暖色），是“二十年努力修炼而得来的风雅之寂”。他还进一步从“金色屏风”与“银色屏风”的“本情”相对比的角度，论述了“本情”与“风雅”的关系。支考在此所说的“风雅”一词，是在俳谐的特殊表现这一意义上而使用的，而且，他还直接将“风雅”与“寂”结合起来，使用了“风雅之寂”的概念。可以说，在我们论述“然带”中的特殊的审美意味之前，支考已经在这个角度论述“寂”之美了。

以上，我对“寂”所包含的三个意义要素，即“寂”“古”“然带”及各自的含义，做了美学上的考察。接下来还需要以俳谐和茶道等特殊的艺术生活样式为背景、为基础，来考察它们各自的审美意味的展开，以及它们之间如何综合、统一为特殊艺术领域中的审美理念和审美范畴的具体路径。同时我还要试图说明，从这三个方面展开的“寂”这一审美概念，在其审美内涵的形成过程中，蕉门俳论中的根本美学问题“虚实”论、“不易、流行”论以及“本情与风雅”论等，都自然而然地成为我们的理论思考的基础，也构成了“风雅”论的美学基础。从我本来的研究目的来说，对特殊艺术样式中的美学问题加以考察，只不过是一种方法而已。而基于特殊方法、特殊形式所产生的审美范畴，在美学的整体视野与体系中占有怎样的位置、具有怎样的关系，则是我最为关心的重点问题。因此，以下就想对这个问题略抒己见。

为了论述的方便，我想在这里先下一个结论。根据我的研究，“幽玄”是从“崇高”这一基本的美学范畴中演变出来的一个特殊的、派生性的审美范畴；“物哀”是从“美”这一基本的审美范畴中演变出来的、派生性的审美范畴。同样地，“寂”则是从第三个重要的美学范畴“幽默”中，经由更大的嬗变、内容上更多的更新之后，派生出来的一个特殊的审美范畴。

当然，假如把“幽默”仅仅按通常的思路、在其狭义上理解为“滑稽”，那么对我这个观点的提出不免会感到诧异。尤其是将“寂”仅仅理解为“闲寂”的意思的话，这个差异感会更加强烈。然而，我这个结论不单单是基于“寂”的研究，同时也基于对“幽默”所做的研究。对“幽默”问题在此不遑详论，我只是要强调，至少从美学的角度看，“幽默”本身不是一种单纯的“滑稽”，假如把“滑稽”视为一个特殊的审美范畴的话，那么“幽默”不仅仅如利普斯所言，是“美”之所以为“美”的重要因素，而是如科恩[①]所言，“幽默”作为审美趣味的核心，在某种意义上处在与另一个核心概念“崇高”（壮美）相对的位置，它与“崇高”处于相同层级，是一个最基本的“审美的”范畴。从审美体验的构造关系上看，“幽默”也是美学体系构造中的重要概念。

我不打算对美学上的这些基本问题做更多的论述，只是想对“幽默”这一概念的含义做一个简单的解释。我认为，在审美体验的完整的架构中，“崇高”作为一个基本的美学范畴具有一种分层构造的原理，它基于“自然感的审美”并在审美价值的形态上稍有改变；“幽默”却与此相反，它的分层构造却是基于“艺术感的审美”，并在审

---

① 或是指犹太裔德国哲学家 Hermann Cohen（1842—1918）。

美价值的形态上做了根本的改变。在审美体验的内容中，“艺术感的审美”原理，就是精神能够包含或者完全洞察、透视自然中形成的一切。当这一原理经内在发展、作为一种精神力量而处于优势的时候、审美意识的中“观照”同时也就成为“生产”，就仿佛是神的“睿智的直观”，对隐藏在一切事物中的一切方面、一切内容，加以自由的、冷彻的、艺术的直观，于是，人类世界中的一切的根本矛盾、不和谐、不完美、缺陷乃至丑恶，都被暴露在光天化日之下。这就发生了利普斯所说的“滑稽的否定”的现象。倘若把“飘游于一切之上，并且否定一切”的艺术直观乃至艺术洞察称为“反讽”的话，那么在这种场合，这种“反讽”的直观就自由地发挥自己的力量。但是在我看来，我们的审美意识与艺术意识，无论在什么情况下，都不单单是由否定的、破坏的乃至“反讽”的直观而形成的。在审美意识中，在冷彻直观的同时也必然有着感情的作用。而这种感情常常是以“美之爱”为原动力的。因而，审美意识真正作为审美意识而使“艺术感的审美”成为优势的时候，又像上文所说的，就足以将冷彻的直观加以掩蔽，这就必然要有伴随着广博的“爱”之心。这样一来，一方面是由冷彻的直观加以否定、破坏，另一方面，在从对象的观照中，以“美之爱”对这种否定与破坏加以反拨和修整，于是便产生了某种特殊的审美价值内涵。换言之，这种特殊的“直观”与“爱”的紧张关系，就促使了审美价值内涵的改变，并促使我们所说的“幽默”这一基本审美范畴的诞生。

我想，从以上所界定的“幽默”的角度，对我们所研究的“寂”的审美内涵加以省察的话，我预先提出的那个结论，大概就不会显得过于唐突异样了吧？我曾说过，与“寂”的第一语义即“寂寥”多少有点接近的消极的审美意识，如孤寂、清贫、匮乏、粗糙、狭小等等，被纳入一种反讽的观念论的审美意识中，才有可能转化为一种积极的审美意义；同时，当这个审美意识的客体，将现实与非现实的客观性的矛盾，置于“美的实在性”中加以吸收扬弃的时候，就成为“虚实”论的核心问题了。这一点与西洋美学中的所谓“幽默”，在本质上具有一种亲近性。所谓“俳谐的风骨在于‘寂’与‘可笑’”，这里的“可笑”的意思当然不同于低俗的“滑稽”。不过，在以枯淡寂静为宗旨的蕉风俳谐中，还包含着一种类似于悟道的、极其高级的精神的自由性，其中自然具有一些洒脱之情趣，这正是俳谐之所以是俳谐的根本之所在。在这里，“可笑”与“寂”就形成了一种不可思议的调和。这一点也是我长期以来思考之后的结论。

由此而再次考察“幽默”与“寂”的内在关系的时候，特别是在从“寂”概念的第二、第三语义的角度，来追寻其审美意义的形成与展开的时候，“寂”与“幽默”之间，究竟具有怎样的类缘性呢？这是我特别想加以讨论的。

关于“寂”的第二语义“宿”“老”“古”等，作为审美概念在俳谐等艺术中是怎样获得它的审美内涵的，我在上文已经做过论述。我想，无论怎样，俳谐的本意都是对某种流动性体验的直接的客观化。以其独特的表现方法，将体验的直接的流动性如实加以捕捉，其结果，就是在作品中常常隐含着与人的精神主观相对的、万古不易的大自然的面影。打个比方说，正如我们观察波涛滚滚的河流，我们一方面看到了河水的不断的流动，另一方面，我们也仿佛透过河水，看到了宇宙的大生命、看到了那寂然不动的大自然的河床。因而，当我们把“寂”在神秘主义的谛观的意义上加以理解的话，就会发现它在某种意义上有着与“幽玄”相通的一面。最近德国美学家扬克[①]提出应将“静观”（谛观）的作用从艺术体验的范畴中剔除，而只把它作为一种“认识体验”。根据他的看法，人们的认识态度中，有“发动的意识”与“静观的认识”两种，前者不停留于直观性的现象，在任何

① 未详。

场合中都始终贯穿着一种积极的态度；后者即“谛观”，与“艺术的直观”一样，虽然也是一种被动的态度，但是它与艺术的直观又有所不同，“谛观”不停留于现象层面，而是为了通过现象看到本质，而使自己的心灵完全处在一种被动观照的状态。这种纯粹的“认识的谛观”，就是一种神秘主义。

在我看来，即便在审美范畴中，在“崇高”这一基本范畴及从中派生出的“幽玄”中，也在这个意义上存在着“静观”乃至“谛观”。但在“寂”这一概念中，其表现稍有不同，它所暗含的精神态度更为复杂。正如肖克所言，无论是在“崇高”还是在“幽玄”中所包含的神秘主义的静观，都是一种纯粹的被动的态度，要言之，对我们的精神而言，它具有一种无法洞见的绝对的黑暗和不可知的性质（在宗教的要求与信仰中如何将光明引进黑暗，是另外一种问题），是使自己虚席以待、处在沉潜、敬畏、皈依的状态。这种绝对的存在，对于直接的审美意识而言，不外是一种漠然的、超时间的“巨大”与“威力”。而在“寂”的场合，这不仅仅是“超时间性”的问题，而是依靠审美意识，去感知太初以来的历史绵延及万古不易，从而产生一种无限的苍古幽寂之味。

在这种情况下，我们一方面从超时间的、形而上学的观点去观照自然，一方面又是倾注自己有限的精神生命，即以特殊的时间存在加以观照的。从超时间的观点而言，无限古老的东西同时又是无限新鲜的东西。在这个意义上，通过我们流动的体验所观照的、自然的形而上的超时间性，那种寂然的、无限之“古”（“不易”性），无论如何也要与我们所体验的无限的生动鲜活性（“流行”性）相分离，于是，其间就产生了一种紧张关系，其结果，就在我们的审美意识中，产生了“寂”这样一个特殊的审美范畴。

在这里，精神对作为自身之存在方式的时间性，一方面有着顽强的固执性，另一方面又试图与超时间的自然本质深刻接触，在这一点上可以说，精神对自然稍微显示出了二元性的分裂态度。以“寂”为理想的俳谐的特殊的艺术态度，一开始就把一切自然物都看作自我体验的表现，而将客观的自然本身置于第二义的位置。在这种特殊体验的流动性背后，又暗含着大自然形而上的、超时间的、万古不易的本质，在这一个意义上的“自然的超感性的基体”（借用康德的话），未必像“崇高”范畴中的“自然”那样超乎我们的精神之外，也未必成为我们皈依、企盼的对象（就是朝宗教意识的方向发展），而是与我们的自觉的精神主观性相对而言，形成一种否定性的对极，并把它视为一种纯粹客观性的存在。这样一来，精神自身便尽可能地彻底发挥，同时又试图与相反的对极相接触，俳谐便在这自然体验的表现中，形成了“寂”这一审美理念。

不过，精神彻底地发挥自己，并不意味着执着于主观的自我。从自我内容的角度来看，不可否定的是，在“寂”当中，精神依然是虚席以待的状态，并试图深深沉潜于作为否定性对极的大自然中并与之同化，这种情形与“崇高”“幽玄”的场合是相通的。不过，可以想象，在“崇高”与“幽玄”中，审美感情即对自然的“爱”，主要表现为对于超越精神主观的、无限巨大、无比强有力的大自然的赞叹与敬畏的感情，并由此无可拒绝地将人们的精神引导到这个方面。而在“寂”当中，由于自我对自然的深深的爱，而在某种意义上主动地否定自己，通过自我超越，使自己归入对极的大自然。因此，虽然同样都是对大自然的归依与沉潜，在“寂”当中，精神自身的“自由性”作为一种终极的形式，在任何时候都被保留。虽然精神在其体验中尽可能虚席以待，并由此而努力归入自然，但从结果上看，精神最终不可能彻底归入自然，其自身还残留着最高的终极形式即“自由性”。从客观上看，精神与自然之间的关系，最终仍存在着一种难以消除的对立性；另一方面，从主观上看，由于被“美的爱”所包围、所融合，“寂”这一审美观念的特殊的审美内容便由此而产生。

关于“寂”的第三语义“然带”，我们也必须从这个概念的审美内涵的展开上加以思考。对此，我们既要重视支考对“本情”与“风雅”的问题论述，也要在贯穿于具体物象的“本情”中，在具体物象之根源的大自然的终极本质上，来深刻理解“然带”之“然”的意味，这样，作为“寂”的第三语义的“然带”，就与“寂”的第一、第二语义的展开产生了交错，“寂”这一审美概念的综合性意义便得以产生。关于这个问题，上文已经尝试着做了考察。但是，从这个方面来看，“然带”所包含的对自然终极本质的思考，对于我们的精神而言，却具有与自然相对的一种彻底的消极价值。本来，“然带”的“然”，是从事物的本然之相见出的自然或世界的本然之相，乃至一种形而上学的实相。它在感性的世界上，或者在感性世界的背后，并不是与一切消极性（例如这个现象界的有限性、无常性、空虚性等等）相对立的、对我们的精神而言有着积极价值的理想的“本体”世界、神圣世界或观念世界，“然带”的“然”不是在这样一种意义上被思维、被确立的。毋宁说它具有现象世界的一般特点，只是人对现象世界的一种**直观的把握**，是将这种直观把握加以深刻化、表象化、假定化、体现人的最终本质的世界。只要它被视为超越现象世界的本然的“存在”，那么就可以说它是一种形而上学的世界。有时候，它也被赋予精神的、宗教的意味，在某种意义上，那也是基于人类精神希求（如“涅槃”之类）的一种观念或道德意识的修饰与理想化。

在纯粹的艺术与审美意识中，在将这个世界作为一个观照对象加以观照的时候，“然带”的“然”便成为存在于感性显现中的、作为直观性实相的本质内容，因而，这个感觉的世界所附带的一切消极性，便超越于现象，而被深化、被彻底化了。从我们的精神构造与道德观点来看，它又不可否定地带有怀疑主义的、虚无主义的因素。广为人知的老子名言“人法地、地法天、天法道，道法自然”，说的就是这个意思。尽管老庄“自然”的概念有种种解释，但无论如何，他们所强调的都是没有任何人为的、概念化的、理想化的自然本身之道。而“然带”的“然”所意味的自然的最终本质，也只能从审美直观的意义上加以理解。因而，一旦我们能够由此而洞察到世界与宇宙的终极本质，就会反过来观照现象世界中种种具体的事象，对于从主观精神角度而言的一切具有积极价值的现象，便涌起了一种冷然的“幽默”的轻视，与此同时，又在相反的意义上，对一切事象产生了一种基于“幽默”态度的宽容的爱意。所以，芭蕉一方面吟咏出“试问不悟者：老天电闪雷鸣，是为何？”这样的俳句，一方面又在《幻住庵记》以这样的话来结尾：“人之贤愚文质，虽不尽相同，然都生于虚幻世间，思之皆不舍也。”

以上，我对“寂”的审美内涵形成的种种因素、对其特殊的审美构造与“幽默”这一基本的美学范畴之间的类缘关系做了分析，现在，我们再将以上的分析做一个总结。在我看来，作为审美范畴的“幽默”，必须包含着人对世界的实相加以透彻洞察之后的而具有的深沉的“爱”，或许也可以说是包含着对人生与世界的一切事物的局限、缺陷、矛盾、丑恶的一种消极的谛观，但这个谛观并不能成为让我们消极逃遁的原因，它只是让我们从客观世界的实践主体、行为主体的直接的反应关系中超脱出来，采取一种自由的、静观的态度，以一种深沉的爱心，积极地面对人间世界的真实。因而，“幽默”必须深深地植根于这种“爱”，必须保持精神上的最高的自由性。而在作为审美范畴的“寂”的特殊体验中，在许多方面、整体上都明显地存在着与“幽默”本质上相同的精神构造。但“寂”只有一点与纯粹的“幽默”有所不同，就是由主观精神所不能洞见的“自然”的形而上学的本质，却以“爱”加以深深地沉潜，这种态度表面上看又与“崇高”和“幽玄”有所相似，这就使得“寂”的构造变得非常复杂，成为一种非常特殊的“审美形态”。

作为一直以来经常使用的审美宾词，“幽玄”这个词甚为多义，而且极其微妙。在许多情况下，它与“寂”的区别也很难分清。在俳论书中，例如在五竹房的《俳谐十二夜话》中，在评论芭蕉等人的俳句的时候，随意使用“幽玄”这个词。在《俳谐的寂与枝折》（白雄著）中，对俳句的体式做了分类，有的地方也使用了“幽玄”，并举出了芭蕉的“不知是何花，香气扑鼻来”，还有俳人山川的“弥生的卯花，多么容易凋零啊”为例。我想，这是将歌道中的“飘泊”“飘渺”之美，用“幽玄”来加以解释了。后来，正冈子规从芭蕉的俳句中选出了所谓“幽玄”之句，即“可悲呀，海苔里的沙子硌了牙”；“菊香呀，奈良的古佛”；“依靠在这根房柱上，过了一冬天啊”；“晚秋阵雨啊，屋内也叫人打寒噤”；“棣棠花落，沙沙作响，瀑布声”；“布谷鸟啊，你的啼叫，令我倍加寂寥”；“清洌的瀑布，飞溅到青松上”等，一共七首。依我看，这些俳句中的“幽玄”，似乎也含有“寂”的意味。正冈子规指出，作为诗人的芭蕉，其最可贵之点就是写出了一些“雄壮豪宕”之句，但是，至于“雄壮豪宕”之句与“幽玄”、与“寂”是什么关系，他并没有做专门的论述。

在“寂”的意义的探讨中，有不少人认为，在“寂”表面上的寂静、细弱、清贫的内容之中，还隐含着强有力、雄大、豪壮等因素。的确，在令人感到“薄弱得风一吹即破”的芭蕉的俳句中，也写有《荒海》《最上川》《浅间山》《大井川》等雄浑浩荡的作品；在茶道中首倡“侘”的利休，据说是一个人高马大、性格粗豪的人，由此我们也确实看出上述的看法是有一定道理的。本来，“寂”或“侘”并不仅仅是靠表面上所体现出来的消极价值才得以成立的，这一点我已屡屡加以强调。然而，我们在这里既然将“寂”归为“幽默”的范畴，就表明它与属于“崇高”（壮美）范畴的“幽玄”是不同的。从美学的立场上看，那种认为“寂”中包含着有力、雄大、豪壮的看法，并不能充分揭示出“寂”的本质。不必说，“强有力”也好、“雄大”也好，由于解释角度方法的不同，结论和看法也不一样。以我对

“寂”的解释来看，精神本身的**自我超越**乃至最高的**自由性**，也是一种“力”，也是一种“大”。但是，在“崇高”与“幽玄”的场合，这种意义的“力”与“大”并不属于直接的观照内容，它与芭蕉句作中的“寂”及其题材的“雄大”不是一回事，与利休在茶道中提倡的“侘”即人的博大心胸，也不是一回事。继承了战国时代的雄壮精神、具有豪迈气魄的利休，不妨在茶道中获得美的满足，以“寂”为审美理想的俳谐也不妨作出表现天地宇宙壮阔雄浑的作品，但是，我们却不能把这些与审美内涵混同起来。

正如正冈子规所指出的，芭蕉的句作中不乏雄大豪壮为风格的杰出作品，但我认为，在芭蕉的作品中，甚至没有一首作品有意识地表现那种雄大。勉强可以举出的例子，如“把石头吹起来的，浅间的大风啊”这首俳句，我们稍微能够从中感受到雄大表现的意图。但正冈子规在芭蕉句作中所举出的那些雄浑壮阔的例子，却显示不出芭蕉的这种表现意图。毋宁说，那只是芭蕉将自己大自然的直接体验，平淡、率直地加以表现而已，在他的很多作品中我们都可以感到，当他以“寂”为审美理想加以构思推敲的时候，自然而然就表现出了雄大或者崇高的效果。例如“夏天的草啊，还残留着古代武士的梦”；“汹涌的大海，是横亘在佐渡岛与本州之间的天河”；“夜光之夜，苍茫竹林，杜鹃的啼鸣”；“秋风啊，掠过莽丛、旱田、不破关”等句作就是如此。和芭蕉的句作比较起来，子规本人的句作，如“星光清冷，篝火，映白了城砦”之类，以我个人的感受而言，是明显地要表现他所谓的豪宕雄大的效果来，但却暴露出了有意为之的幼稚。其角有一首著名的俳句：“猿喉露白齿，枯声啸峰月”，也使人感到要达到某种效果而有意为之的痕迹。我认为这种有意为之的效果，与其说是“寂”，不如说更接近于“幽玄”。与此相比，芭蕉的“寒冷鱼铺里，咸盐的死鲷鱼，龇着一排白牙”虽然具有同样的审美效果，但一眼看去，就感觉它更近于“寂”的审美氛围。在《十论为辩抄》中，支考对这两首俳句合在一起做了批评，虽然言辞略显偏颇，但却显示出了敏锐的鉴赏眼光。支考说：“其角的《猿齿》是从汉诗和歌中寻找灵感，‘枯声’之‘枯’字极尽断肠之情，‘峰月’写尽寂寞之姿。一首之中，有如此奇崛之词，实令人惊异。……先师芭蕉……却只写儿童都能写出来的鱼铺，真是一个以夏炉冬扇之**寂**为乐者，如此优哉游哉的道人怎能不成为本派之祖师呢？”

要言之，如果将“寂”与“幽玄”等的审美本质加以区别的话，那么可以说，“幽玄”属于“崇高”的范畴，“物哀”属于“美”的范畴，而“寂”则属于“幽默”的范畴。这三个基本的审美范畴都是从审美体验的一般构造中抽绎出来的，确认了这一点，我们就有可能在这些审美范畴之间，建立一种美学体系的关联。这就是我对“寂”的研究所得出的结论。

九 “寂”的美学界限与茶室的审美价值

最后，在以上各章的基础上，我想对“寂”的具体表现及其相关的美学问题，再尝试着做一考察。

前文我把“寂”置于俳谐与茶道等特殊艺术领域中，对其特殊美学内涵做了阐发。“寂”既是一个具有高度统括性的理念，也是一种美的形态。构成其审美内涵的诸种因素，在与艺术相关的主观与客观的事象中，必然会某种程度地具体表现出来。正如上文所指出的，“寂”的内容是极其多样复杂的，其具体表现及其界限、范围也更为多样、复杂和模糊。从美学研究的立场而言，很有必要将“寂”的审美内涵的界限加以明确。

“寂”的审美界限，总的来说，可以分为上、下两个方面。“寂”的上限，其美学问题与道德宗教问题相联系，并寻求道德宗教的价值；“寂”的下限，则与感觉与心理问题相联系，并寻求感觉心理的价值。

要廓清“寂”的审美界限问题，特别有必要对茶道中的“寂”“侘”加以考察。当然，茶道，无论从其形式上还是从精神实质上看，都不是以“艺术”这一概念可以统括的。茶道所主张的是“茶禅一味”“和敬清寂”“安分知足”和“随遇而安”。这些主张当中所包含的道德的乃至宗教的意味，从古至今都是作为茶道的指导精神而一直加以强调的。茶道的设备装饰、茶具的选择搭配，还有茶点心、简易茶食等所包含的感觉性的东西，某种意义上说都是以视觉为主，涉及触觉、嗅觉、有机感觉等纯粹的感性因素，这些因素的重要性是不言而喻的。俳谐方面，在上述的"寂"的审美界限的上限，也与道德和宗教的问题相关。所谓"佗人""风雅人""茶人""风流人"等词语中所包含的意味，已经超出了纯艺术的乃至审美的意味，而是一种对人的特殊的精神性的要求。同时，这些概念中也包含着"对'寂'有体会的人"的意思。我们在利休、宗旦、芭蕉、惟然等人的精神风貌中，也可以看出其"寂"的精神在某种程度上与宗教的悟道相联系。因而我们有必要对这些茶道达人的人格精神与"寂"本身的审美价值的界限问题联系起来加以充分的思考。

"寂"的审美界限的模糊性，与其说体现在上限，不如说体现在下限的方面。现在我们姑且不问茶道究竟是不是一种艺术形式，但至少可以说它是美的趣味生活的一个分野，其构成因素，从形式到精神内容都非常复杂，其中还包含了其他艺术中完全没有的嗅觉、味觉等所谓低级感觉，但整体上它又由一种统一的精神原理所贯穿，因而它比一般的艺术具有更高的精神境界。在这里，那些低级的感觉的卑俗性、粗糙性便有可能得到超克、得到纯化。一般而言，那些属于低级官能的东西固然又当别论，在艺术感觉中被公认的视觉要素，在整体的艺术构成中发挥着高度的审美功能，从这一点上看，不难理解，茶室建筑的细部、茶器茶具等那些诉诸感官的东西，是直接与"寂"之美联系在一起的。其中，在"寂"作为一个普通概念，作为一个形容词，其语义在许多场合都是适用的。不过，能否将这个意义上的"寂"直接看作是一个审美范畴呢？换言之，这种单纯感觉意义上的"寂"是否可以直接视为审美内涵呢？对于我们来说，这还是一个疑问。

例如，千宗室在《茶道史讲话》中有以下一段话：

所谓"元伯好"是有着一种风韵的，根本上是以"侘"或"寂"为理念而设计的一种道具；……所谓"一闲张"是宗旦喜爱的一种茶具，有不少在后世流传下来。所谓"柿饼茶筒"也有流传下来的，偏僻地方的百姓家按照挂在树上的柿子的形状做成的"一闲张"，是一种红色调，呈现出一种非常"寂"的微弱的红色，尽管粗糙，但却具有一种"寂"和张力。

……

在我国，无论就色彩而言，还是就音曲而言，从达人的立场上看，最为喜爱的，就是"寂""侘"。例如，就色彩而言，虽然都是红色，但如果看惯了欧美风格的红色，就会认为日本的红色不是红色，而是在黄色中含有某种浊色调的那种"寂"的红色。这种独特的红色自古以来我国人就喜欢使用，特别是在茶道中被推崇。在音声方面，谣曲的声音最有"寂"味……三弦的声音中，有一半以上是拨音，音质非常浊，但"寂"味恰恰正是从这里体现出来的。这才是能够打动我们心灵的最强有力的东西。（见《茶道全集》卷一）

在各种茶器中，茶筒是茶人最在乎的东西。古来最为有名的"九我肩冲""江浦草茄子"等，基本上以饴色釉、茶褐色等暗褐色者居多，这样特殊的颜色最能够表现出"寂"。

关于茶室的色彩，《茶谱》中写道："千宗易曰：……对墙壁加以涂抹，一种抹到墙角，其材料是将稻草切成四五寸长，使其柔软，与泥土搅拌，以此加以涂抹，叫做给墙壁加'寂'，看上去好像是烟熏的颜色……"又有人指出："'侘'与'寂'是茶室的建筑理念，就是一种'反多彩主义'，但决不是单色主义茶室所表现的色彩，总体来说是事物本身的颜色，是一种中和的、沉静的、稳重的灰色或暗褐色。"（见堀口舍己《茶道的思想背景及其构成》，《茶道全集》卷三）。

这里所说的“寂”，是作为单纯的感觉性质而被认可的，对此加以探讨时，我们还要注意以下两点：第一，“寂”这个概念只要是在广义上使用的，那么无论用来形容何种对象，其语义都是相同的；第二，即便是用于某些特殊的有审美意味的场合，例如茶室的色调、茶筒的釉色等，那也不是指感觉要素本身，而是作为茶道中整体审美氛围的组成部分在起作用。这就好比是绘画中的染料，其色彩本身不能给我们超乎感觉快感的美，而作为一幅杰出绘画作品的构成因素，它们显示的不同色彩是具有审美价值的。又比如，那些没有生命的单纯物质，当它们作为我们肉体的细胞而存在的时候，它就是生命的构成部分。我们以上所举的例子，以及有关茶道研究的文章中所指出的“寂”概念在感觉性方面的使用，都可以在这个意义上得到理解。

在这个意义上看，“寂”的美学性格与个别的感觉性的因素，例如与某种色彩的关系，就不是一种直接的、单纯的关系。换言之，一定的色调未必就是“寂”的色调，无论是茶褐色、灰色或者其他色调，只要与“寂”的审美理念相契合，那么它作为茶道的审美氛围的一种因素，就会对我们产生美的效果。无论是怎样的色调，所谓古旧色，都是在某种色调之上附带暗色调的、失去鲜明度的颜色，从而形成一种“中和的沉静”。这种“中和的沉静”不仅与茶道的氛围相融合，而且从“寂”这一概念的语义（宿、老、古）的联想上说，这个形容词都是很恰切的。

所以，我们不能将“寂”与整体的审美氛围切断，而将单纯的感觉属性本身直接视为“寂”之美。假如我们对美的本质的理解有错误，那么我们就会对“寂”的特殊审美本质产生误解。不过，我们在此不必再对一般的审美本质问题展开论述了，关于“寂”这一特殊审美范畴，我们也已在上文中做了具体阐发，在此也不必重复。我只是提醒读者注意：我们对于“寂”这个特殊审美概念所有的原初意义及其演变进行了综合考察，而现在我们又把色彩以及其他单纯的感觉性的东西本身看作是“寂”，这是将综合的意味加以分解纯化，而使其成为一种特殊意味了，然后，还不得不再次还原到原初的要素性的意味上去。特别是我们所说的“寂”的第一语义“寂寥”“闲寂”和第二语义“宿”“老”“古”，很容易在色彩等感觉性、可视性的事物中得到象征化的体现。从美学上说，“热烈”“沉静”这样的意味，由某种色彩加以象征化的时候，同样也不过是一种单纯的色彩象征。这些内容本身本来就属于非审美的（例如，寂寥、老、古、热烈、沉静等本身本来就是非审美的），单纯的感觉象征未必是审美的。因为象征化本身，也有审美的和非审美的区别。而实际上我们之所以常常将色彩象征之类看作是审美的，是因为在很多场合下，我们假定这些象征是作为美的或者艺术的一个整体而存在的。假如我们把“寂静”“古老”等意味的色彩象征，单纯地抽象出来，那么其结果，它就只不过是单纯的、作为心理学的现象的象征而已，无论是从内容的片面性、还是从象征形式的单纯性上看，都不能直接视为“寂”这一特殊审美本质的表现，而只能视为一种素材性的、要素性的分子。这从美学立场来看，在无关乎审美意的情况下，将“寂”这一概念中的某一方面的涵义拿过来，对其色彩及其他的感觉性现象加以研究，则是完全属于另外的研究领域。我所说的“寂”的审美内涵的下限，这正是在这个基准上加以划分的。

作为个别要素的感觉现象，“寂”只是一个形容词，而不是本质意义上的“寂”，那么本质意义上的“寂”或“侘”，在茶道中又是如何被具体化、如何实现的呢？如果要对“寂”或“侘”在茶道中的具体显现加以充分论述，仅仅依靠概念性的手段能否做到呢？这还是一个很大的疑问。假如可以在某种程度上做到，那也不必由我这样的门外汉来做。对于这个问题，我现在只能做如下的回答：俳句中的各种单纯的、要素性、素材性的事物，例如古池青蛙、枯枝之鸟、盐鲷的牙齿等，依靠俳句独特的艺术表现力而产生出了"寂"的审美内涵；同样的，作为茶道的艺术构成，茶室的装备、茶器之类的摆设搭配，茶会中主人与客人的言语动作，便形成了一种综合性的氛围，"寂"或"侘"的妙趣才能由此产生并被人所感受。我们屡屡强调：茶道是一种综合性艺术，但实际上，在其构成要素中，任何一个单纯的要素都不具有充分的艺术性，作为建筑的茶室及用于壁龛装饰的书画之类不必说，茶器茶具之类本身也属于工艺美术类。其中的书画茶具之类，很多情况下都是为了用于茶道而制作的，或许它们本来就具有独立的艺术性，但由于一开始就完全被茶道的目的与趣味所规定，它们在茶道归根到底也只是作为单纯的感觉要素而存在的。只是茶道建筑的艺术风格，却是值得我们特别加以注意的。当然，茶室、甬道的审美性，对于茶道的综合性的情趣世界的构成而言，也如同壁龛的书画与茶器茶道的色彩形状等各种要素一样，不过是单纯的素材的因素而已。然而，建筑本身作为一种独特的艺术样式有着自己本质的规定性，同时，茶室建筑的艺术性又是被茶道特有的趣味所规定并生产出来的，它在茶道中具有特别的意义和价值。因此，我们以下就将注意力转移到茶室建筑上来，看一看"寂"在茶室建筑中的具体显现。

作为建筑艺术的茶室，其历史演变与构造已经有专家做了研究，并可见于《茶道全集》及其他文献中。在这里，我想概略地考察一下，作为茶道的艺术要素的茶室，在其直观方面是如何将"寂"这一特殊的审美内涵加以具体表现的。鉴于我们已经对"寂"的本质内涵做了阐发，关于这个问题的探讨也应该以已有的研究结论作基础。

从这个角度对茶室这一特殊对象加以思考时，我们必须举出以下相互关联的三点。

第一点，是**闲寂性**。这一点，作为茶室的根本特性恐怕是任何人都认可的。从茶室的规模、构造、材料等方面对此加以说明的成果也不在少数。茶室作为建筑、作为艺术，都是为了表现和唤起寂静的氛围而被整体加以规定的，这一点也是众所公认的。然而，在作为茶道趣味的“寂”之美的体验中，茶室建筑要有效地直接诉诸我们的感性直观，也必须包含着人的种种精神活动。在我看来，茶室“闲寂性”的最根本的因由，正在于“自然的归入”这一点。极而言之，作为茶室建筑的“闲寂性”与其说是发自茶室建筑的内部，毋宁说是主要从外部导入的。在大自然中，人们尽可能以最小限度的空间、最简单的方法来安排自己的行住坐卧，以便很好地将身心融入大自然中，于是便逃出社会、放浪山野，建造一个临时的住处，这就是草庵原有的根本精神之所在。不过，仅仅从隐遁生活的消极方面来解释草庵本身是可以的，但要以此来解释茶室的形成，似乎还不充分。

用这样的方法来归入自然，还有另一方面的希求，就是将自然中所具有的“寂静性”最大限度地引入人类生活中。在草庵中，一般住宅所具有的人类生活与大自然之间的界限都被打破了，尽管草庵还是人类生活的场所，但草庵一旦拆除，直接面对的就是原野，可以与自然彻底地融合在一起。利休以后的所谓草庵风格的茶室，其极端的形态就是称为“一叠台目”的狭小茶室，其根本精神就是追求生活与自然的高度契合，就是把自然本身所具有的“闲寂性”引入生活，并从中得到美的享受。而在这里我们需要注意的正是“美的享受”这一点。把自然的“闲寂性”作为美的享受的对象，未必一定需要走遍山崖水畔或者在山野中结庵而居。在不少情况下，享受自然之美是通过我们的想象作用来实现的，这样在形式上反倒会更加纯粹。因而，草庵风格的茶室并不一定是草庵本身，甬道也不是广阔的山林田野。在这个意义上，茶室的闲寂性是从外部导入的、自觉而又有意识的审美享受与审美体验，这当中存在着一种象征关系，而象征性的体验却往往更具有审美的效果。实际上，茶人是追求“外甬道有郊野之趣，内甬道有山麓之趣”的。据说，“利休风格将甬道设计为乡野的一侧、古树旁边，将茶室设计为隐居者的柴庵模样。栽一些灌木丛，修小道，安栅栏或简单木门，从而体现出‘侘’那种寂静的氛围”。（见《茶谱》）

然而，在茶室的构造中，却又将直接的自然景观加以遮断。对此，堀口舍己曾说过：

窗户的第一目的是采集光线，同时也为了通风换气。在日本住宅中，窗户的眺望外部庭院景色的功能也受到特别重视。然而，在茶室中，除了采光和换气之外，却几乎不可能眺望庭院。庭院中的甬道虽然在设计上处心积虑，从茶室中却看不到庭院甬道。因而，茶室与其说是柱式建筑，不如说更接近于壁式建筑。这可能是因为茶室面积很小，为了避免视觉比例上的狭小感，而特意如此设计的。与那个躏口①的作用是一样的。这样会使茶室的相对独立感得以强化，故而不让人注意茶室以外的世界，同时从采光的需要上来看，那样做也是必要的。（见《茶道全集》卷三）

对于这一点，还有其他种种解释。利休在谈及野外茶会时说过：“第一就是不能让景色吸引注意力而妨碍茶会。”在《茶道觉书》也有这样的话：“要想让心情保持安闲舒畅，场所就需紧凑，否则会分散注意力，也很难品出茶的正味。所以，茶室不能太大。”这种看法与我在上文中所说的茶室的寂静性（对自然的归入）似乎有一点矛盾，但从审美体验的立场来看，由于上述的想象作用与象征作用的介入，这种矛盾是可以消解的。而且，需要注意的，虽说

① 躏口：茶室中特有的侧身而过的窄门。

是“对外界的遮断”，虽说是“接近于壁式建筑”，但从茶室在座者的心情来说，与西洋式壁式建筑中的那种与外界的遮断，还是非常不一样的。

对茶室而言，即便在座者从视觉上将外在的风景完全遮断了，但茶室与巨大建筑物不同，它只有四个半铺席以下的狭小空间，而且是直接坐落于外在自然当中，无论自然景观如何被遮断，作为自然的“气氛”是不可能被遮断的。而且，用来遮断自然风景的天花板和墙壁，在制作的时候也故意给人以乡间田园的象征性暗示，因而我们坐在里面，即便眼不见一草一木，也能感到身边的自然气息。遮断了都市中的那些人工的自然光景，却更有利于想象大自然的深处流动着的无限的寂静性。这样做或许是力图“从视觉的比例感上，不能让人感到居室的狭窄”。我们在高楼大厦中眺望庭院与周围的自然风景的时候，由于直接地感受到了室内与室外的区别与对立，反而感到了自身与大自然的疏离感，至少是难以摆脱自己“不在自然中”的那种感觉。而在草庵风格的茶室中，虽然看不见外界自然，但我们可以通过想象作用去感受自然。对此，那部著名的《南方录》中记载了利休的一段话：“……以雪月之色涂抹墙壁，以岸阴山之弱光线设计窗户，是我所特别留意之处。遮断道人目光，背月色、避景观，此等住所，却有高尚之规格，为言语笔端难以言喻。”

第二点，就是茶室的**游戏性**。“游戏性”这个词或许用得不太恰当，我使用这个词要表达的意思是：茶室作为建筑，具有一种基本的倾向，就是脱离生活中的严肃生活中的实用性，或者摆脱严肃的精神生活中的目的性，而通过假定性的模仿，来体现人与自然的现实关系。在这一点上，茶室建筑与城市一般建筑的那种现实生活中的严肃的实用性、神庙寺院乃至纪念性建筑的严肃的精神性与宗教性相比较，其游戏的特性就突显出来了。即便不做这样的比较，从一般建筑的有用性、功利性的本质来看，草庵式茶室的极端狭小、非牢固性等，是故意造成不方便，而这里恰恰是带有一种游戏的性格。本来，茶室的别称“风雅屋”这个词本身，就多少含有游戏的意味。

茶室的这种消极的性质，作为游戏性的必然条件，另一方面又带有一种轻快洒脱、纤细精巧的性质，这一点也是不能忽略的。不仅如此，这种现实的消极性与审美的积极性，在茶室中以一种不可思议的方式结合在一起。正如后文中将要论述的，茶室这种建筑在内部构造方面，又有着令人吃惊的自由性和便利性。本来茶室是茶道的特殊建筑，是举办茶会的场所，而茶道乃至茶会，总体上说是以人间生活本身为素材的一种艺术活动，至少是一种游戏活动。茶室要表现这种精神宗旨，就要在整体上或者部分上显示出这种性质。然而我所说的“游戏性”指的是茶室建筑的具体构造和建筑材料的使用等方面，未必只是指“游戏艺术”这种高级的精神性的“游戏”。

例如，利休风格的茶室有所谓的“躏口”，可以从中看出所包含的游戏性。“躏口”那种东西，在我们一般外行人看来简直不可思议。《橘庵漫笔》一书曾写道：“茶室的小入口叫作‘躏口’，不分贵贱老幼，都从此口进入。完全是仿照穴居的体制。”《茶道筌蹄》也写道：“入口最大的要数妙喜庵。看到一些渔民的房门很小，一些居士便喜而仿之。”所谓“仿照穴居的体制”听起来会觉得稀奇；而模仿渔民的房门，对于茶室来说，只要想一想有的茶室设有贵人入口（在书院式的茶席中被使用），就会明白这种东西归根到底是一种戏仿的产物。不过，从建筑家的立场看，这个所谓“躏口”也有特别的存在的理由。上文引述过的堀口氏在《茶道的思想背景及其构成》一文中，曾对这个问题做过饶有兴味的解释。他写道：

我们发现，作为艺术品来看，它那不周到、不方便的入口，对于审美观照却是有意义的。在很多情况下，茶室都不是那种宽敞的房间，一般是四张半铺席大小，还有一种称作“一大铺席”的，面积不足一坪①。天花板的高度一般也不足七尺，是现在城镇建筑物房间的最低限度。因为太小，乍看上去不像是一个独立的房间。茶室一般还设有一个宽三尺、高接近六尺的出入口。这种特有的小空间，又以窄而短的甬道加以调和。与人体相比，那小小的空间无论如何都会让人产生一种身处洞穴一般的“狭小感”。然而，当你猫着腰钻入“躙口”的时候，恰如从窥视孔看见一幅图画一样，在眼前展现的是室内的那种超越尺度的完整独立的世界。

假如“躙口”具有这样的意味的话，那么它就是在某种程度上牺牲现实的便利，而追求“对于审美观照的意义”，由此我们可以看到其中所包含的不可忽略的游戏性。根据堀口式那篇论文的引用的材料，利休曾对一个名叫川崎梅千代的人提醒说：“头和手都要缩起来，然后先迈进一条腿，低头弯腰，膝行而入。低头而入，膝部跪下，腰部抬起，就是猫着腰钻进去。低着头，前后左右均不能顾盼，有时不免很不舒服也。”可见，对于“躙口”造成的不方便，设计者自己是有明确意识的。

第三点，是**自由性**。“自由性”这个概念与上述的第二点“游戏性”关系最为密切，但我在这里所说的“自由性”，其意味与“游戏性”是有区别的。对茶室而言，“自由性”是介乎第一个特性与第二个特性之间并与两者都有着密切关系的。茶室与自然的关系（当然不只是指客观性的建筑物与周围的大自然的关系，而是茶室中人们的审美体验及其对于大自然的主观感情关系）一方面含有深深地回归于自然的倾向，另一方面，又通过视觉上的遮断，与自然景色相隔离。将

① 坪：日本的土地面积单位，一坪等于3.3平方米。

看上去互为矛盾的两种倾向调和起来，就产生了茶室特有的审美性格。现在我们只说后一种倾向。想来，在草庵式茶室的四个半铺席或者更小的、更局促的空间中，在受到艺术构成的尺度关系所制约的范围内，如何能够形成一种自由自在的、精神的、审美的世界呢？这一点是特别令人惊异的。而且，这种自由性不仅仅是精神的、审美的意义上的，茶道本来是以现实生活本身作素材的，它追求的是对于茶室内的特殊生活（行为）而言特别方便有效而又自由自在的境界。茶室正是将这个意义上的自由性与审美观照的自由性，以令人吃惊的巧妙的方式综合起来、调和起来。

研究茶室的建筑家们，已经对有关细部问题进行了详细的研究阐发。例如堀口氏指出：茶室一以贯之的根本原理就是“反对称性”，这一看法毕竟也是基于“自由性”这一点来考虑的。当然，非对称性不仅表现为茶室建筑上，以出云大社为代表的我国特有的非对称性的建筑，从古代就出现了。而且一般而言，对非对称性的喜爱，是日本民族乃至东洋民族审美意识的一个根本特色之所在。不过，像茶室这样的对观照上的合理性与规则性的破坏，恐怕很难找到其他更典型的例子了。把茶室作为建筑或者作为艺术加以考察的人们，往往否定它与禅宗思想的关系，或者做过小的评价，而过多地强调它与我国的神社建筑、神社思想的关系。诚然，禅宗寺院及一般佛教建筑那样的纯粹的宗教建筑，与茶室这样的建筑之间，存在着民族性与民族精神上的异同，但更重要的是作为建筑物的根本条件与本质的不同。作为建筑样式，两者之间当然没有什么直接的关联。然而，正如我们已经指出的，自由性，即对合理性与规则性随意加以破坏而又不失茶道的根本精神的统一性和作为艺术观照的谐调性，这一点作为茶道的一种审美本质，在精神上、思想上，都与禅宗有着深刻的关系，若对这一点表示怀疑，就未免太过分了。

关于茶室自由性的表现，在此想借用建筑家的研究成果，再加以简略的说明。古来茶室都是四个半铺席以下的、总面积不足三坪的小房间。以壁龛与茶炉为中心，产生了接近百种变化。根据堀口氏的研究，一尺四寸方角的茶炉与宽三尺长六尺的长方形铺席的组合、点茶席的点茶礼法分“右胜手”“左胜手”两个种类并加以组合的并不多，而是琢磨着将地板（板叠）以及称为“中板”的板子，分别从铺席的中间和边缘插入并铺设，如此之类，便就造成了平面上的非常多样的变化，给人以平面上的丰富的视觉效果。就铺席而言，长六尺宽三尺的正规铺席作二等分自不必说，此外还想出了有正规铺席的四分之三大小的所谓“大目叠”（又叫“台目叠”），这些铺席、中板、地板、茶炉，还有客人的入口（躏口）、厨房口与壁龛之间的种种组合，都形成了复杂的设计上的变化，都说明了茶室在“平面规划”方面是怎样地富有自由自在的变化。

而更能显示茶室建筑特性的是大大小小的窗户。茶室中的窗户的位置、形状都可以自由自在地加以设计，而且，在举办茶会时，可以利用窗帘，对室内的明暗加以自由调节，对此，研究专家也有解释，例如，重森三玲氏在《茶道全集》卷三，对茶席部分做了这样的解说：“茶室的生命在于茶户，明暗都由窗户来决定。而且，窗户的大小、多少以及安装的位置，都与景致相关。”又说：“‘墨迹窗’和‘花明窗’都紧挨着地板，位于‘点前’席的对面，这些窗户主要是为了让主人所在的‘点前’席显得明亮，客人所在坐席相对暗一些，这样就能突显‘点前’席的美。”此外还有一种所谓“突扬窗”的天窗，以取得特殊的光线效果。中柱的旁边悬吊的一层或两层的搁板，壁龛上的种种变化，还有所谓“水遣”“道幸”等等，将茶室中的“生活”要求与审美要求，自由自在地、微妙地统一在一起。利休设计的茶室现在保留下来的是山崎妙喜庵的“待庵”，那里有利休喜爱的搁板，安在墙壁的一角，而且与上面窗口的上框故意不齐平。这个两层的小搁板在茶室的一角如何发挥着引人注目的美的效果，有建筑家评价：

“营造了一个独具匠心的世界。”由此可知它也是打破规格的特殊的自由性创造。

总而言之，在茶室中，人们一方面拥抱外在的大自然，一方面又脱离日常的社会的自我，沉潜于寂然不动、万古不易的自然本质中，以涵养性情。与此同时，在茶室的内部构造中，又特别注重人间生活及精神的自由性，并以此来造成一种特殊的审美形式。这种寂然的自然本质的沉潜，与人的生活及精神的自由活动之间的对立统一，使茶道具有了一种高层次的“游戏”精神，游弋于“虚实”之间，体验着“虚实”的世界，茶道中的独特的“寂”之美便由此而形成。

译者后记

本书是日本著名美学家大西克礼在中国翻译出版的第一部作品专辑。此前，我已经将《“幽玄”论》和《风雅论——“寂”的研究》两书译出，并分别编入了《日本幽玄》《日本风雅》这两本以“幽玄”与“风雅之寂”为关键词的多人合集中。此次我又将他的《“物哀”论》首次译出，与上述两书合在一起，编成《幽玄·物哀·寂》，至此，大西克礼的美学三部作得以合璧，也为读者购读提供了方便。

就翻译出版而言，多年来在中国所翻译出版的书，特别是学术理论方面的书，绝大多数是欧美（西方）人的著作。至于文艺理论和美学方面，欧美人的著作在中国几乎是一统天下。这显然是一种失衡的文化生态。实际上，包括日本、印度等在内的东方各国不仅在古代就有悠久丰厚的文论与美学遗产，而且近现代以来这方面的成果也极其丰硕。例如我在本书“译本序”中提到的那些日本学者的著作，绝大部分都没有译成中文出版，这是需要翻译家和出版家予以注意和重视的。我认为，无论从翻译、出版还是读者阅读接受的角度来看，都需要逐渐取得“两种文本”（作品文本与理论文本）、“两方学术”（东方学术与西方学术）之间的充分互补与平衡，而不是顾此失彼，或重此轻彼。能够做到这一点的读者，才是真正的地球人和现代人；能够做到这一点的国家，才是世界上真正的“文化强国”。

我在卷首的“译本序”中曾经说过，大西克礼是日本学院派美学的代表人物，在日本现代美学史上是十分重要的人物。然而此人的作品长期在我国未得到译介。近来读到日本学者神林恒道的《美学事始——近代日本美学的诞生》（讲谈社 2006 年；中文译本由杨冰译出，武汉大学出版社 2011 年版）一书，作者在《自序》中有这样一段话：

从森鸥外介绍哈特曼美学开始，日本的“美学”逐渐发展成“日本美学”，比如说，继大冢保治之后担任东京帝国大学美学课程的大西克礼，他的《风雅论——“寂”的研究》就是最早探讨日本固有审美意识的杰作。但是令人费解的是，国外对日本文化及艺术的关注却不在专业的美学研究者的著作上，也就是说他们关注的都是一些“非美学”的美学，比如说西田几多郎、铃木大拙、和辻哲郎、久松真一等人的艺术论及文化论。

这种“令人费解”的情况，在中国的日本美学与文论译介中也长期存在，比如今道友信的《东方美学》《关于美》等书在中国翻译出版较早，而中国似乎有不少读者认为那是日本现代美学研究的代表作，实际上那只是普及性的美学读物而已。现在我们把大西克礼的书翻译过来，既可以让神林恒道先生免除“费解”，也可以使中国读者得以窥知日本现代美学研究的独特风貌。既然是“美学”而不是通俗性读物，大西克礼的书就不是那么容易读，但正因如此，也颇有慢读与玩味的价值。我把他的三部代表作翻译出来，首先是让自己慢读和玩味，然后再与读者们分享。在我的心目中，这本书是为希望坐得下来、沉得下去的读者而准备的。书中谈的是日本之美，也是东方之美、人类之美，能在这样貌似枯燥的美学理论著作中获得阅读快感的读者，方可臻于最高的审美境界。

最后需要交代的是，原作中的少量注释都是文内注（用括号随文注出），而没有脚注。本书的脚注全部都是译者所加。考虑到本书并非通俗读物，注释以“少量”和“必要”为宜。书中的《“物哀”论》一篇由我的博士生、曾在大连外国语大学日语专业任教的祝然老师细心校读，在此表示感谢。

王向远

2011 年 12 月 31 日

图书在版编目（CIP）数据

幽玄·物哀·寂：日本美学三大关键词研究 /（日）
大西克礼著；王向远译．— 上海：上海译文出版社，
2017.7（2023.11重印）
ISBN 978-7-5327-7429-6

Ⅰ.①幽… Ⅱ.①大… ②王… Ⅲ.①美学思想-研
究-日本 Ⅳ.①B83-093.13

中国版本图书馆CIP数据核字(2016)第313468号

幽玄論・あはれについて・「さび」の研究
大西克禮

幽玄·物哀·寂
——日本美学三大关键词研究
[日] 大西克礼 著 王向远 译
策划/姚东敏 责任编辑/顾 真 装帧设计/张志全工作室

上海译文出版社有限公司出版、发行
网址：www. yiwen. com. cn
201101 上海市闵行区号景路159弄B座
山东临沂新华印刷物流集团有限责任公司印刷

开本890×1240 1/32 印张10.5 插页13 字数220,000
2017年7月第1版 2023年11月第7次印刷
印数：19,001—20,500册

ISBN 978-7-5327-7429-6/I·4526
定价：72.00元